U0162070

全球景观规划设计集成

LANDSCAPE DESIGN

（下 册）

北京大国匠造文化有限公司 编

中国林業出版社

·北 京·

Recommendations »»

丹麦、荷兰、美国景观设计名家联袂推荐：

Bjarke Ingels 

DAIA, Founder/Partner,
BIG-Bjarke Ingels Group,
Amsterdam, Denmark

“景观设计对当今时代究竟意味着什么？入选该书的优秀作品对此问题做出了深刻、系统的诠释。这些作品向人们展示了当代建筑师、景观设计师、城市规划设计者正在如何积极地保护地球的有限资源和如何以生态的理念去设计包括乡镇、城市在内的各种公共开放空间。这本书也是一座搭建于专业景观设计与普通大众之间的意义深远的文化沟通桥梁。”

—— Bjarke Ingels

Mark Rios 

FAIA, FASLA, Founder/Partner,
Rios Clementi Hale Studios,
Los Angeles, California, USA

“景观设计师对该领域的生态问题肩负着义不容辞的使命。入选本书的作品不仅仅只是漂亮，更应该用负责任来形容，不仅是对读者，更是对我们的地球负责。这些案例堪称是可以给所有规划师、景观设计师、建筑师和业主们以启发，告诉我们在工作中如何融入可持续理念，从生态角度创造出优美环境的最佳典范。”

—— Mark Rios

Martin Knuijt 

Director/Partner,
OKRA Landscape Architects,
Utrecht, the Netherlands

“促进都市系统与其周围景观环境和谐融合的空间规划是十分重要的。水系统、绿色建筑和绿色空间的全面结合将创建出更加强大的可持续发展构架。建设绿色环境的投入势必将成为未来世界发展的强大催化剂。本书给读者展示了大量优秀的绿色作品，我们团队很荣幸在这样一本以生态为主题的书中为大家分享最新的创意。这本书是理解当代可持续设计解决方案的一份宝贵资源。相信今天的生态设计将带动人们在将来创作出更多、更精彩的作品。”

—— Martin Knuijt

Eco Landscape Today

所谓生态即是原生之态。回归自然，奉行朴素的生态设计观在经济快速发展、物质高度文明的当今时代毅然崛起。越来越多的人们开始向往“天人合一”、“师法自然”的境界，主张人与自然的和谐统一。席卷全球的生态主义浪潮促使人们站在科学的视角上重新审视景观行业，全球各地的景观设计师们也开始将自己的使命与整个地球生态系统联系起来。如今，生态设计已经成为包括景观设计师在内的各领域专业人士深层考虑的基本理念。人们逐渐认识到尊重自然发展的重要性，倡导能源与物质的循环利用和场地的自我维持，发展可持续的处理技术，并将其贯穿于景观设计、建造与管理的始终，已经成为景观行业的大势所趋。

在设计中对生态理念的追求与对功能和形式的追求同等重要，有时甚至超越其上，占据首要位置。生态理念的介入，正使景观设计的思想和方法发生着重大转变，直接影响甚至改变了景观的内在精神。景观设计毕竟是一个人为的过程，生态设计不能被单一地理解为完全顺应自然过程而不加任何人为干涉，而是要把人看做是自然系统中的一个元素，使人为干预与生态系统相协调，对环境的破坏达到最小。具体来说，生态化的景观设计就是在景观设计中遵循生态的原则，遵循自然规律。如反映生物的区域性；顺应基址的自然条件；合理利用土壤、植被和其他自然资源；依靠可再生能源，充分利用日光、自然通风和降水；选用当地的材料，特别是注重乡土植物的运用；注重材料的循环使用并利用废弃的材料以减少对能源的消耗，减少维护的成本；注重生态系统的保护、生物多样性的保护与建立；发挥自然的自身能动性，建立和发展良性循环的生态系统；体现自然元素和自然过程，减少人工痕迹等。

该套丛书的编写旨在倡导自然、人文与生态景观要素的统一，促进生态、人居环境的可持续发展，从而实现人与自然的全面和谐。在全球范围内精选的百余例近期作品集中地反映了当今世界景观设计的前沿理念与高度。著名景观设计团队及其饱含环保精神与人文情怀的作品将为广大景观设计者、项目开发者和景观爱好者带来无限灵感。该套丛书更有享誉全球的著名景观设计师联袂推荐和他们特别分享的新近惊世之作，精彩不容错过！

Contents »

办公区和医院 Office & Hospital

住宅区 Residential Zone

展览和节庆 Exhibition & Festival

城镇和都市 Township & Urban

未来景观 Future

8-77
办公区和医院
Office & Hospital
ECO LANDSCAPE TODAY
Copyright © 2012 Dopress Books

Tanatorio Ronda de Dalt花园

The substance of Gardens of Tanatorio Ronda de Dalt is to build a Mediterranean garden for peace.

这些花园的设计理念是让人无论从楼房内部、花园旁边，还是从城镇高处向下俯瞰，都可以欣赏到这里独特美丽的景观。

该项目集成了低处停车棚上方的南花园、楼顶石景花园以及与二楼等高的北花园。绿色接缝的白色混凝土台阶将南北花园连接在一起，人造瀑布景观则巧妙地利用了垂直空间。

南花园位于停车棚上方，植被的种植一改往日的地貌。为了与城市的山地景观相融合，设计师建造了坡度平缓的假山，并在其表面覆盖地中海的芳香植物，使人从一旁经过时既可以欣赏到周围植物的缤纷色彩，优美的造型，又可以闻到植物散发出的芬芳气味，享受怡情一刻。停车棚上方最结实的结构处还栽种了樱桃树。

路面的铺设材料为暗灰色小块玄武岩砾石，上面还设有一些木甲板，供人休息并欣赏景观。所有的细节设计都营造出一种柔和的视觉感受，使人在这里散步的同时感受到一种安逸、休闲的气氛。

北花园位于教堂的出口处，教堂和地面被一个直线形的水池分隔开来，又通过步行石桥相连接，为两处景观之间建起了一个完美的过渡。

常春藤花坛则构成了另外一个起到衔接和过渡作用的景观，同时，路面铺设的浅色沙砾、常绿灌木以及混凝土长椅也为整体景观增色不少。

面向街道的边缘处种植着不同种类的地中海植物。混合植物品种，并形成高低落差的种植方法是为了打造出一道视觉屏障，同时和背景山丘上的自然景观相呼应。

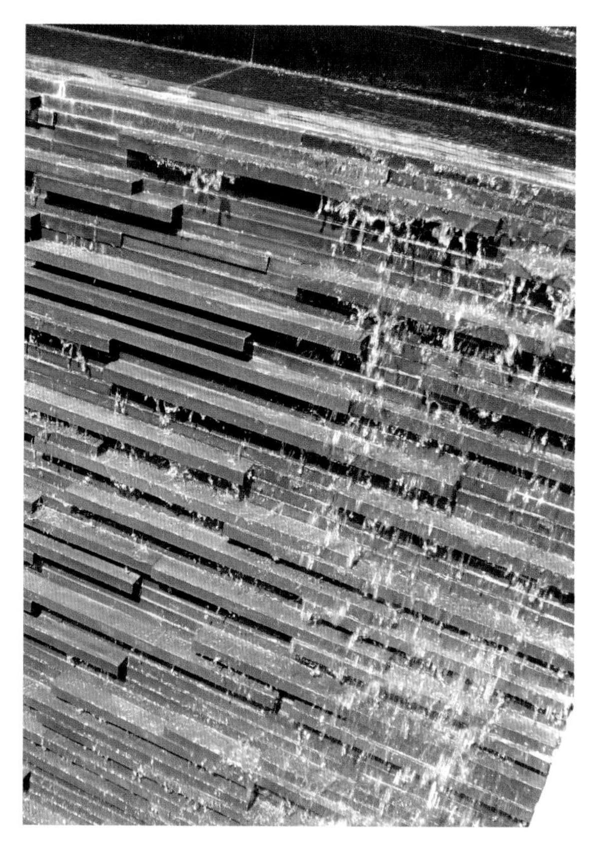

Location / 地点: Barcelona, Spain **Date of Completion / 竣工时间:** 2006 **Area / 占地面积:** 10,000 m² **Landscape / 景观设计:** Bet Figueras Landscape Architect, Project Director Alice Ruggeri Landscape Architect, Collaborators Judith Brücker, Ana Santos Landscape Architects **Photography / 摄影:** Luís Casals, Alice Ruggeri , Dave Morris **Client / 客户:** Serveis Funeraris Integrals

树木：扁桃树，樱桃树，柏树，紫荆树，圣栎树，灌木、爬山虎和攀援植物，芳香植物（齿叶薰衣草，小叶薰衣草，迷迭香，地中海植物），莓实树，地中海荚迷，乳香树，月桂树

地面：灰色和白色砂砾

人行道：玄武岩，花岗岩

瀑布：玄武岩

楼梯：白色混凝土

照明：装饰灌木的LED柔光灯，装饰树木的LED聚光灯，人行道上的LED地灯，水下LED灯

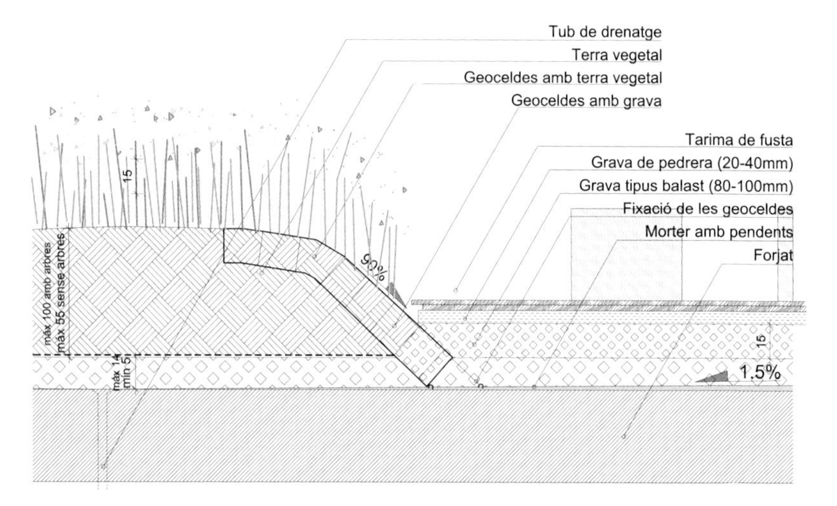

DETALL TIPUS 1 - Tarima de fusta
E 1/20

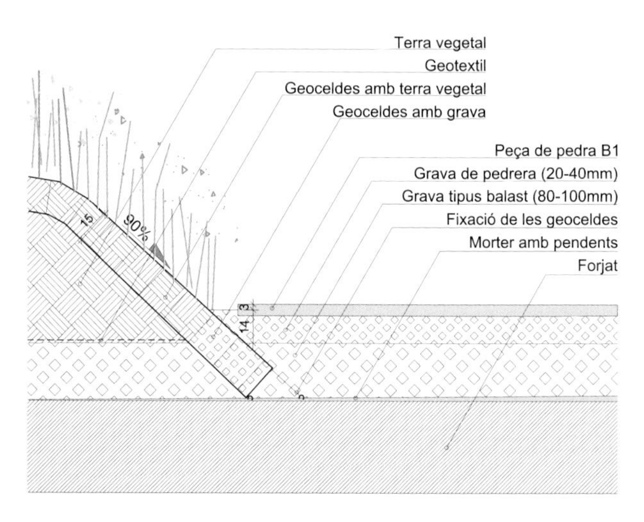

DETALL TIPUS 2 - Peça de pedra
E 1/20

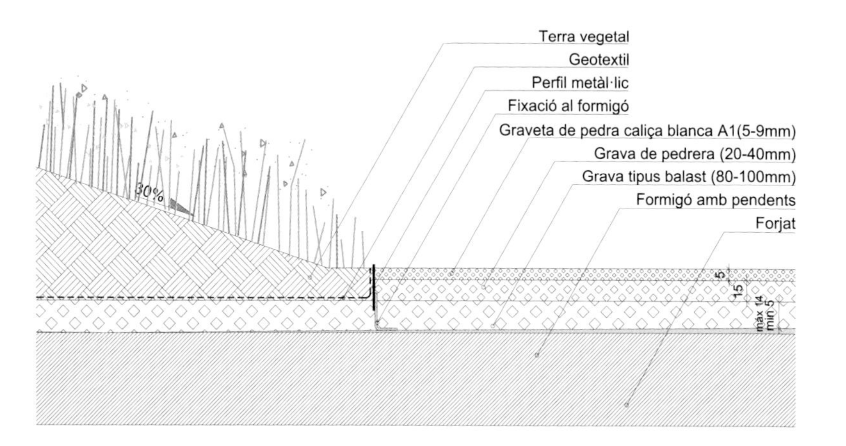

DETALL TIPUS 2 - Graveta amb perfil metàl·lic
E 1/20

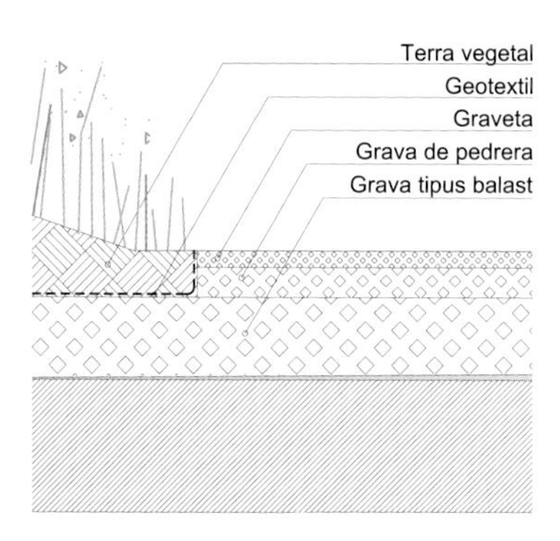

DETALL TIPUS 2 - Graveta sense perfil metàl·lic
E 1/20

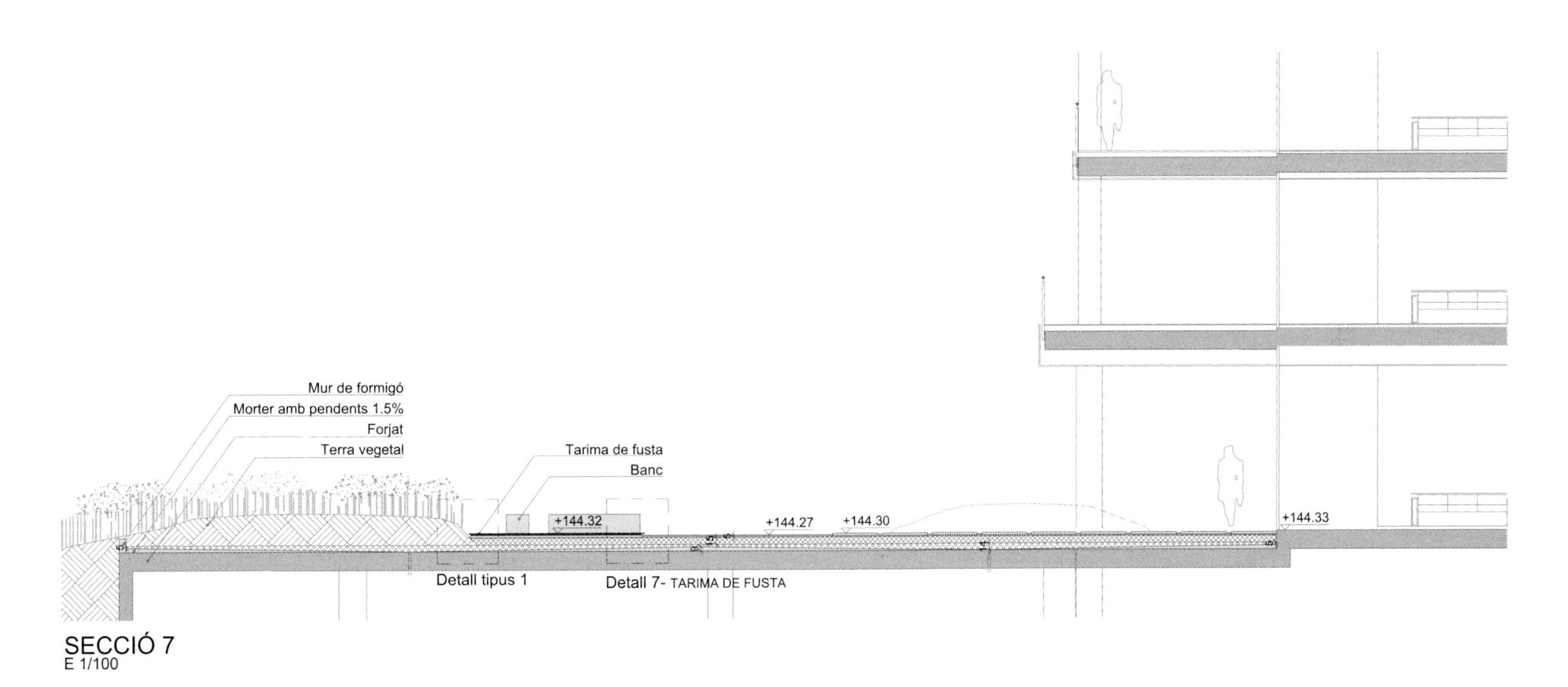

SECCIÓ 7
E 1/100

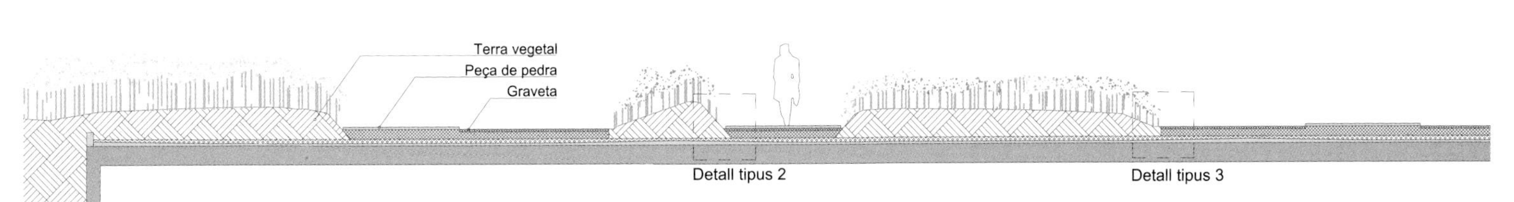

SECCIÓ 8
E 1/100

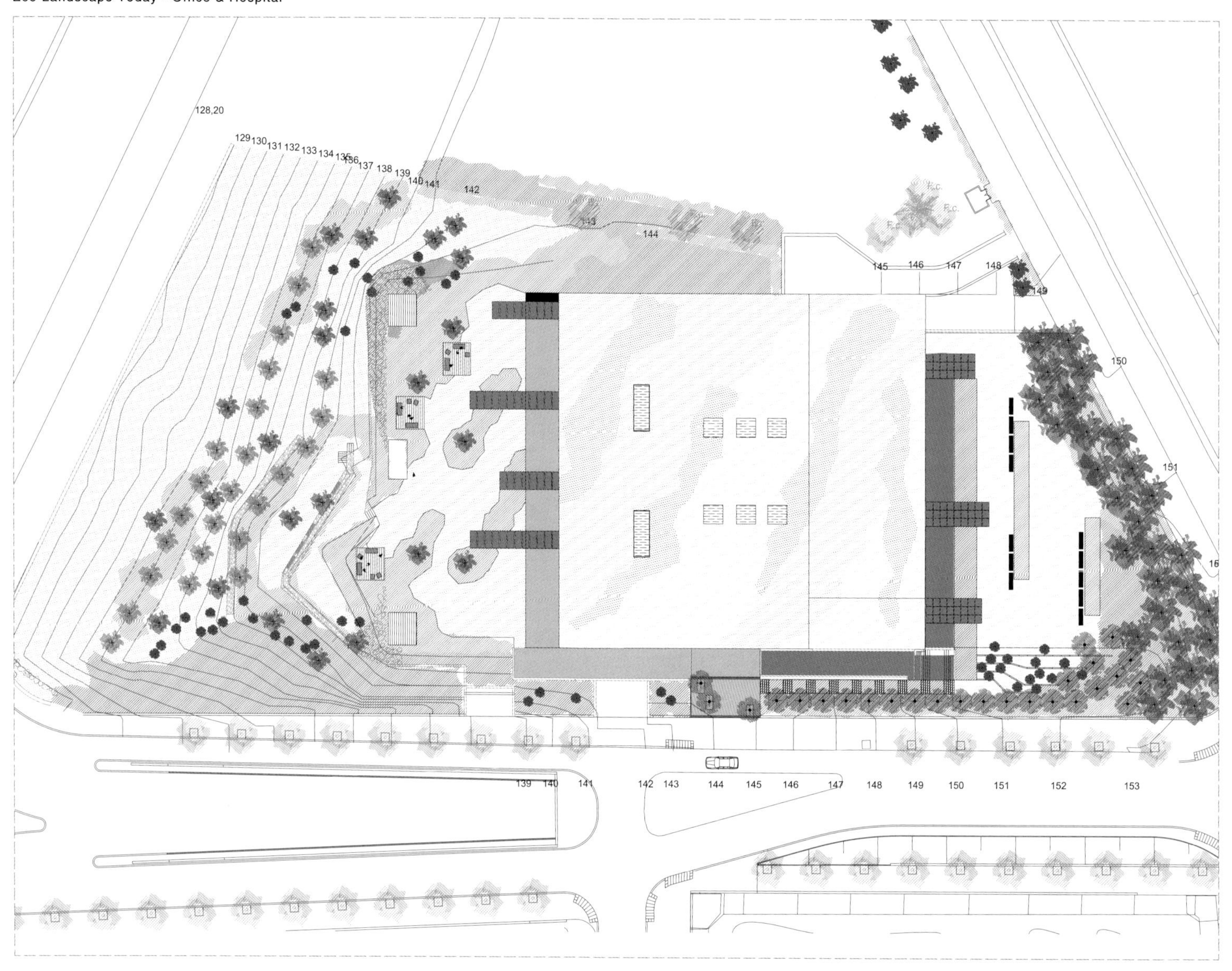
128,20
129 130 131 132 133 134 135 136 137 138 139 140 141
142
143
144
145 146 147 148
149
150
151
139 140 141 142 143 144 145 146 147 148 149 150 151 152 153

探索中心

Exploring and achieving health at the scale of the individual, community and the environment.

探索中心是一家为残疾病人及其家庭提供创新性辅导和临床医疗服务的机构，旨在培养病人通过自身努力来丰富自己的生活。

探索中心占地1,416,400m²，坐落在一个比较偏远、拥有可用农田的乡郊地区。这里设有林地、草地、牧场和农田，反映了该地区的农业田园背景。该设计方案的核心在于如何表现对大自然的深深敬意和体现设计与自然的密切联系。它避开了主要农业用地，并担负起恢复自然水流和当地栖息地环境这一艰巨任务。

设计中一个关键性问题就是要保持并恢复这里的生物多样性。建设方案需要避免使用主要农田，重新利用以前的工业地块，通过使用当地树种、灌木、植物和重新耕作及放牧活动，恢复了以前损坏的开发用地。结果，周边地区的水资源环境得到了明显改善。在降雨量很大的季节，场地里的雨水可以被有效地引导到水池处理系统。放牧区和沼泽区随着天然草类的生长开始逐渐恢复生机。一系列的天然池塘也重新焕发活力。

Dirtworks景观设计公司的设计人员与探索中心的医生、护士、教职工和常驻员工密切配合，整合了户外活动和教育区、漫步小径、本地野生动植物增强项目，力求为患有疾病的人群创造享受自然的机会。工程项目包括一项专门诊治自闭症儿童患者的新院区总体规划、一个带有舞蹈空间的家庭运动中心，以及供体弱成年人使用的新建住房。这些场所的整合设计，使创建可持续性建筑环境的设计理念得到加强。

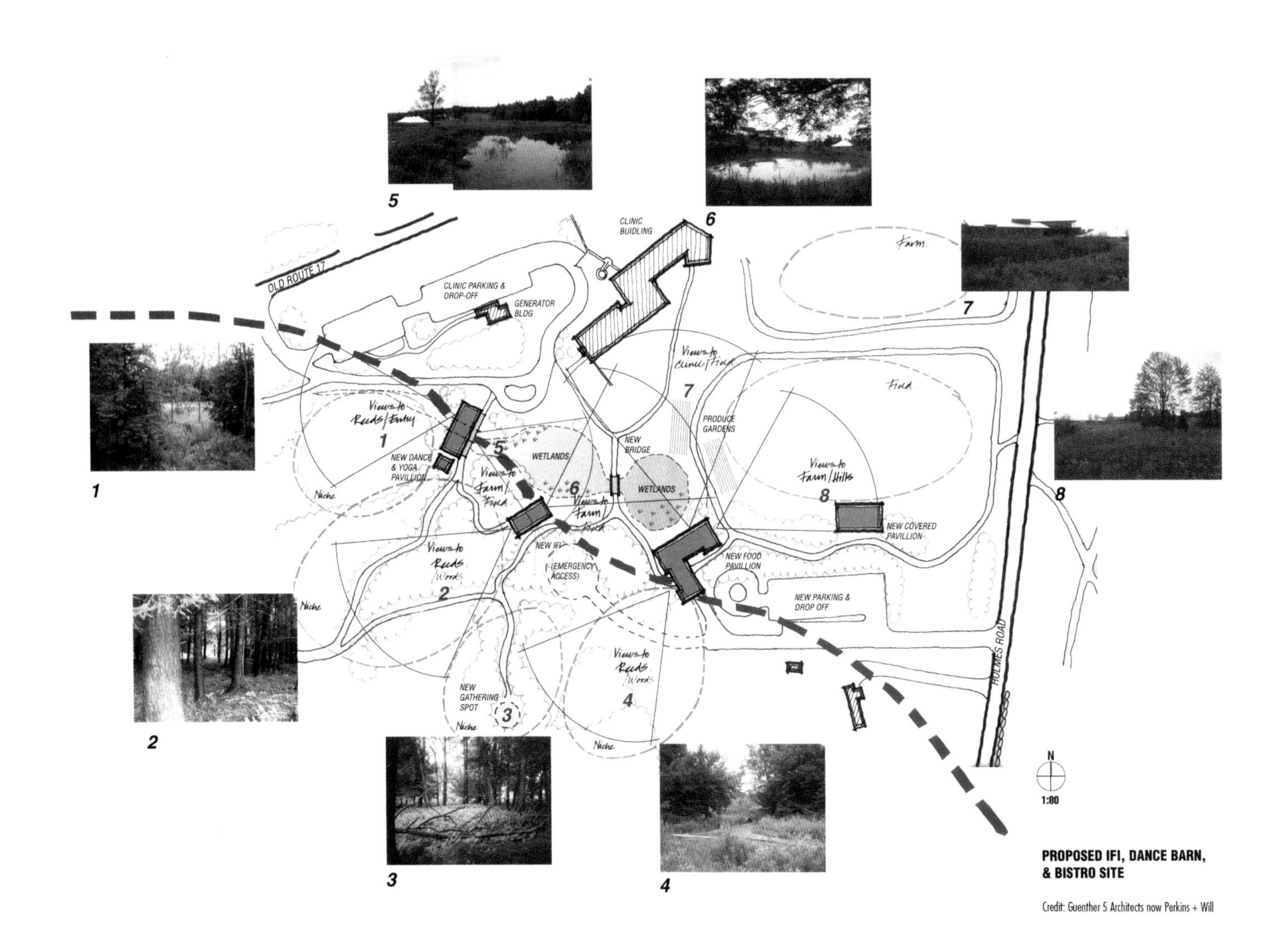

PROPOSED IFI, DANCE BARN, & BISTRO SITE

Credit: Guenther 5 Architects now Perkins + Will

Location / 地点: New York, USA Date of Completion / 竣工时间: 2007 Area / 占地面积: 1,416,400 m² Landscape / 景观设计: Dirtworks, PC Architecture / 建筑设计: Guenther 5 Architects, now Perkins+Will
Photography / 摄影: David Allee Client / 客户: The Center for Discovery

植物：当地树种，当地草种，花卉
地面：天然石料，混凝土
墙体：天然石料，混凝土，木材
其他：玻璃，钢材

阿尔布兰茨瓦尔德的Delta精神病治疗中心

The outdoor space named Delta Psychiatric Center Albrandswaard was leading for the redevelopment of the hospital grounds.

位于荷兰市西部阿尔布兰茨瓦尔德的Delta精神病治疗中心建成于2009年。生态景观的打造成为本案设计中最为显著的特征。其周围景观的位置、功能及其对建筑和户外空间的渲染作用，是医院重建工程的指向标。

20世纪为人们对精神卫生护理的认识带来了转变，加之患者如今已被融入到周围社区之中，因此，设计师创建了一项计划，希望新设计也能吸引周围的人们来到这里。一个不错的例子就是就地建造的一座幼儿园。

原来由街巷和基础设施组成的正交矩形系统被新的开放式布局所取代。场地秀丽的风景、河流以及浩瀚的圩田都被包括在设计的蓝图之中。主要入口被重新改道，腾出的空间将得到重新布置。现有林地大部分都被保留下来。

这项计划旨在吸引周围居民和过路人群，最能体现本案设计成功的证明就是连谷歌街景都包含了这个区域，尽管没有街道名称。

事实证明，Stijlgroep设计事务所和客户Delta精神病治疗中心之间的长期合作显然是成功的：在2000年，该治疗中心还获得了金字塔设计奖（Golden Pyramid）。与此同时，对于未来2025年总体规划审查的筹备工作已经在进行中。

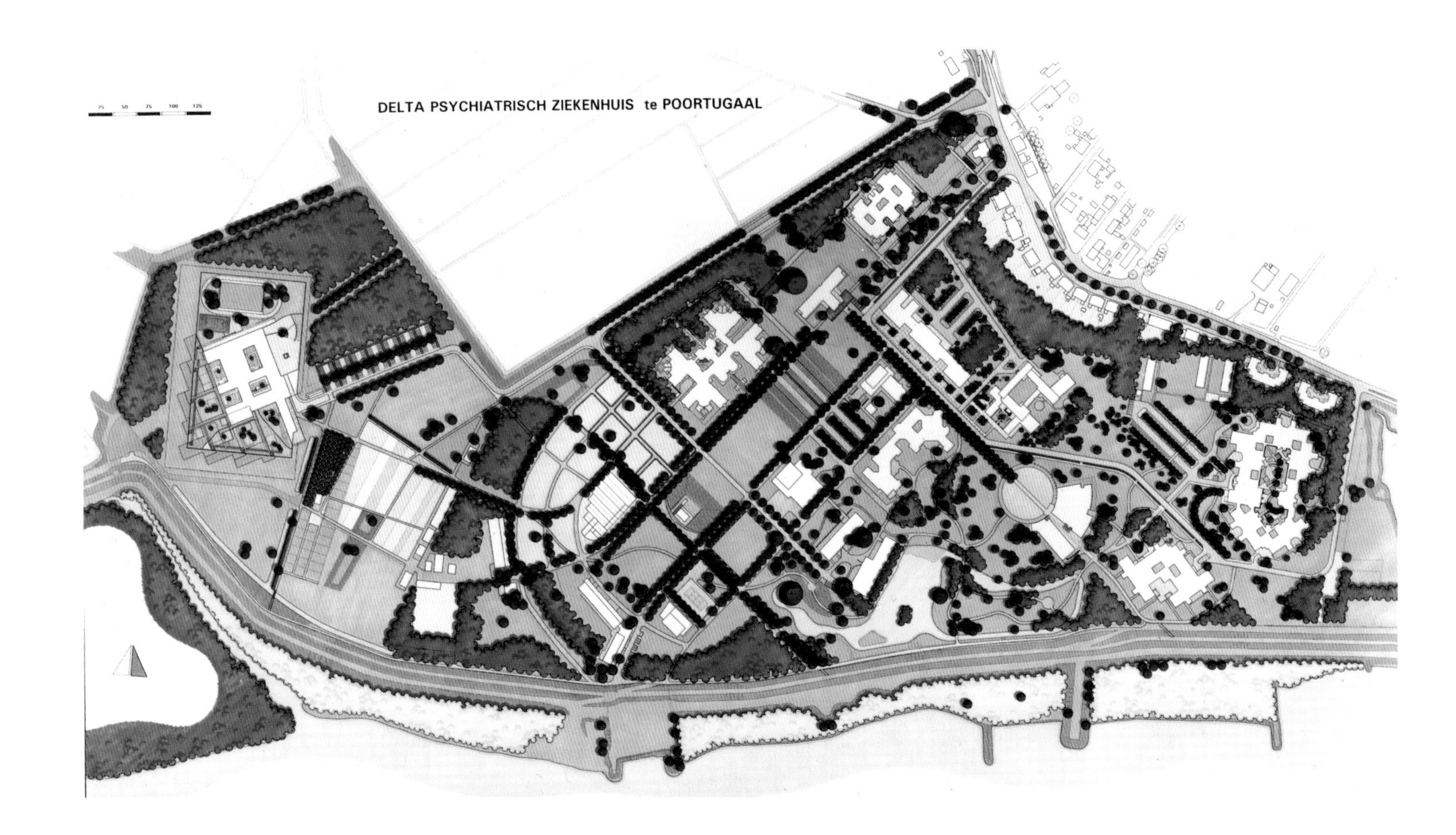

Location / 地点: Albrandswaard, the Netherlands **Date of Completion / 竣工时间:** 2010 **Area / 占地面积:** 670,000 m^2 **Landscape / 景观设计:** Stijlgroep landscape and urban design **Photography / 摄影:** Stijlgroep, Ben Wind, Petra Appelhof **Client / 客户:** Delta Psychiatric Center

地面：沥青
公园区域：混凝土，石子
人行道：带有砾石层和混凝土石子的沥青
入口：混凝土，石子
照明：间接照明的路灯
植物：树，灌木，法国梧桐，橡树，桦树，巨杉，毛衫榉

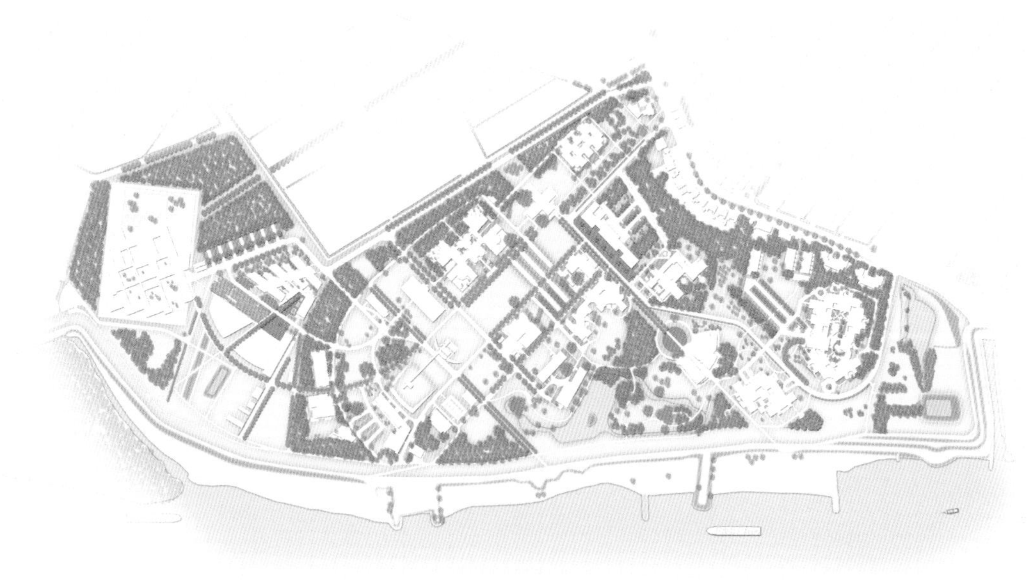

Enea景观设计公司总部

The use of nature material and light show people a harmonious coexistence between man and nature.

该项目位于瑞士的上湖湖岸，是国际认证景观设计团队Enea Garden Design的公司总部。建筑采用木质结构，孑然而典雅地立于湖畔之上，在与边界线和区域规划相呼应的同时，自然地融入周围景观之中。

建筑的形态设计源于对项目和场地情况的分析：一方面，此项目的流线型结构和建筑规划决定了它狭长而低矮的外观需要在各个门道接入点处被中断；另一方面，场地对自然条件如照明、风、业务区入口的整合，以及区分正面和背面（即入口和业务区）的必要性，使得这个狭长的聚合体结构成为一个合适的解决方案。建筑对醒目外观的追求以及对场地自然环境和结构元素的尊重更加强化了它简洁的风格。水塘不仅是一处自然景点，还是所有员工幽静的休息场所。

建筑采用的材料力求与自然相融合，无论是从外部审美角度，还是从内部功能角度。能源利用效率在设计过程中占有决定性地位，因此，该项目最后完全以利用自然资源为基础，例如对自然光、自然绝缘系统、包括地热交换和屋顶绿化在内的各种自然节能措施的应用。项目还计划使用回收木材等绿色环保材料，并通过高效节能的固定装置来增强建筑性能。

Location / 地点: Jona, Switzerland **Date of Completion / 竣工时间:** 2010 **Area / 占地面积:** 54, 000m^2 **Landscape / 景观设计:** Enea Garden Design **Architecture / 建筑设计:** Oppenheim Architecture+Design
Photography / 摄影: Martin Rütschi **Client / 客户:** Enea Garden Design

植物：草坪，灌木，常青树
家具：木制椅子
池塘：天然石料，混凝土
平台：木制地面

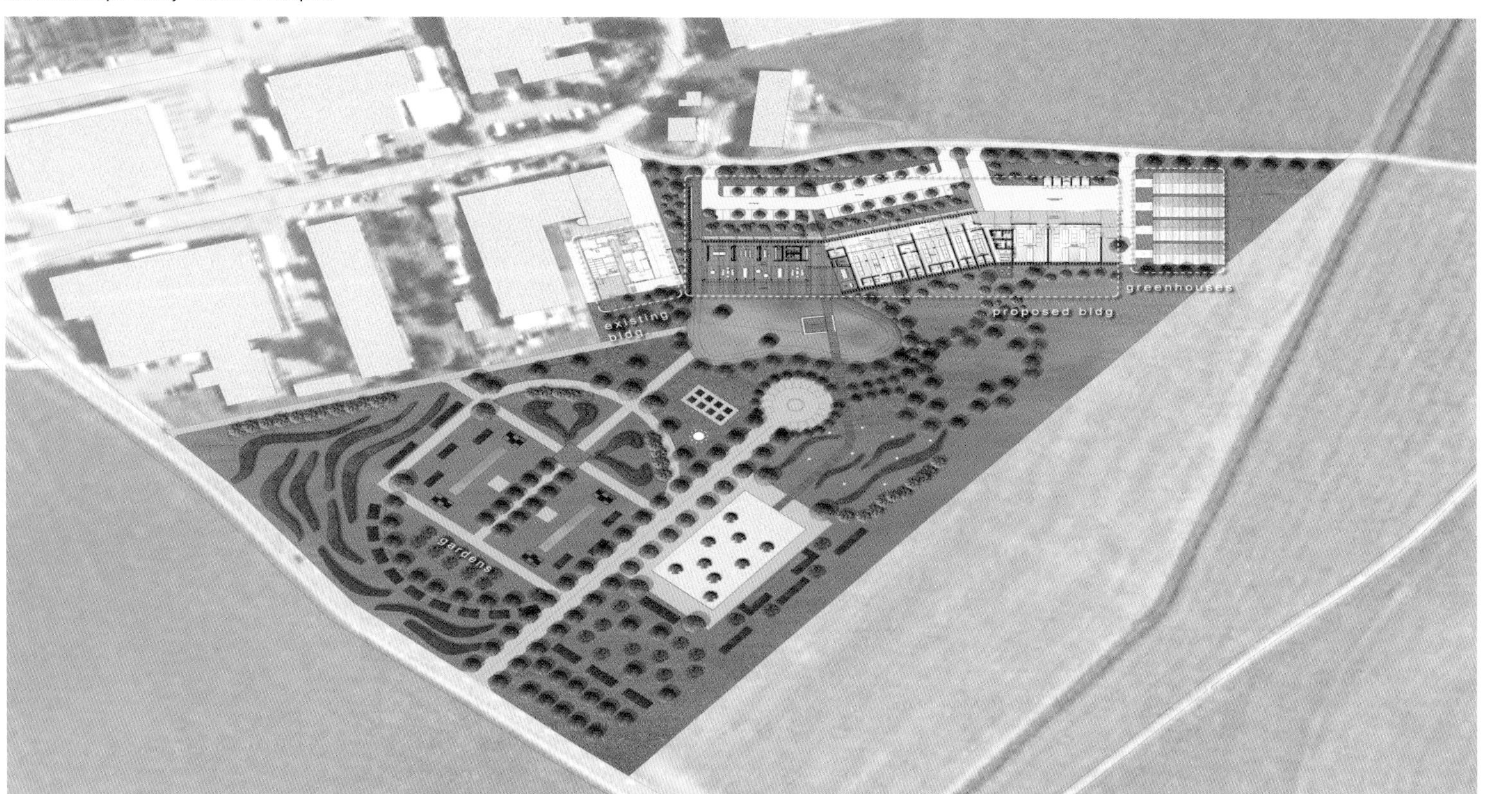
existing bldg
proposed bldg
greenhouses
gardens

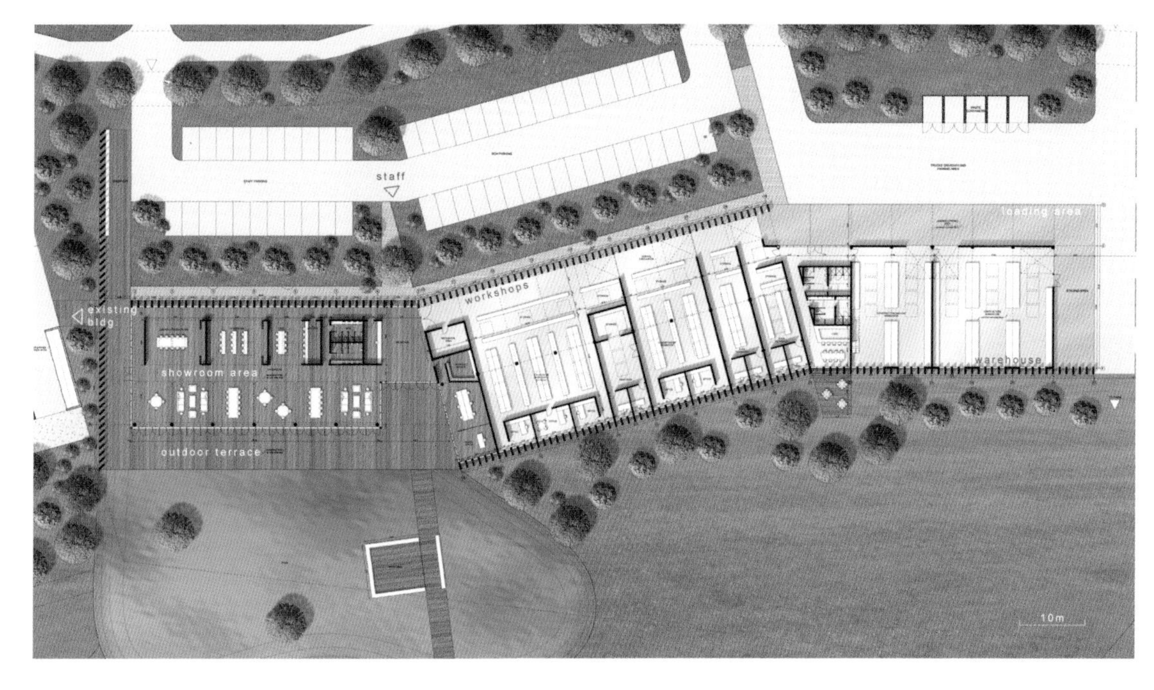
staff
loading area
workshops
existing bldg
showroom area
outdoor terrace
warehouse
10m

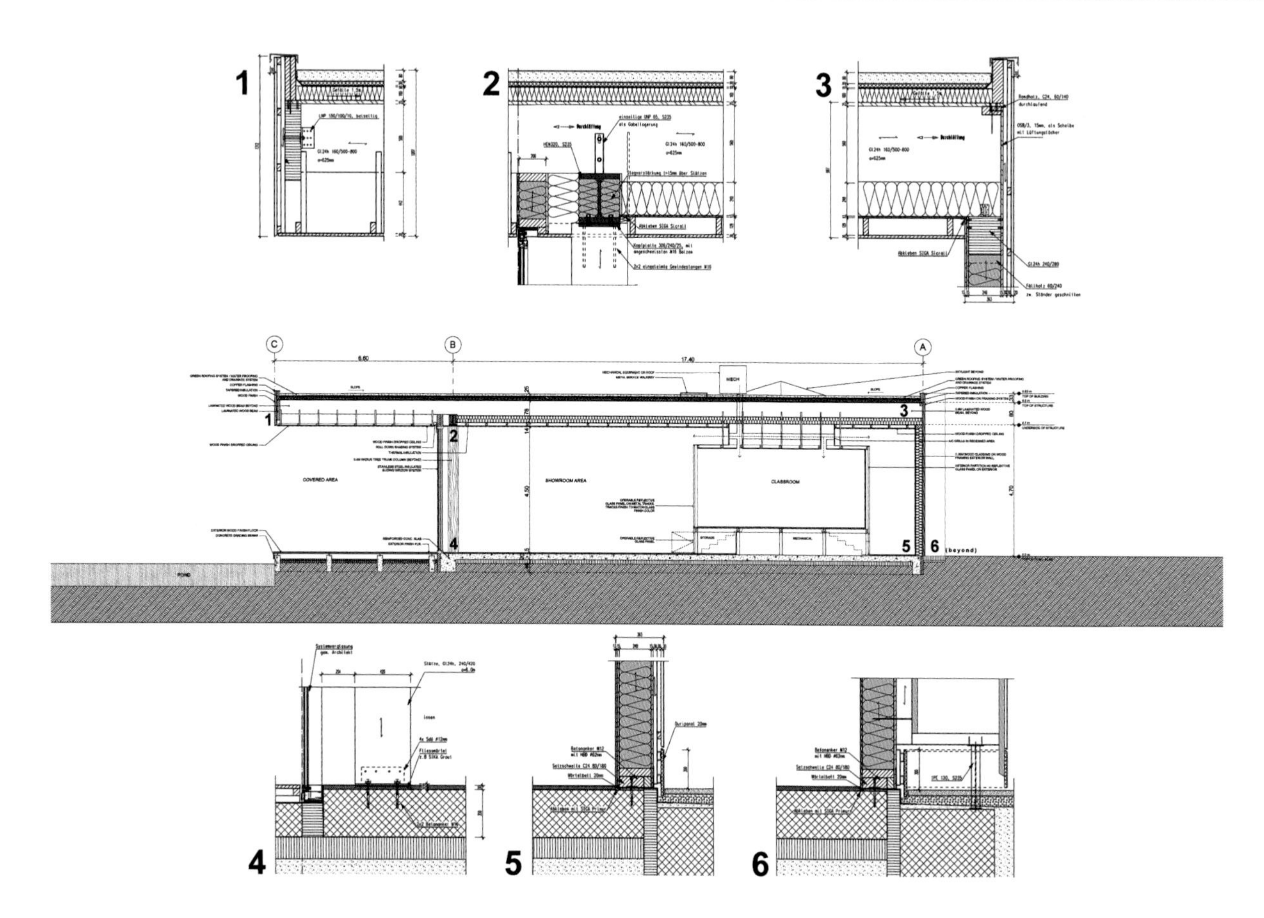
1
2
3
4
5
6

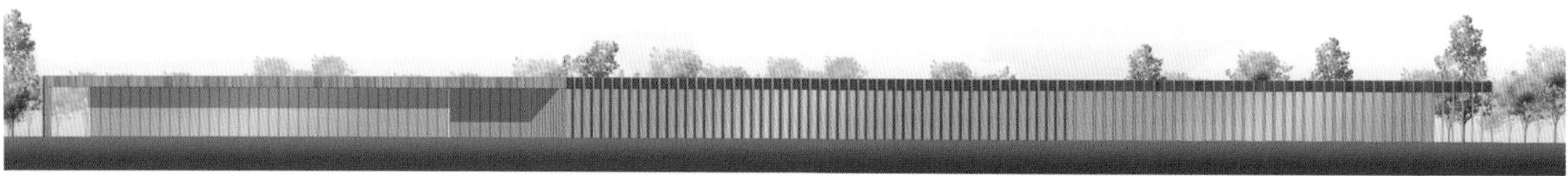

ELEVATION SOUTH

ELEVATION NORTH

ELEVATION EAST

ELEVATION WEST

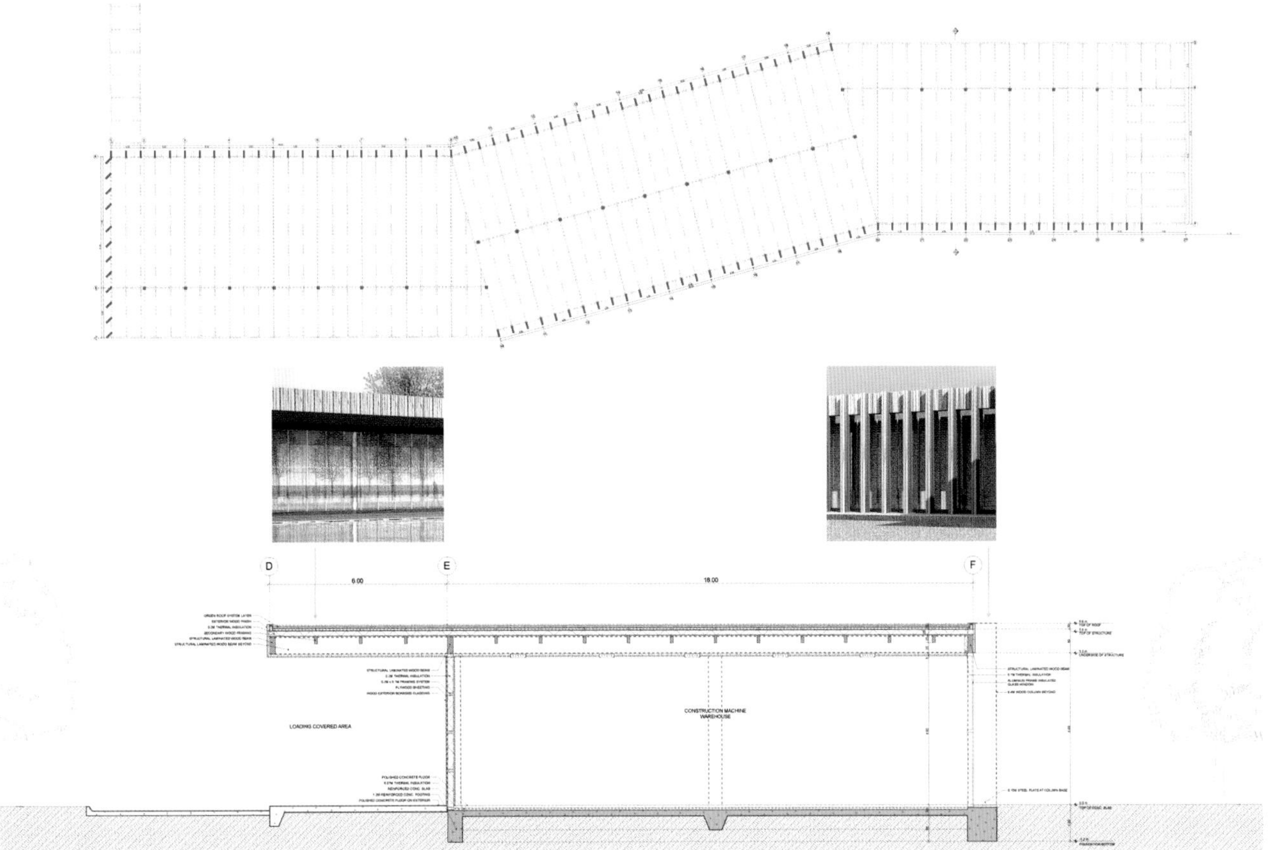
D
E
F
6.00
18.00
LOADING COVERED AREA
CONSTRUCTION MACHINE
WAREHOUSE

墨西哥高科技办公园区

Tecnoparque represents an interesting participation of private enterprise in conjunction with urban strategies.

墨西哥高科技办公园区位于墨西哥城北部的阿斯卡帕萨科，这个占地面积达150,000m²的综合区满足了城市新办公地点的需求。

本案旨在恢复后工业化地带的活力，在原有公共设施、道路、交通（地铁）、住房以及附近高等教育体系的基础上继续转变，以国际化标准为主导，新建一处综合性高科技办公园区（客服中心、服务区和数据中心）。综合区的景观建筑包含一系列现代绿色公共空间、广场、花园和水景，为工作人员在优质的办公环境中提供放松和交流的空间。

本案通过工艺技术体现其生态设计的理念：首先，屋顶和广场的雨水收集技术有效地实现了水资源的二次利用；其次，通过深井系统，使雨水渗透进蓄水层中，从而使回收水就地利用。

本案代表了一种有意义的参与——私企与城市战略的和谐发展，以后工业化时代的生态理念和道德规范来恢复墨西哥城的活力。

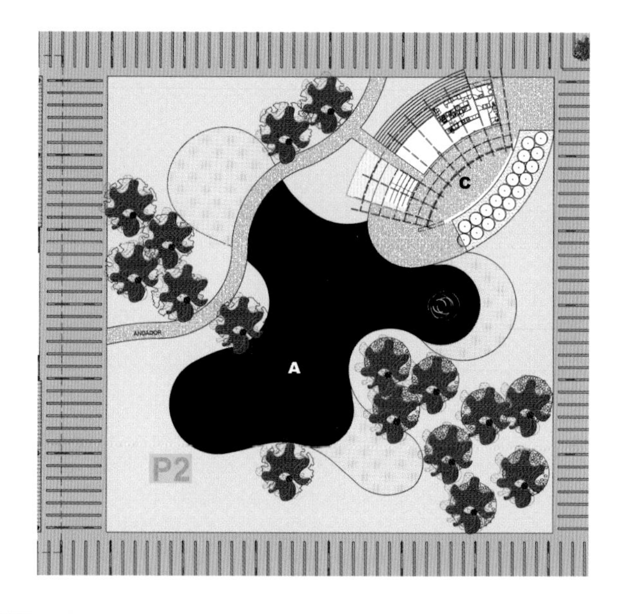

Location / 地点: Mexico City, Mexico Date of Completion / 竣工时间: 2005 Area / 占地面积: 155,000 m² Landscape / 景观设计: Grupo de Diseño Urbano Photography / 摄影: Francisco Gómez Sosa, Jorge Almanza Client / 客户: Inmuebles Francia, Isaac Askenazi

地面：混凝土，砾石
植物：当地树种，草
照明：路灯
其他：雨水收集系统

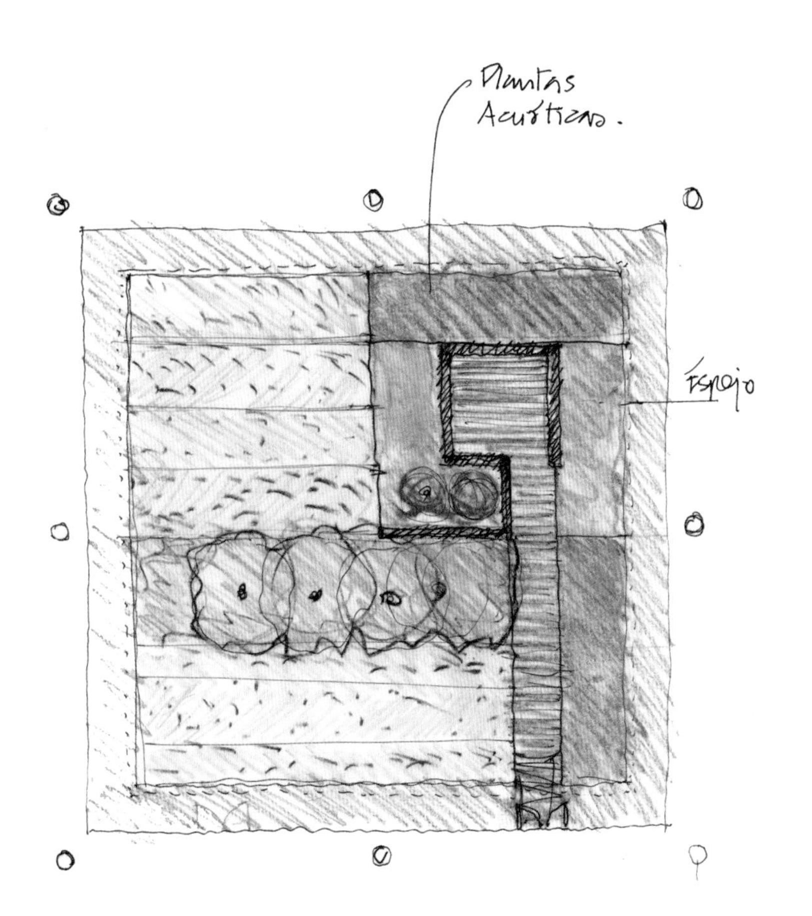
Plantas
Acústicas.
Espejo

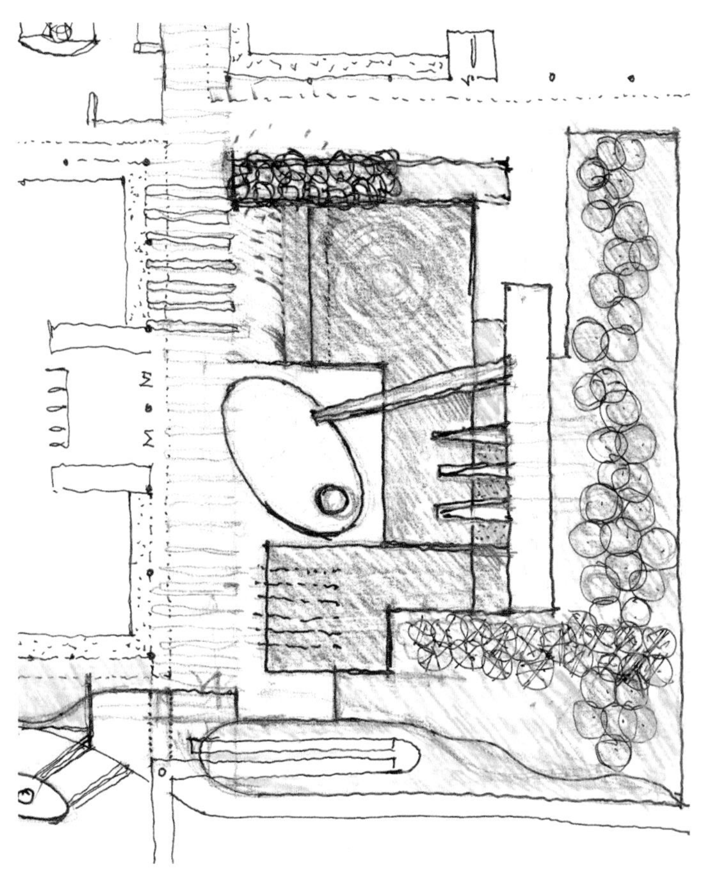

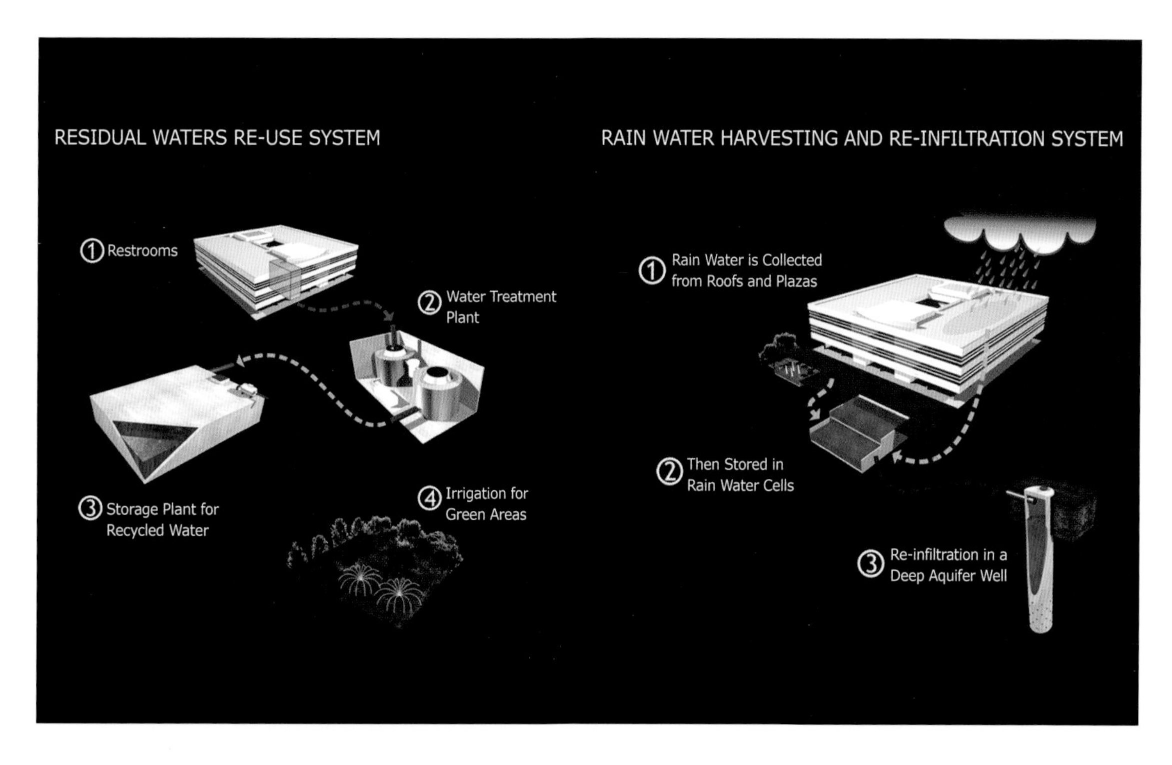
RESIDUAL WATERS RE-USE SYSTEM
① Restrooms
② Water Treatment Plant
③ Storage Plant for Recycled Water
④ Irrigation for Green Areas
RAIN WATER HARVESTING AND RE-INFILTRATION SYSTEM
① Rain Water is Collected from Roofs and Plazas
② Then Stored in Rain Water Cells
③ Re-infiltration in a Deep Aquifer Well

PLAZA
RECYCLED TREATED WATER FOR IRRIGATION
RAIN WATER STORAGE
PERGOLA

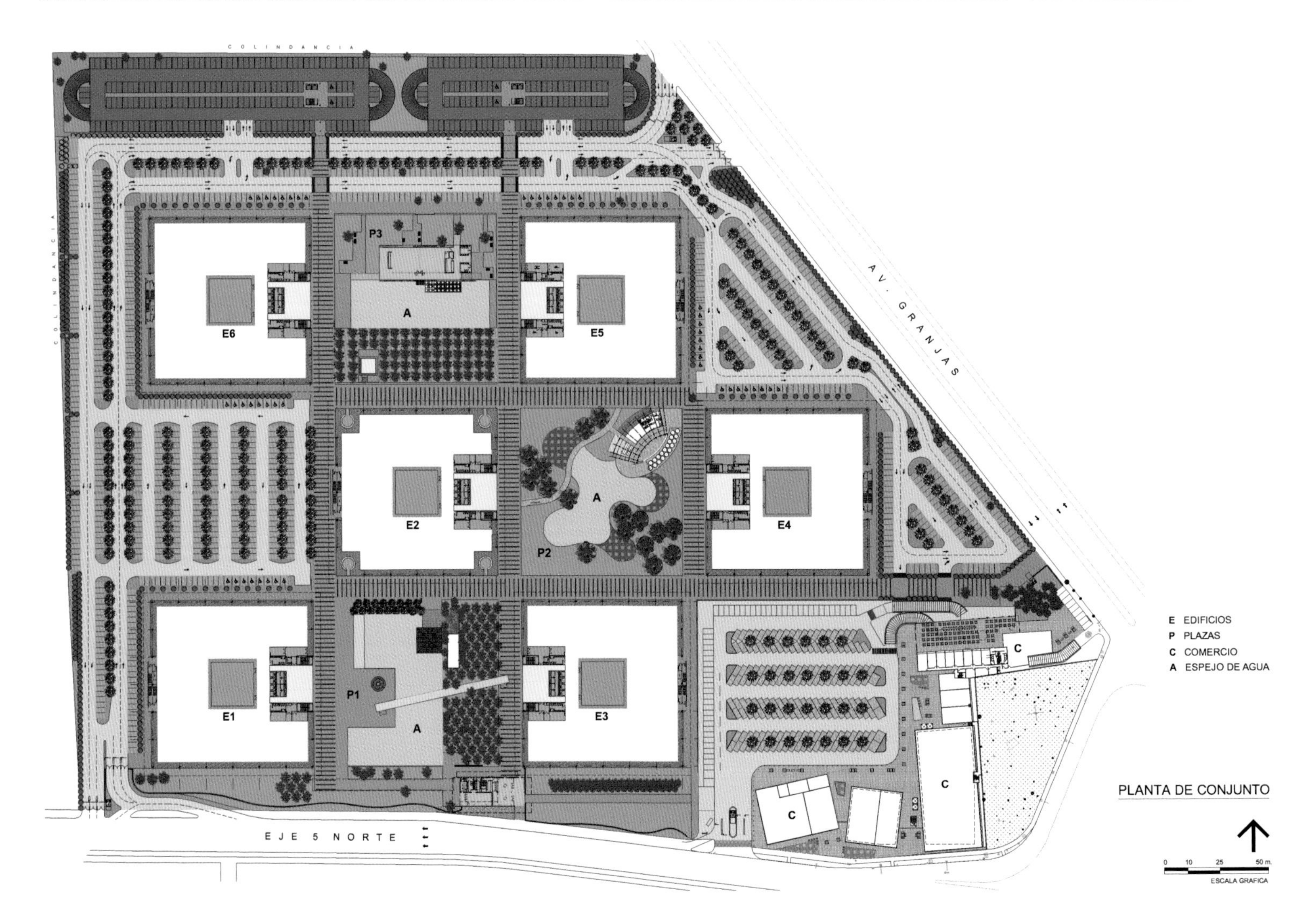
COLINDANCIA
COLINDANCIA
AV. GRANJAS
EJE 5 NORTE
P3
A
E6
E5
E2
A
E4
P2
E1
P1
A
E3
C
C
C
E EDIFICIOS
P PLAZAS
C COMERCIO
A ESPEJO DE AGUA
PLANTA DE CONJUNTO
0 10 25 50 m
ESCALA GRAFICA

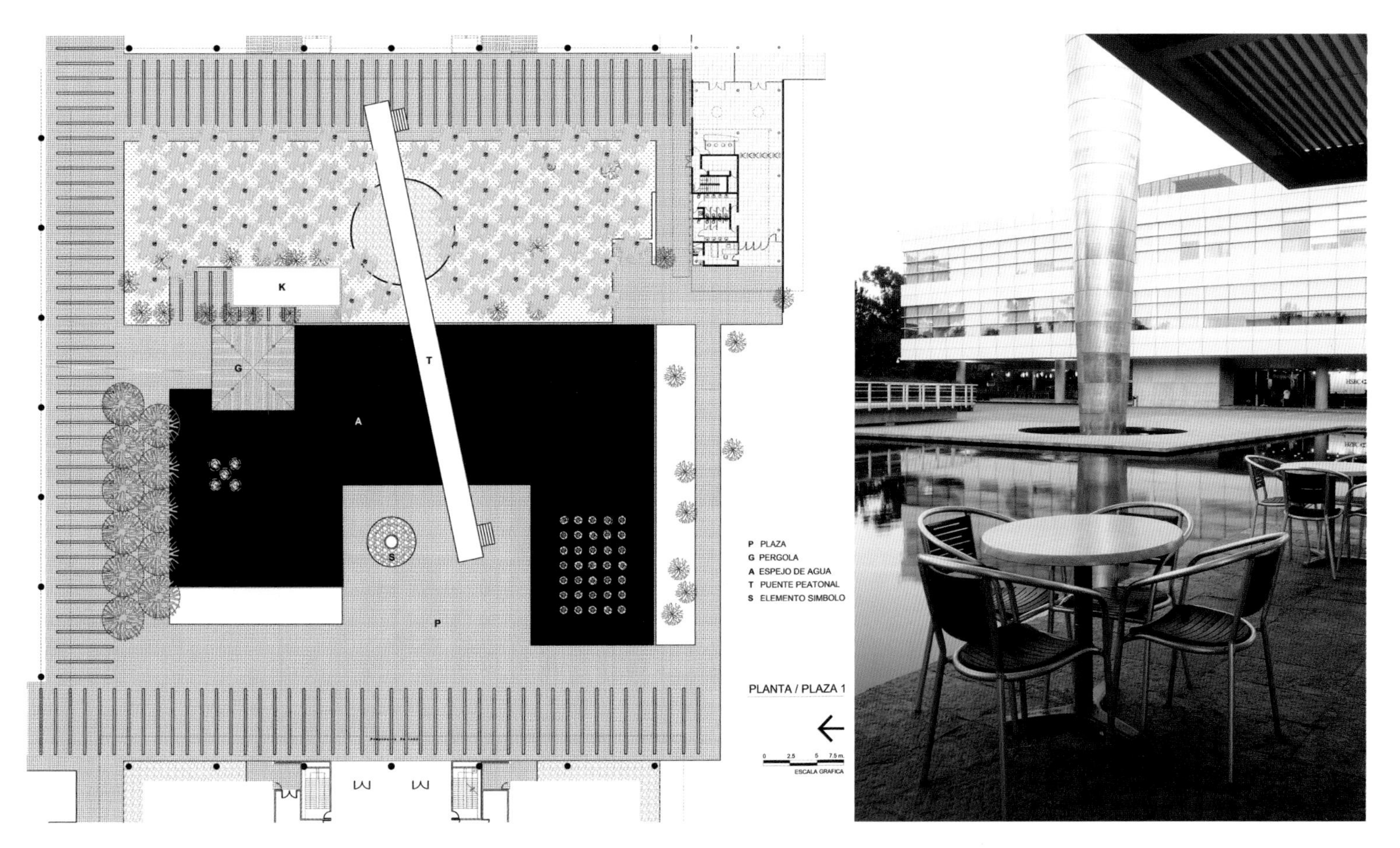
K
G
T
A
S
P
P PLAZA
G PERGOLA
A ESPEJO DE AGUA
T PUENTE PEATONAL
S ELEMENTO SIMBOLO
PLANTA / PLAZA 1
0 2.5 5 7.5m
ESCALA GRAFICA

卧式摩天楼——万科中心

Steven Holl Architects completes Vanke Center: A horizontal skyscraper over maximized landscape.

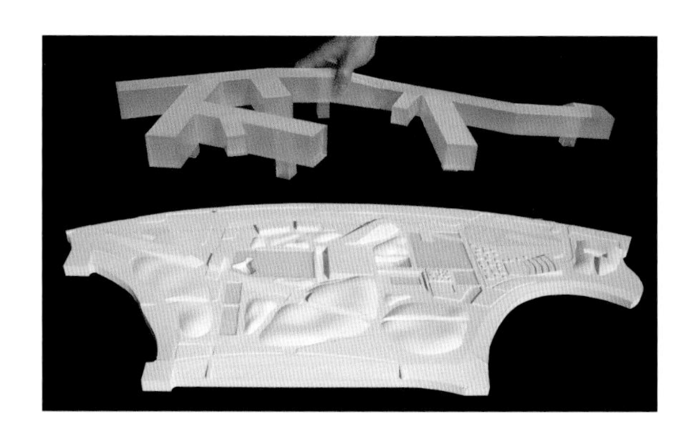

万科中心是Steven Holl建筑事务所的一项获奖设计，大楼建于中国广东省深圳市，是一座先进的新型可持续多功能综合建筑体。

为了体现21世纪热带地区可持续建筑这一定位，万科中心的设计中整合了几项新的可持续性元素。“漂浮的”楼体使建筑下方形成了一片阴影下的灵活景观区域，可以让海面和陆面的微风轻轻拂过。特别设计的地热制冷水景采用冷却池的形式，营造出舒适的微气候环境。用特殊复合材料制成的可移动幕墙可以帮助内层玻璃防护强烈的日光和台风。可再生能源，如太阳能和地热制冷的应用，是此项目中的主要研究环节。

万科中心包括会议中心、酒店以及万科集团的办公空间，场地面积约60,000m²，其中有植被覆盖的地方面积达45,000m²。如果将主楼的屋顶绿化空间（约15,000m²）计算在内，项目的总绿化面积和场地开发前大致相等。

地平面的很大一部分构成了地面以上和以下项目空间的顶部。为了能让这些景观建设的顶部区域像自然土地那样获得大量的降水，凹地花园、庭院、池塘以及种植小丘形成了一个循环系统，能够将整个场地的雨水进行调节和再分配。两个公共交通站点（巴士）被设立在距场地500m以内的地方。这里还提供了单独的自行车库和电动汽车停车场、充电站。在项目的整个建设过程中，所有废料都被收集并分类，以供回收利用。目前，他们正在考虑将有机化合物制成堆肥，作为自然景观的肥料。

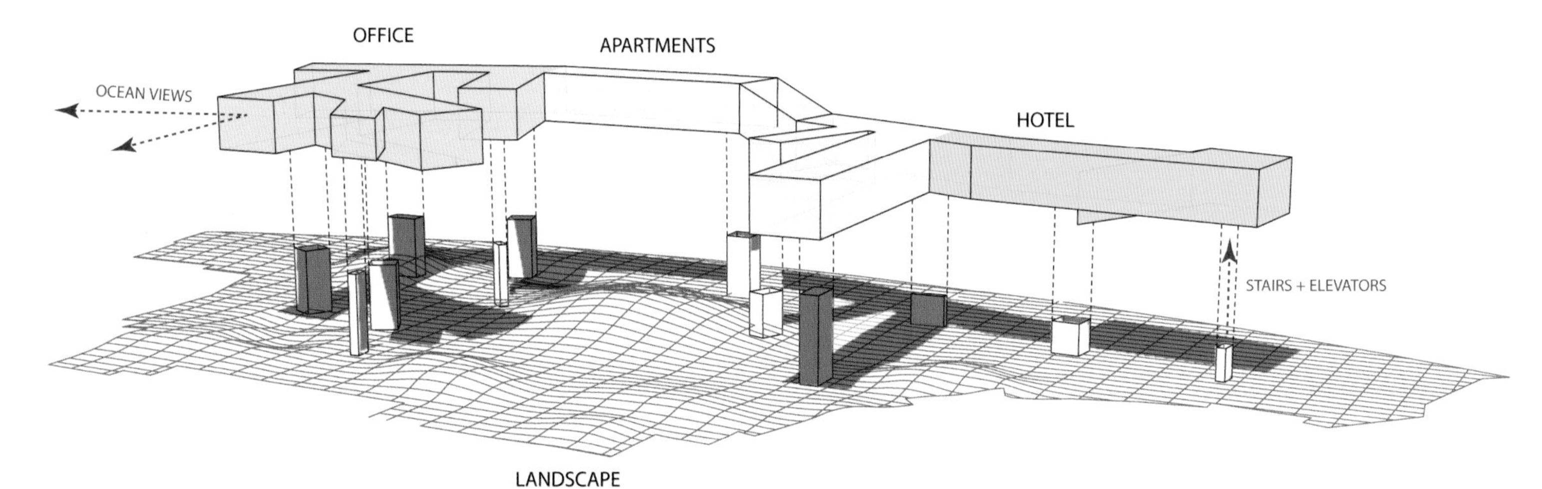

Location / 地点: Shenzhen, China **Date of Completion / 竣工时间:** 2009 **Area / 占地面积:** 52,000 m^2 **Landscape / 景观设计:** Steven Holl Architects **Photography / 摄影:** Steven Holl Architects, Steven Holl, Iwan Baan, Shu He **Client / 客户:** Shenzhen Vanke Real Estate Co.

材料：竹，绿色地毯，无毒油漆

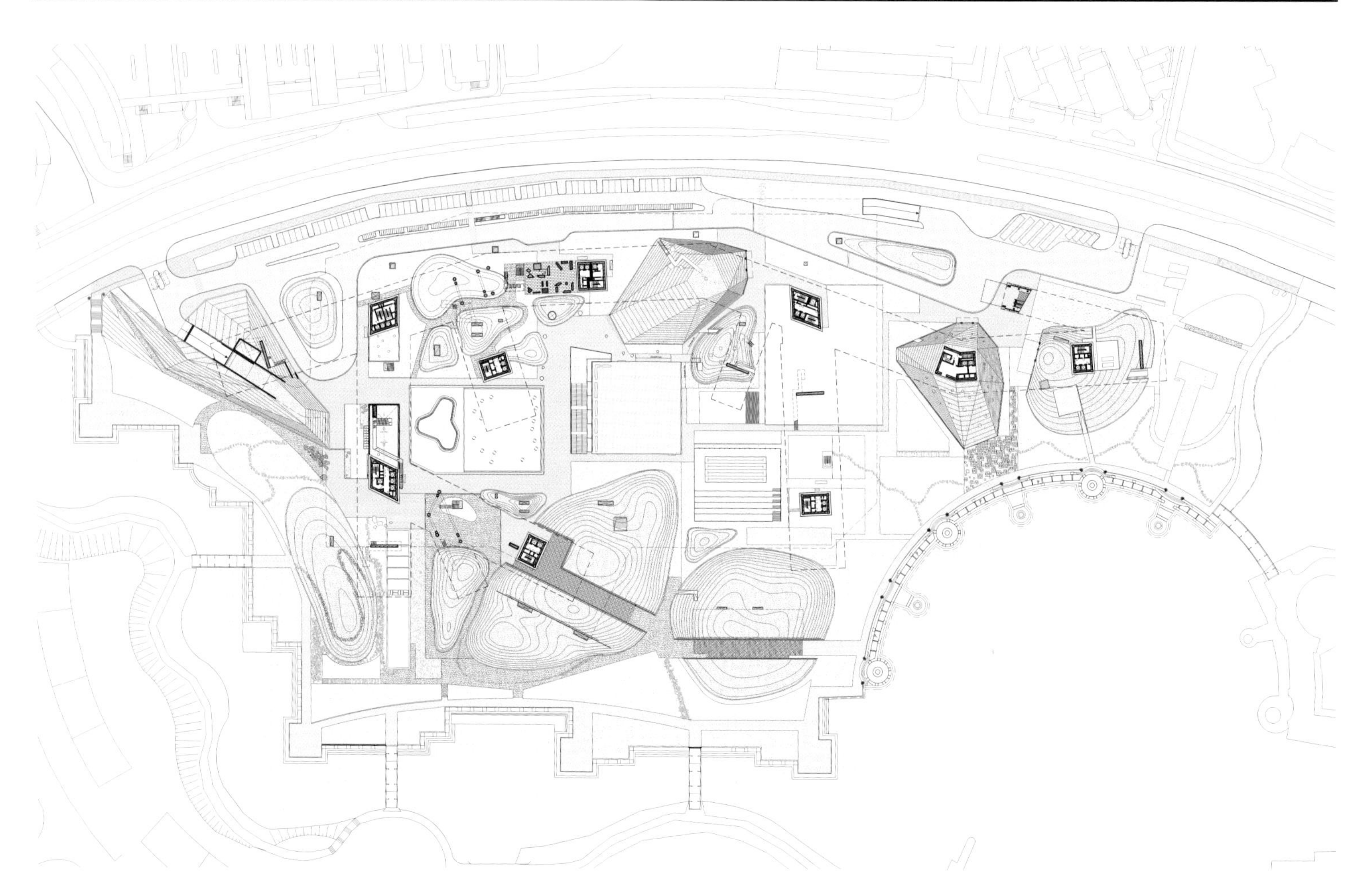

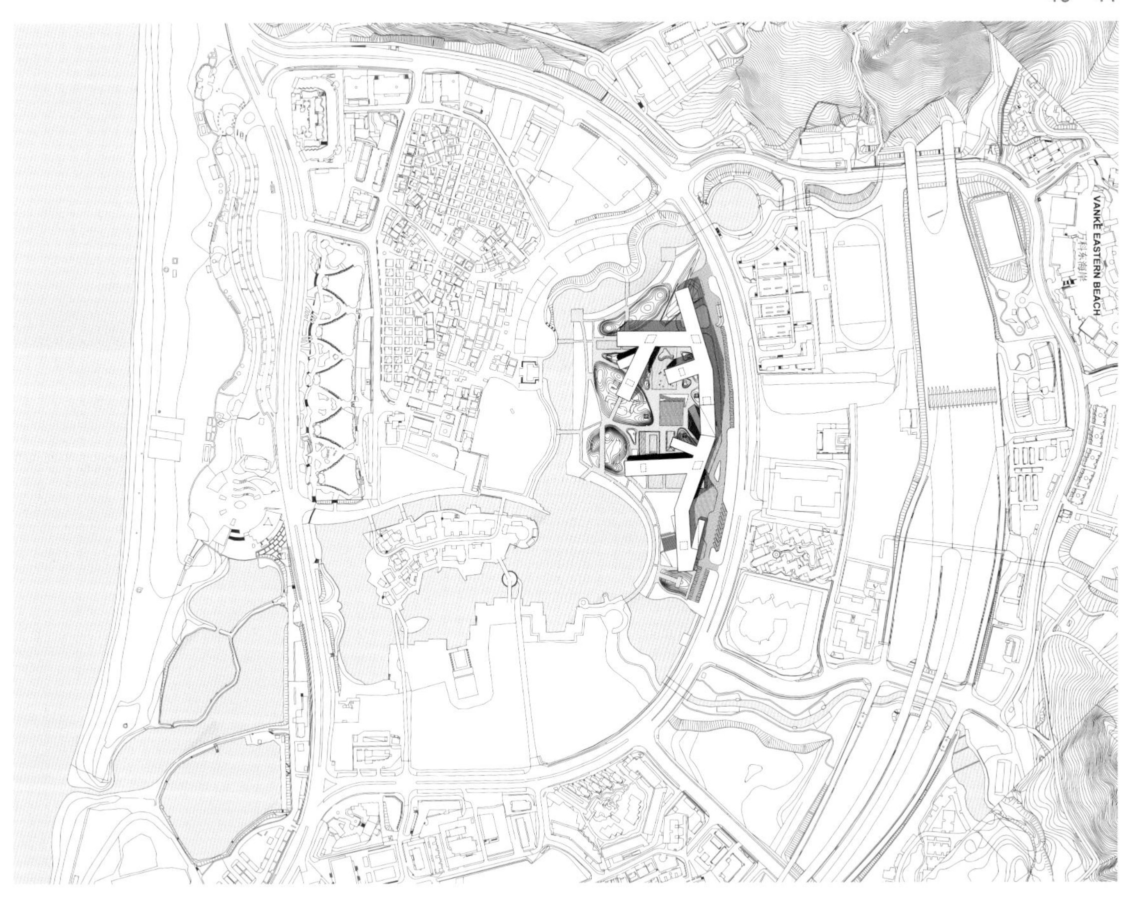

MAXIMIZE VIEWS AND LANDSCAPE

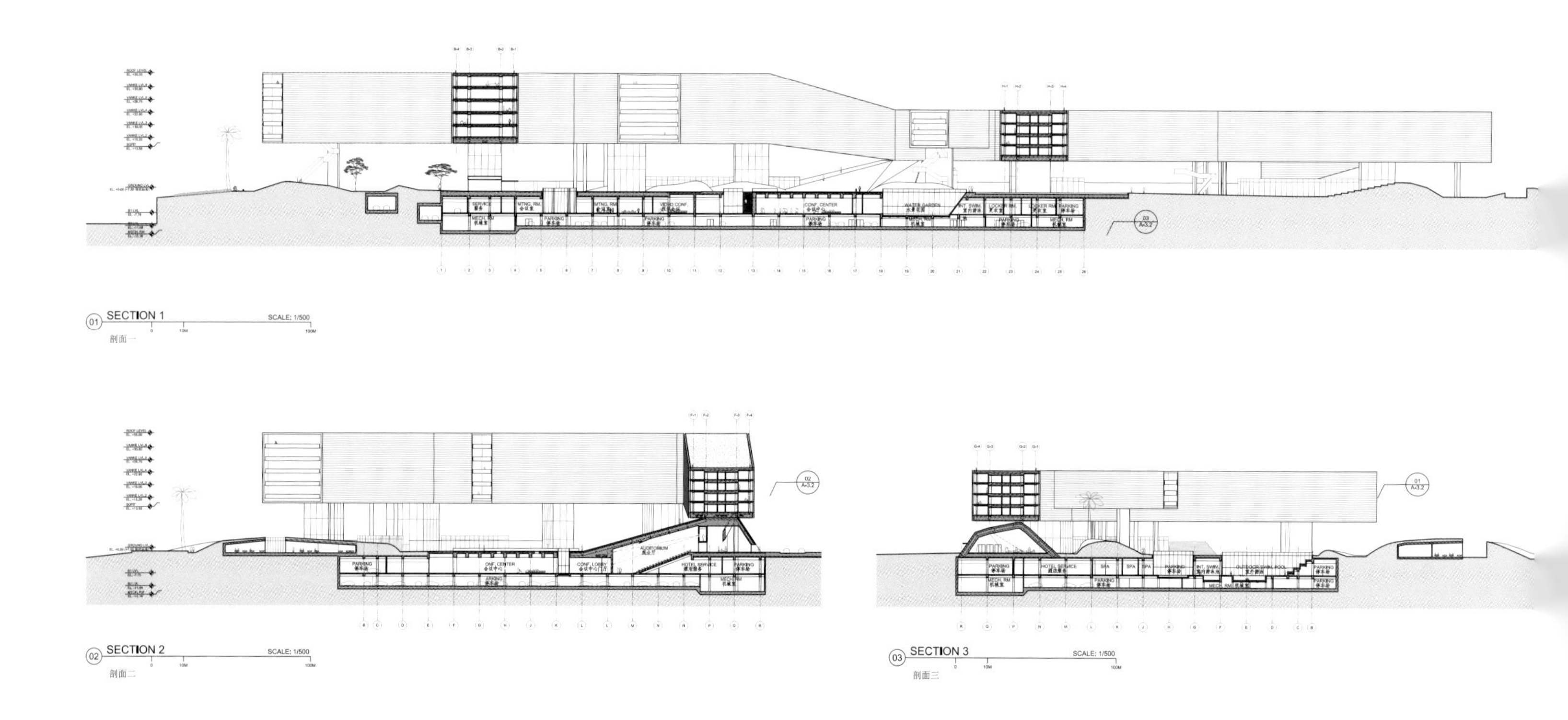

01 SECTION 1
SCALE: 1/500
剖面一
02 SECTION 2
SCALE: 1/500
剖面二
03 SECTION 3
SCALE: 1/500
剖面三

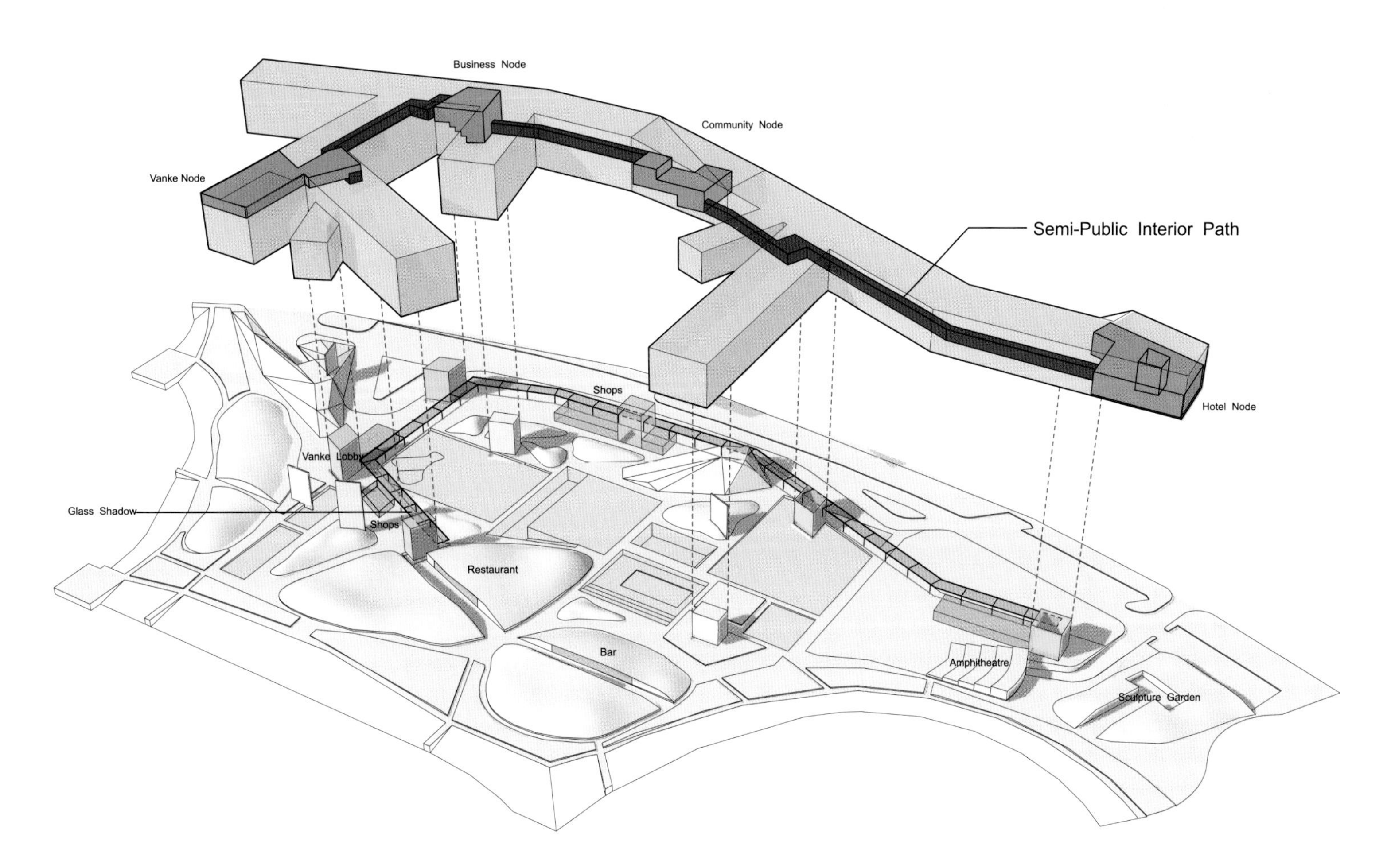
Business Node
Community Node
Vanke Node
Semi-Public Interior Path
Hotel Node
Shops
Vanke Lobby
Glass Shadow
Shops
Restaurant
Bar
Amphitheatre
Sculpture Garden

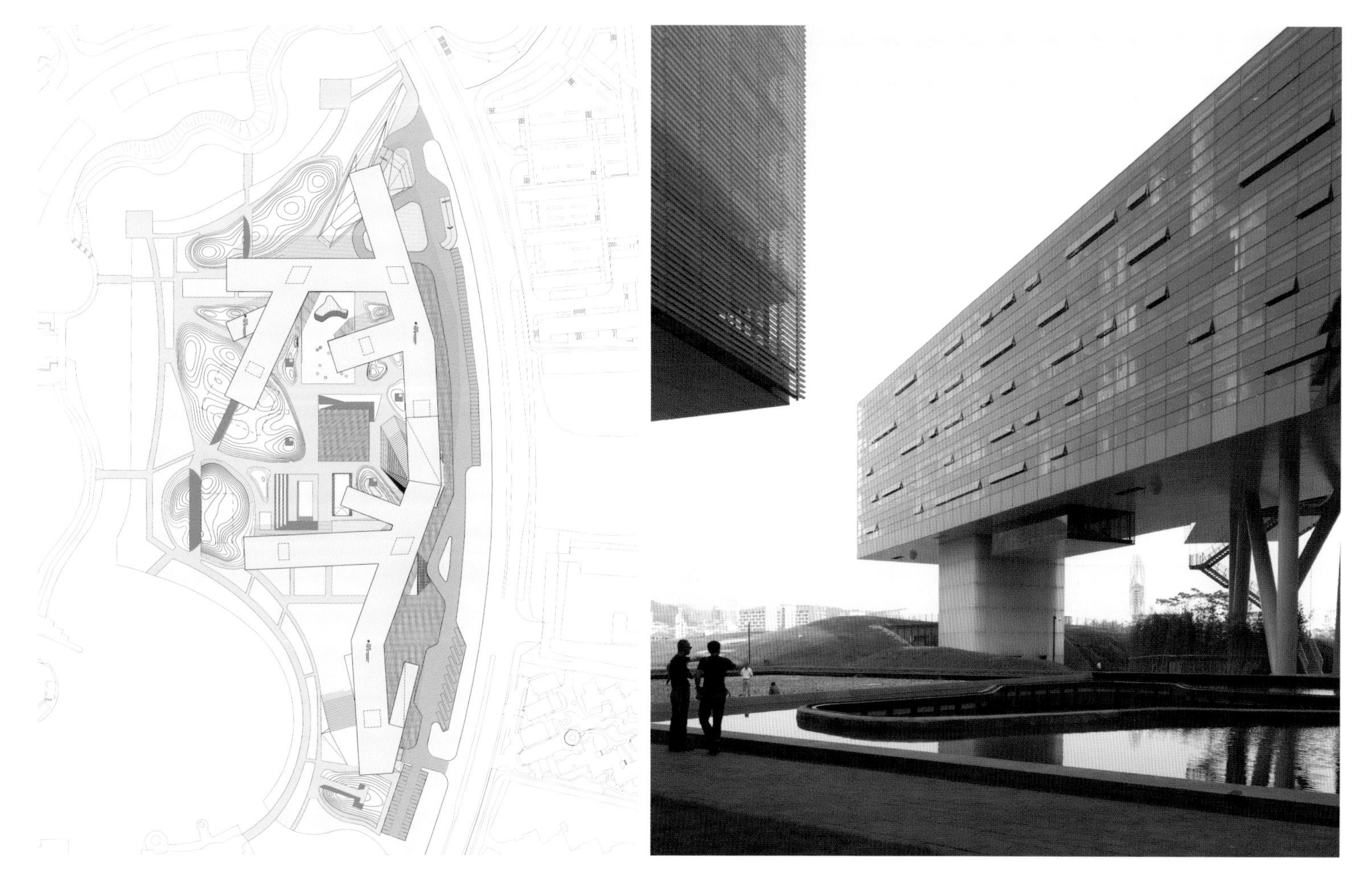

洛杉矶县南加州大学医学中心

The conceptual design of the project LAC + USC Medical Center is that drought-tolerant plantings and site features connect to geographic history.

该项目的设计理念源于对洛杉矶县原有设施（这里呈现Beaux-Arts艺术风格的主体大楼一直以来作为洛杉矶地平线的标志性建筑）、城市及其居民整体情况的分析。老医院的整修部分保留了很多原有的WPA水磨石地面以及描绘早期洛杉矶工薪阶层和农民家庭生活的瓷砖壁画。

项目深入研究了洛杉矶地区的各种原生地质构造，瑞斯·克里蒙蒂·哈勒工作室还将山脉、山谷和海岸线景观融合到设计之中。通过这项主题化的构思，建筑景观不仅使新的洛杉矶县南加州大学医学中心融入周围的环境中，更使该设施的服务人群与南加州多样化的自然环境联系在一起。

瑞斯·克里蒙蒂·哈勒工作室设计了一行混凝土和金属构成的装饰元素，这是特意为洛杉矶县南加州大学医学中心室外区域打造的。其构造呈一系列重复的样式，和主要场地的设计相呼应。例如，曲线形混凝土长凳环绕在一系列圆形花园的周围，且各自以不同的方式放置；在附近区域，一个圆形、无植被的座憩广场内嵌入了一个地面图案设计，宛如一个静心迷宫；其他区域设有一排排的长方形混凝土长椅，其座表面采用木板条设计样式。瑞斯·克里蒙蒂·哈勒工作室经过构思，在洛杉矶县南加州大学医学中心的景观设计中使用了大型、大胆的几何图案，它们是根据本地区的历史和地质情况抽象而来的。活泼的圆形和直线形设计互相搭配，像墨西哥挂毯一样覆盖在地面上，将铺地图案和场地设施组合成一幅生动的装饰画面。一个带状橡树丛以斜线型结构排列在一个弯曲的剧场形草坪中，草坪如同丝带一般通向上面的人行道。郁郁葱葱的树丛、彩色的混凝土、砂色风化花岗岩硬景观、耐旱的低矮植被和灌木、座憩空间，以及大大小小的花园都为整体格局增添了一份色彩。整体设计给人一种开放、宽敞的感觉，然而，一切元素又都井然有序地相互关联、融会贯通。

Location / 地点: Los Angeles, USA Date of Completion / 竣工时间: 2008 Area / 占地面积: 80,937 m^2 Landscape / 景观设计: Rios Clementi Hale Studios Photography / 摄影: Tom Bonner Client / 客户: Los Angeles County + University of Southern California Medical Center

墙体：混凝土
地面：模压混凝土路面，风化花岗岩
树木：复羽栾树，橄榄树，海枣树，华盛顿扇叶葵，法国梧桐，野草莓树
灌木：美人蕉，木贼，马樱丹，大戟属植物，紫娇花，龙舌兰，迷迭香

EXIT

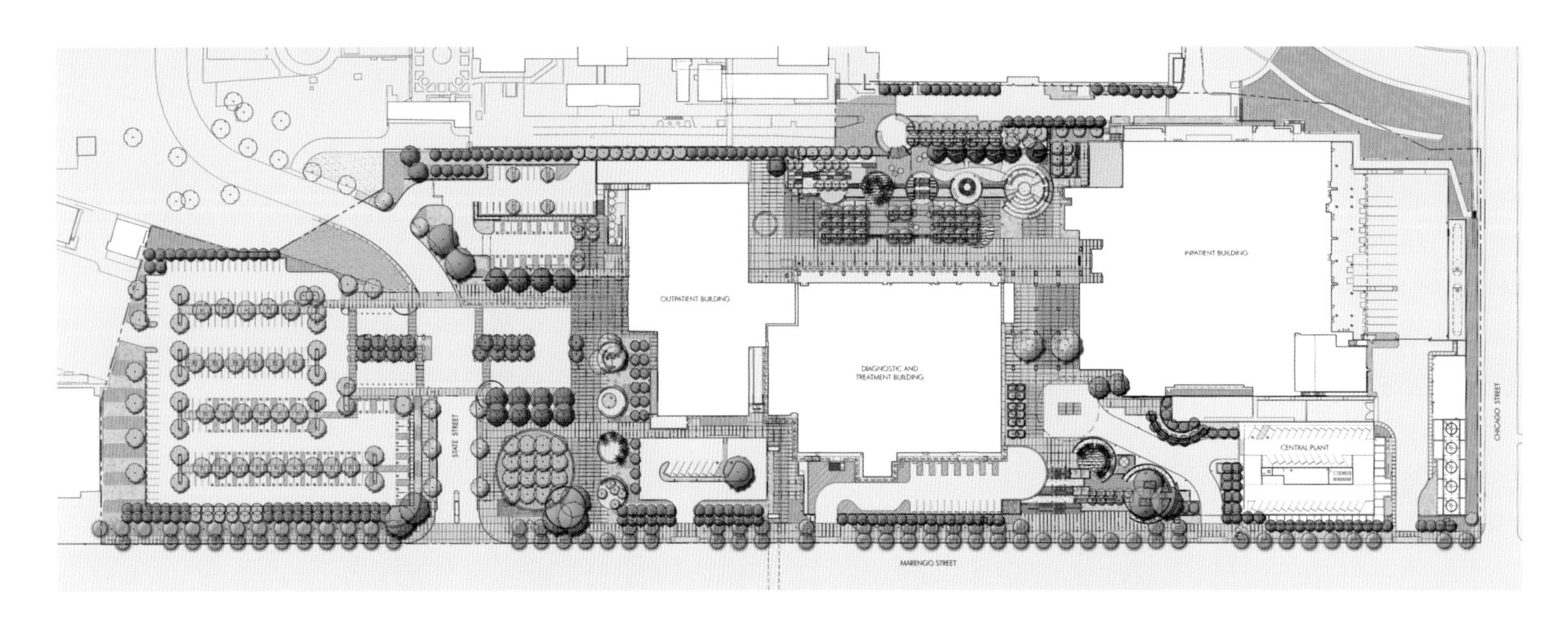
OUTPATIENT BUILDING
DIAGNOSTIC AND TREATMENT BUILDING
INPATIENT BUILDING
CENTRAL PLANT
STATE STREET
MARENGO STREET
CHICAGO STREET

马提尼医院

By bringing "real" nature to and into the hospital, it gives patients and their families the consolation, relief and strength they often so badly need.

为了和这座宏伟、现代化医院的巨大轮廓相匹配，周围环境采用了宽敞而又大胆的设计。医院的管理人员表示，他们希望建造一个花园，供人们放松、享受自然和体验四季变化。他们所憧憬的不仅是一座精心设计的花园，而是一片有助于患者恢复健康的自然空间。客户通常很少会有这样明确的构想。

庭院的设计受到该地区沼泽地特征的影响，其边沿镶饰波浪形耐候钢，形成了由流线型带状结构组成的景观。草类、野生花卉和草药呈脊状排列，同条形、修剪整齐的草坪相间，使得花园无需任何路面铺设就可灵活访问。这是一个与众不同的空间，大胆而严谨地使用了自然植物和大片的金合欢，它们逐渐扩散至整个区域，使花园脱颖而出。

位于正门的广场呈相同的外观。这里没有整齐的草坪，取而代之的是光滑的沥青路。这在覆盖庭院其余地区的小块草丛的映衬下显得非常漂亮。虽然广受公众争议，但沥青实际上完全是天然产品，非常适合步行——尤其是对病人和老人。

金合欢同白色的建筑形成对比，为人们提供了一片绿色可持续发展的环境，它们的树冠枝叶茂盛而又通透，可以营造出一种空间层次美感。这些树木不规则地排列，自然地将访客引向正门。人们还可以坐在长椅上休息，或是享受这片绿色的惬意空间。拥有多样性、敏锐性和季节性的大自然是人们首选的治疗环境。让大自然在医院安家的设计理念使患者及其家属从中得到了必要的安慰、解脱和力量。

Location / 地点: Groningen, The Netherlands **Date of Completion / 竣工时间:** 2009 **Area / 占地面积:** 13,400 m^2 **Landscape / 景观设计:** Michael van Gessel **Photography / 摄影:** Emilio Troncoso **Client / 客户:** Martini Ziekenhuis

地面：草，沥青
人行道：草，沥青
家具：混凝土椅子，靠背椅，磨毛不锈钢
照明：10m高桅灯

Entrance Plaza and Inerior Court Garden

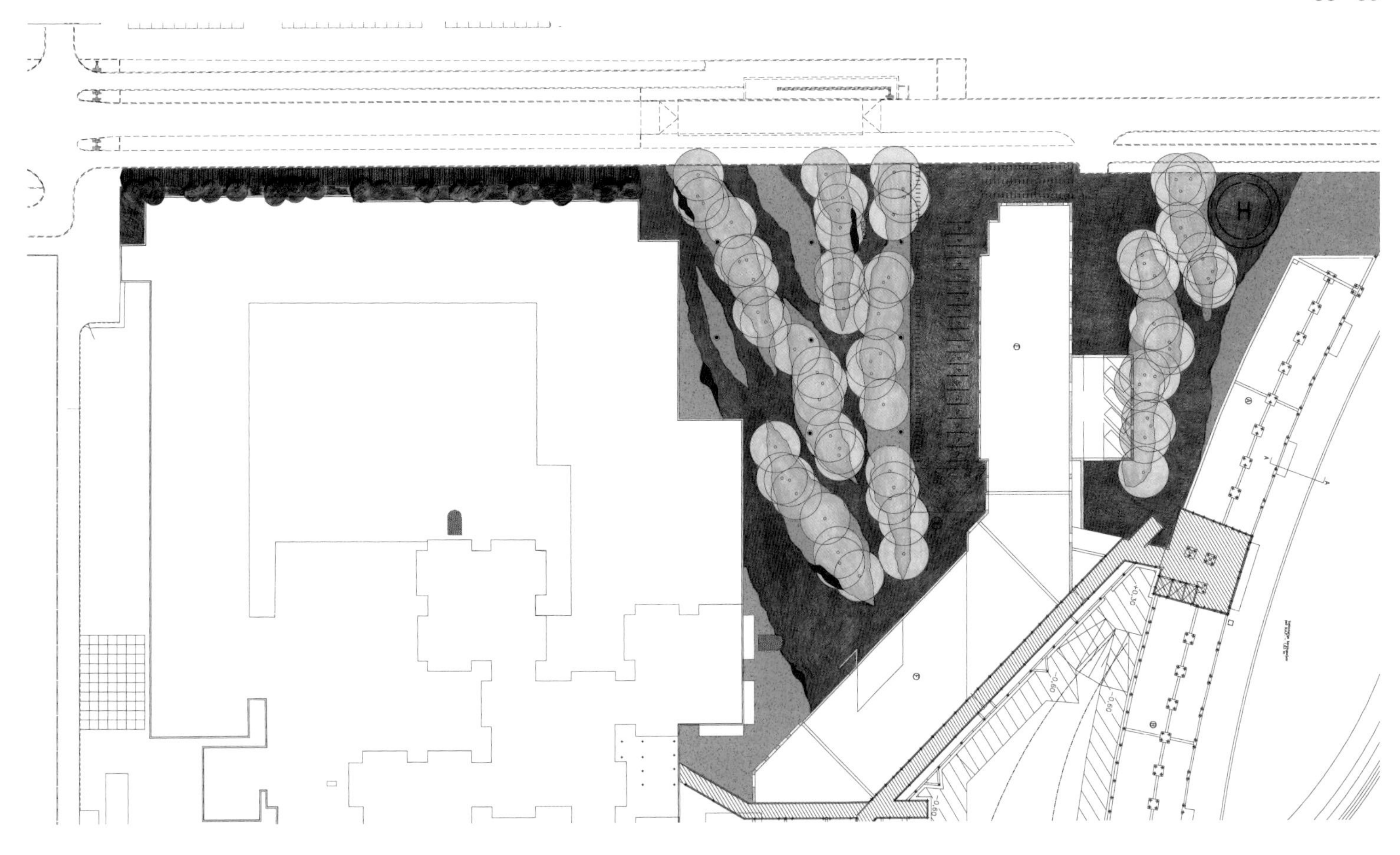

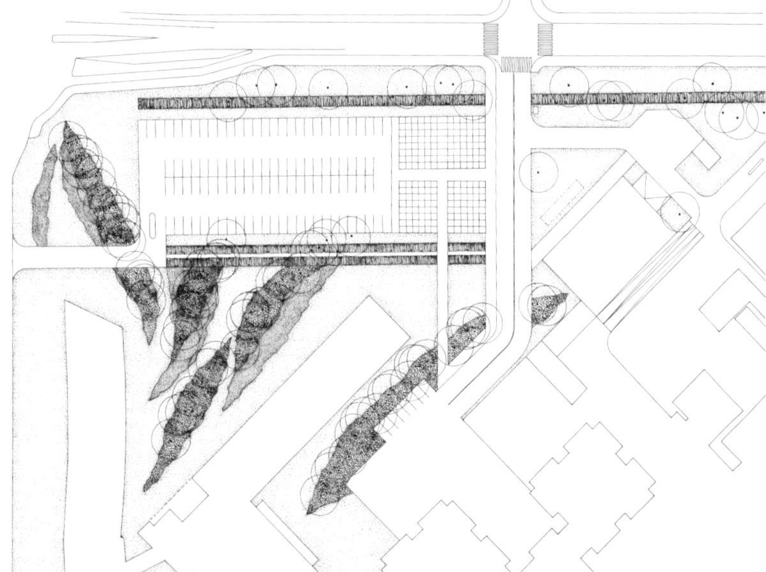

South Side of the Hospital

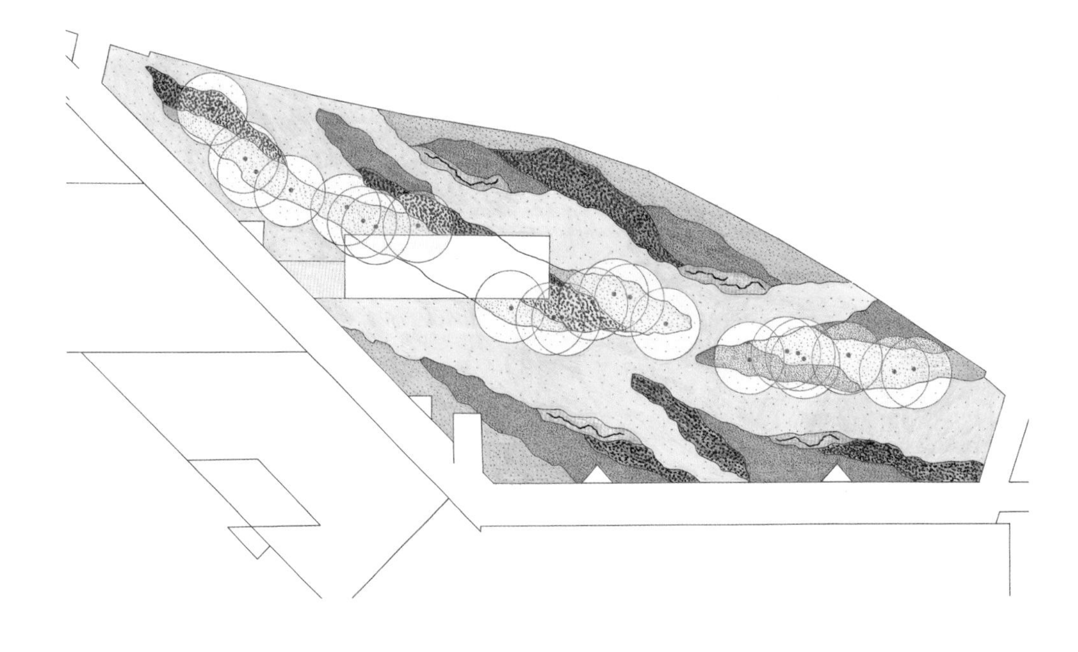

医院办公楼景观

The new hospital of Rotterdam South is one of those huge developments with an enormous building mass.

在大楼内迷失为多数人所恐惧，而这种情况恰恰又时常发生。为减少这种情况发生，设计团队精心打造出一种独特的设计方案，对沿着医院500m长的中央内部回廊分步的五个庭院分别进行设计。

项目的可持续发展性意味着设计师要专注于用户的需求。他们的解决方案是采用特殊的照明结构，并结合使用三种不同的主题，将庭院被作为导向设施，标示着新设施的中心地带，同时也作为治疗环境的组成部分。

特色各异的照明结构使每个庭院都充满个性。前两个庭院使用的是大型的长方体照明柱，与其完美搭配的中央庭院则安设了简约、特大型的座位，它们会在傍晚和夜间被点亮。坐在这些座位上，同时被巨大皂角树的柔和阴影所笼罩，人们不会有一丝生畏的感觉。最后一对庭院的主题象征着一个现代竹园。其外观呈现形态各异的竹子与草类彼此交错的景象，形成一幅巨大完美的竹林照明景观。

这些灯饰在白天看起来别具一格，而到了晚上则更加活力四射。柔和、环保、可持续的LED灯光能够改变颜色和色调，吸引着众人的目光，让人即使在日落以后仍可以探索、体验这些灯饰花园。每个庭院都设有第二层照明：从午夜开始，特色灯光将被护柱照明所取代，从而减低光线的强度。

设计中采用的LED灯拥有低能耗和使用期限长的特点，相比传统照明手段具有可持续性的优势。项目中使用的木料都是FSC木材。此外，灯饰花园本身也属于可持续性建筑，其中大型的铺设区域就是一例。这个怡人的环境友好型空间具有很高的质量标准，以确保景观建筑具有足够长的使用年限。这片绿色环保空间的另一大优势就是会对病人康复产生积极的促进作用。

Location / 地点: Rotterdam, the Netherlands Date of Completion / 竣工时间: 2010 Area / 占地面积: 4,000 m² Landscape / 景观设计: Stijlgroep landscape and urban design Photography / 摄影: Samson Urban Elements Client / 客户: Maasstad Hospital

地面：混凝土，石子
中心区：厚石子平板
凉台：硬木龙凤檀，洗过的海贝
定制长椅：钢骨架，磨边硬木
攀援植物：常青藤，冠盖绣球花
植物：富贵草，大顶观音坐莲，小型长青花多年生植物和灌木：鼠李，木槿，金丝桃，南极洲假山毛榉，金露梅，蝴蝶荚蒾，锦带花

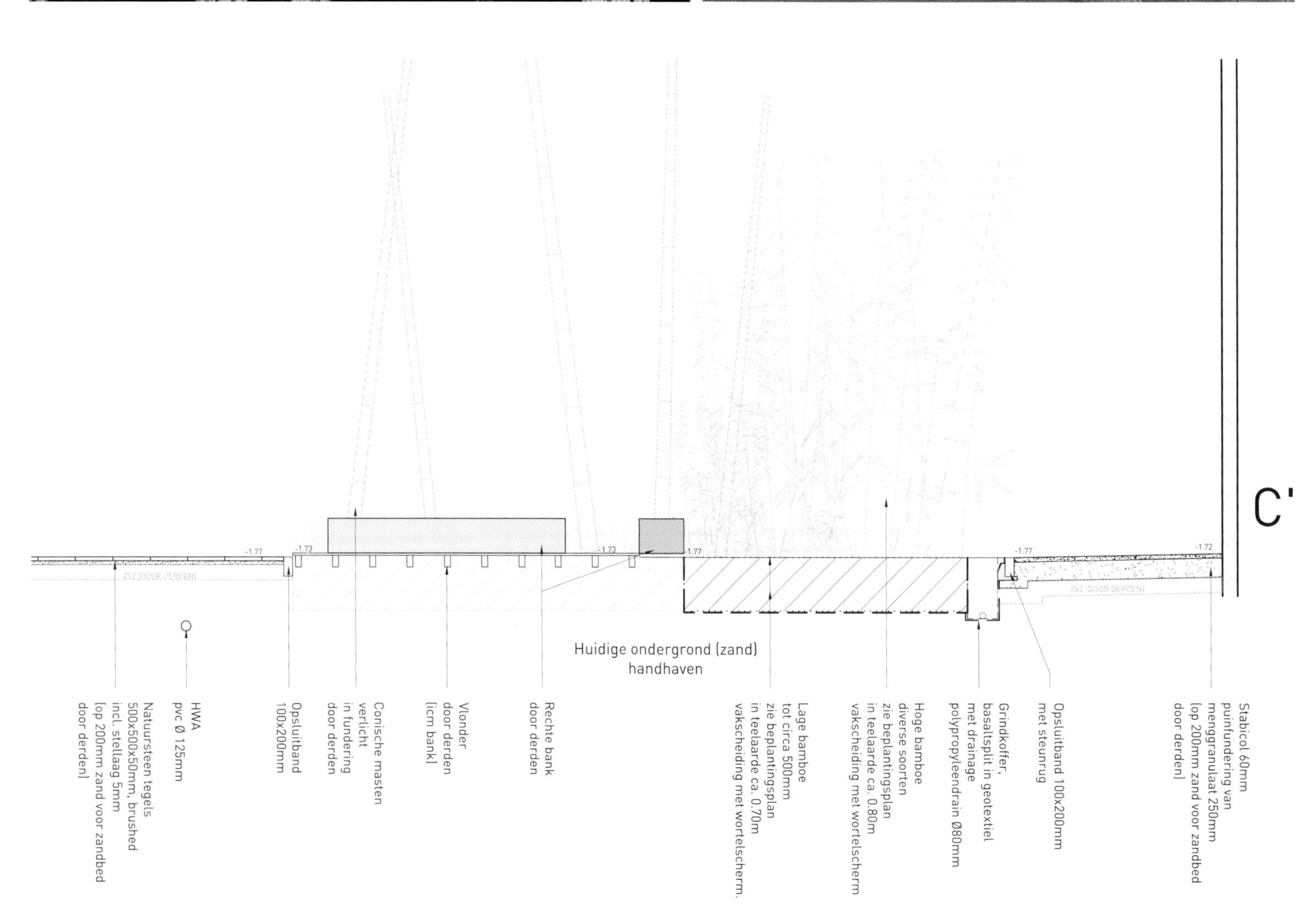
C'
-1.77
-1.73
-1.73
-1.77
-1.77
-1.72
Huidige ondergrond (zand) handhaven
Natuursteen tegels 500x500x50mm, brushed incl. stellaag 5mm [op 200mm zand voor zandbed door derden]
HWA pvc Ø 125mm
Opsluitband 100x200mm
Conische masten verlicht in fundering door derden
Vlonder door derden [icm bank]
Rechte bank door derden
Lage bamboe tot circa 500mm zie beplantingsplan in teelaarde ca. 0.70m vakscheiding met wortelscherm.
Hoge bamboe diverse soorten zie beplantingsplan in teelaarde ca. 0.80m vakscheiding met wortelscherm
Grindkoffer, basaltsplit in geotextiel met drainage polypropyleendrain Ø80mm
Opsluitband 100x200mm met steunrug
Stabicol 60mm puinfundering van menggranulaat 250mm [op 200mm zand voor zandbed door derden]

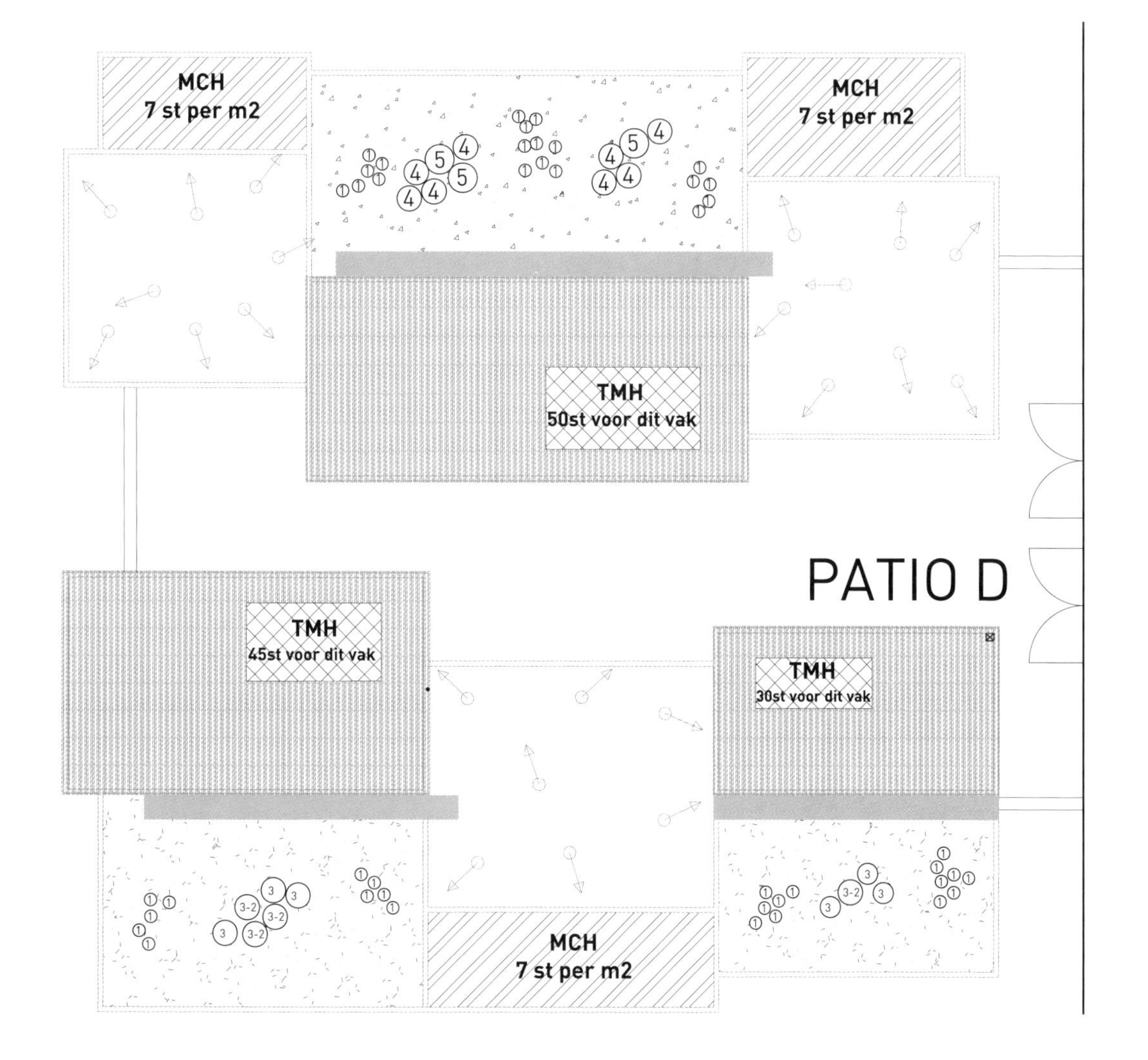

LEGENDA

MCH Molinia caerulea 'Heidebraut'
P9 7st per m2

TMH Taxus media 'Hicksii'
Conform bestek

1 Fargesia mur. Super Jumbo
150/175 Kluit

3 Phyllostachys nigra
200 - 250 container 30

3-2 Phyllostachys nigra
350 - 400 container 70

4 Phyllostachys aurea
350 - 400 container 70

5 Phyllostachys aurea
600 - 700 container 160

Pleiobastus pyg. Distychus
20/30 container 2,5

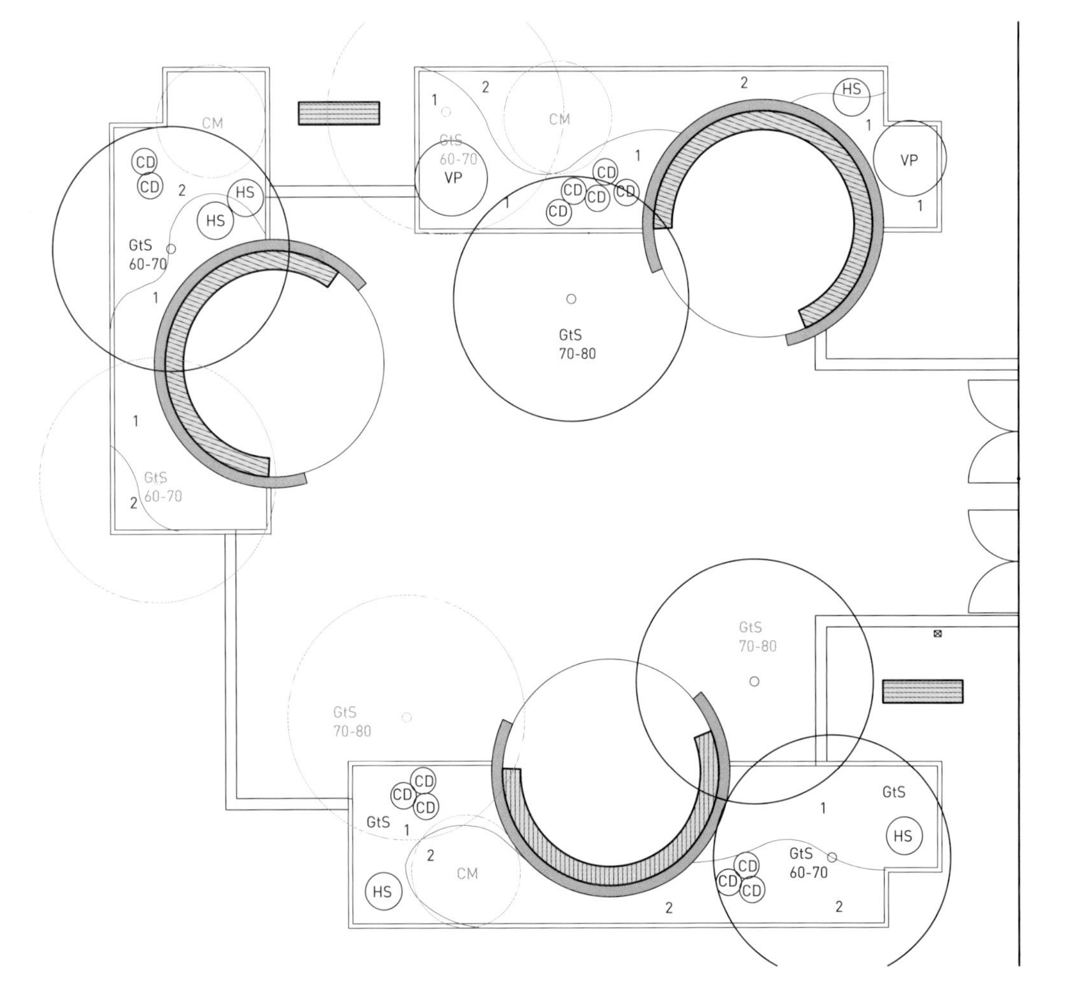

LEGENDA

Gevellijn.

Entree.

Vakscheiding bodembedekkers
icm soortcode.

Solitaire heesters
icm soortcode.

Boom
icm soortcode.

Beplantingssoorten

Bomen

Gleditsia triacanthos 'Sunburst' 60-70 en 70-80 — GtS

Bodembedekkers

Vinca minor 'Gertrude Jekyll — 1
Hedera helix 'Conglomerata' — 2

Solitaire heesters

13 stuks	Ceanothus delinlianus 'Gloire de Versailles'	CD
5 stuks	Hibiscus syriacus 'Ardens'	HS
	Cornus Mas	CM
2 stuks	Viburnum plicatum 'Mareisii'	VP

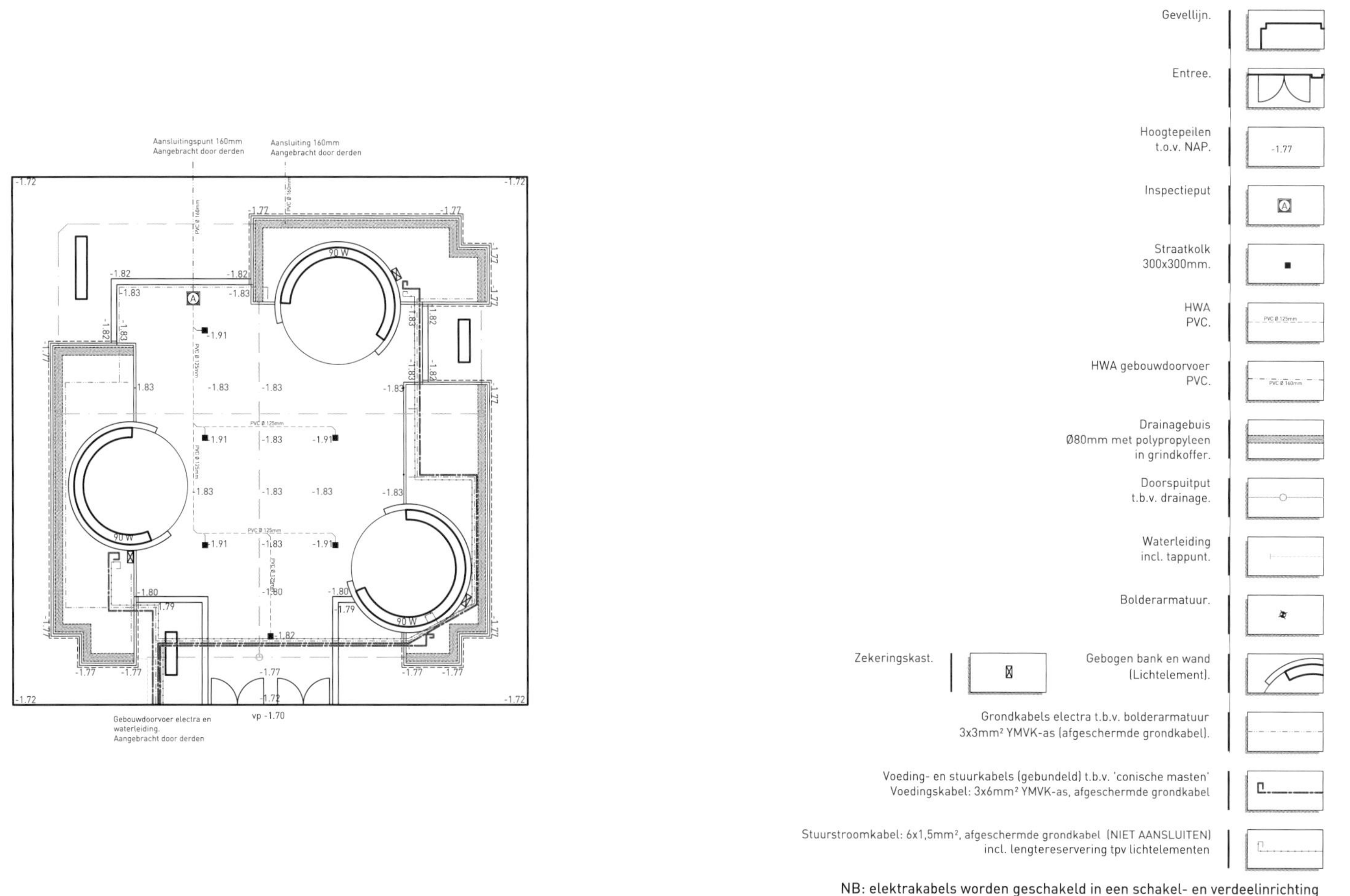

NB: elektrakabels worden geschakeld in een schakel- en verdeelinrichting welke is gepositioneerd in de K&L-tunnel onder de Magistrale.

日月潭观光局管理处

It is a project for an environment management bureau that houses a visitor center in the Sun Moon Lake Hsiangshan area.

该场地和狭窄的水湾相邻，在北端大致以南北向延伸，在面向湖景的一侧有一个狭窄的通道，沿一条道路扩展至内陆深处。山坡从两侧以环绕之势逐渐靠近，朝湖望去，湖面看起来呈一个被挖剪的V字形。因此，虽然这里是日月潭的风景管理局，却不像位于特色地带的酒店那样，可以从窗口和露台欣赏180度的日月潭景观。

该设计方案的首要目标就是成为关联建筑和自然环境的典范，同时保留周围的自然景观，防止内陆地区成为一片死角。第二个重点在于解决从场地向日月潭观望时视野并不完美这一缺点，同时大力挖掘并发挥其潜在优势。最终，这项半建筑、半景观的设计给人们创造了一个感受、亲近自然的平台，同时也衬托了日月潭天然美丽的湖光山色，并为其注入了新的审美维度。

日月潭观光局管理处是一所致力于监管日月潭自然环境的机构，其使命不仅在于保持并加强这里优美的景色，还要有助于解决环境问题。通常情况下，20世纪现代主义建筑的土地处理方法和建筑方式是自然环境的主要破坏因素。本项目则采用协调的设计形态，将建筑本身和周围的环境结合在一起。建设地基过程中产生的土壤没有被运离场地，而是用于部分建筑之中。

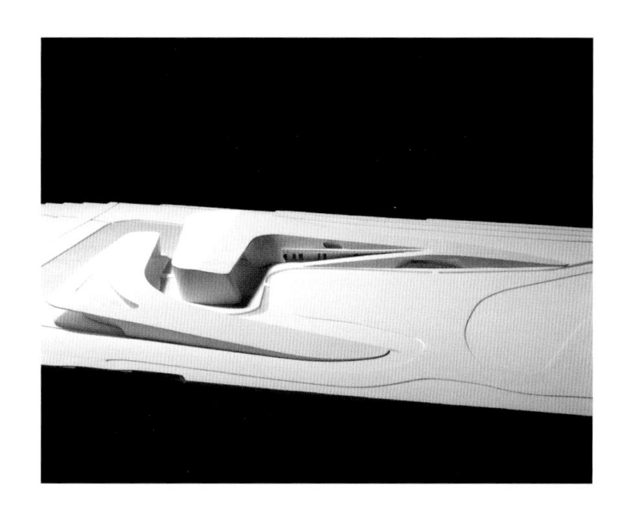

Location / 地点: Taiwan, China **Date of Completion / 竣工时间:** 2010 **Area / 占地面积:** 33,340 m² **Landscape / 景观设计:** Norihiko Dan and Associates, Norihiko Dan **Photography / 摄影:** Norihiko Dan and Associates, Anew Chen **Client / 客户:** Sun Moon Lake National Scenic Area Administration

屋顶：露石混凝土，聚氨酯防水，草
墙体：露石混凝土
植物：草
地面：沥青

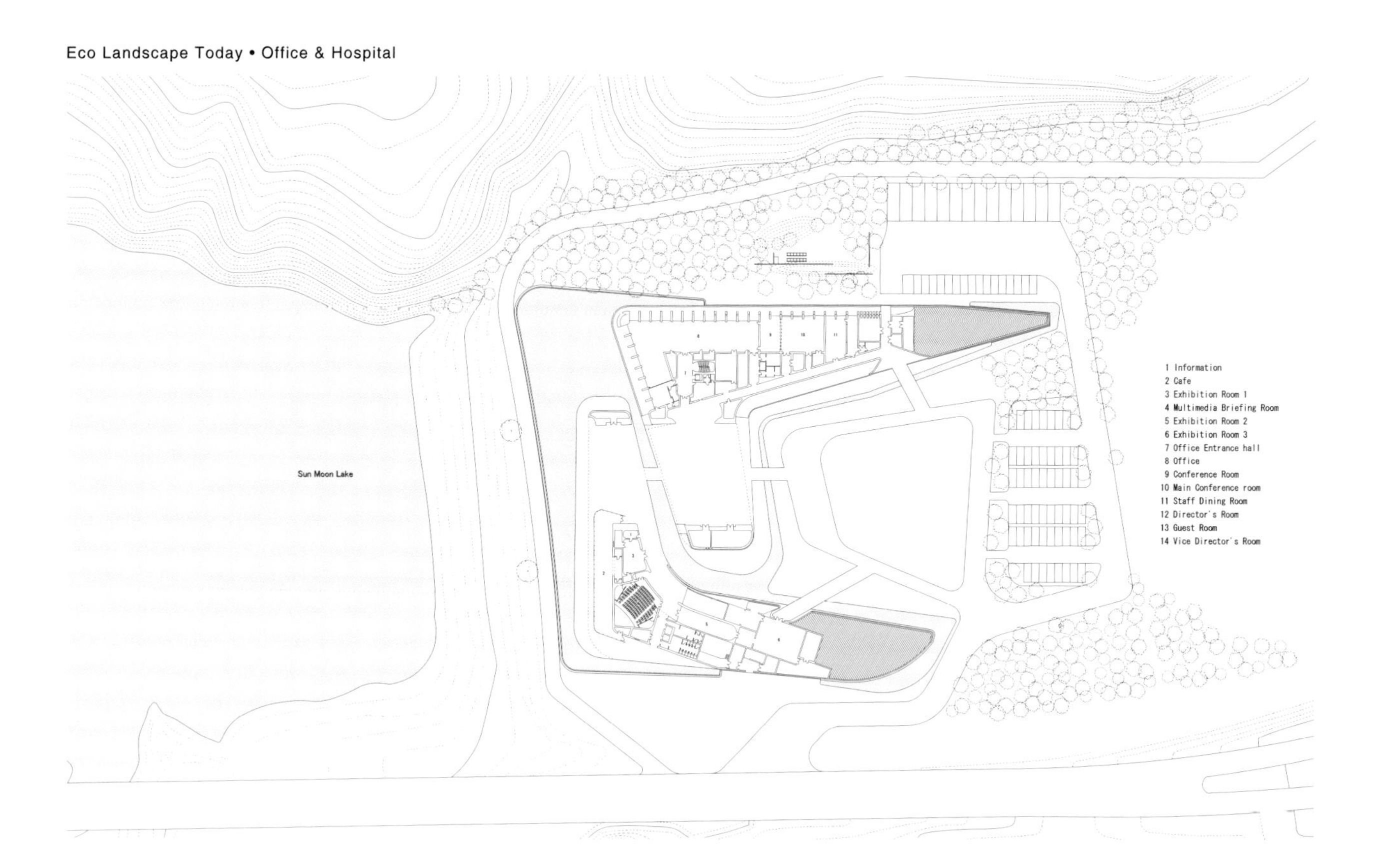
Sun Moon Lake
1 Information
2 Cafe
3 Exhibition Room 1
4 Multimedia Briefing Room
5 Exhibition Room 2
6 Exhibition Room 3
7 Office Entrance hall
8 Office
9 Conference Room
10 Main Conference room
11 Staff Dining Room
12 Director's Room
13 Guest Room
14 Vice Director's Room

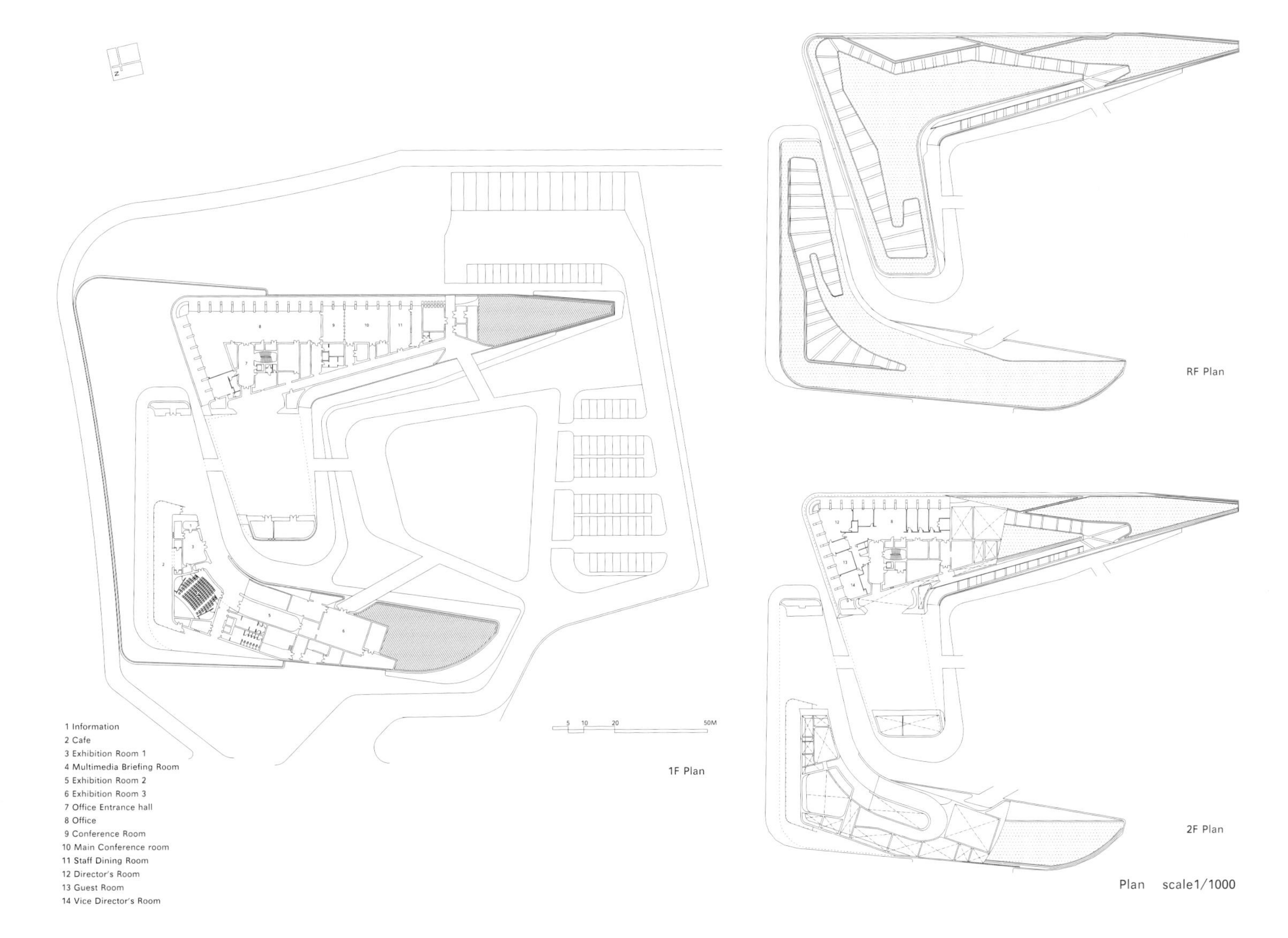

Plan scale1/1000

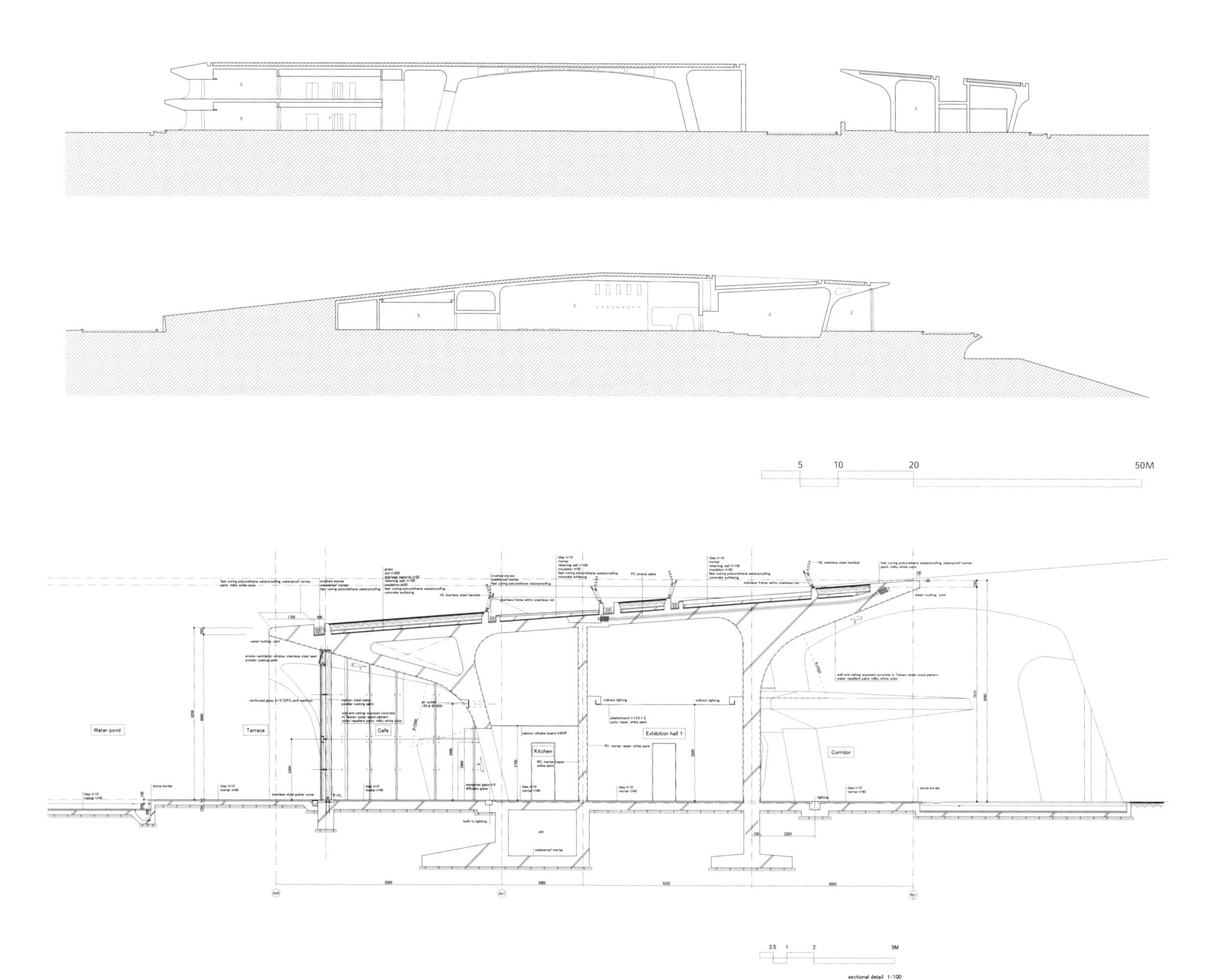
5
10
20
50M
Water pond
Terrace
Cafe
Kitchen
Exhibition hall 1
Corridor
0.5
1
2
5M
sectional detail 1/100

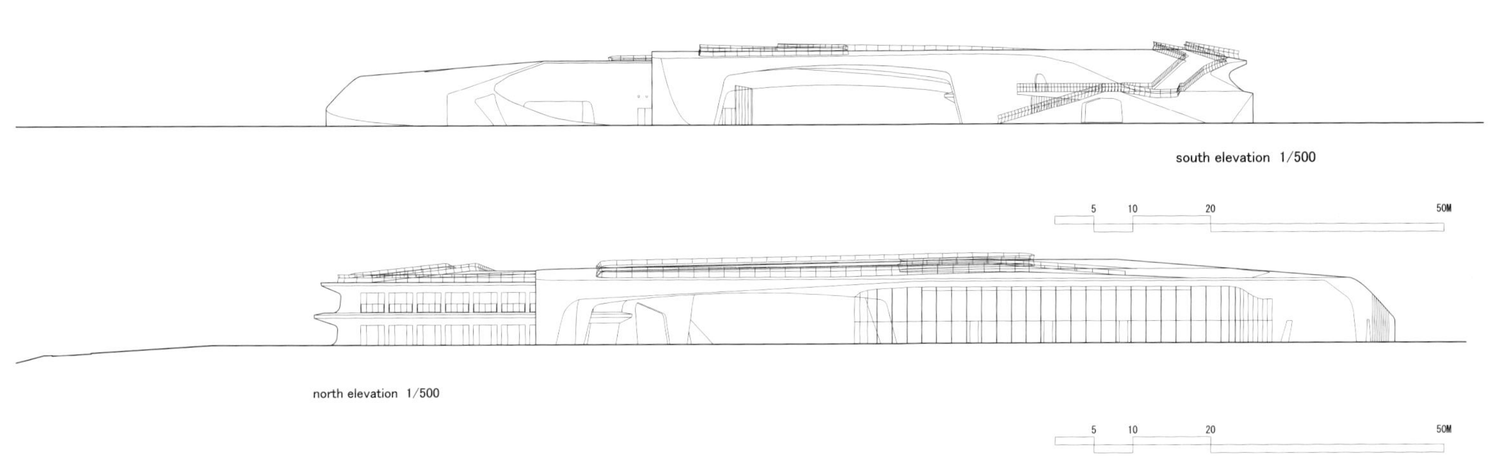

south elevation 1/500

5 10 20 50M

north elevation 1/500

5 10 20 50M

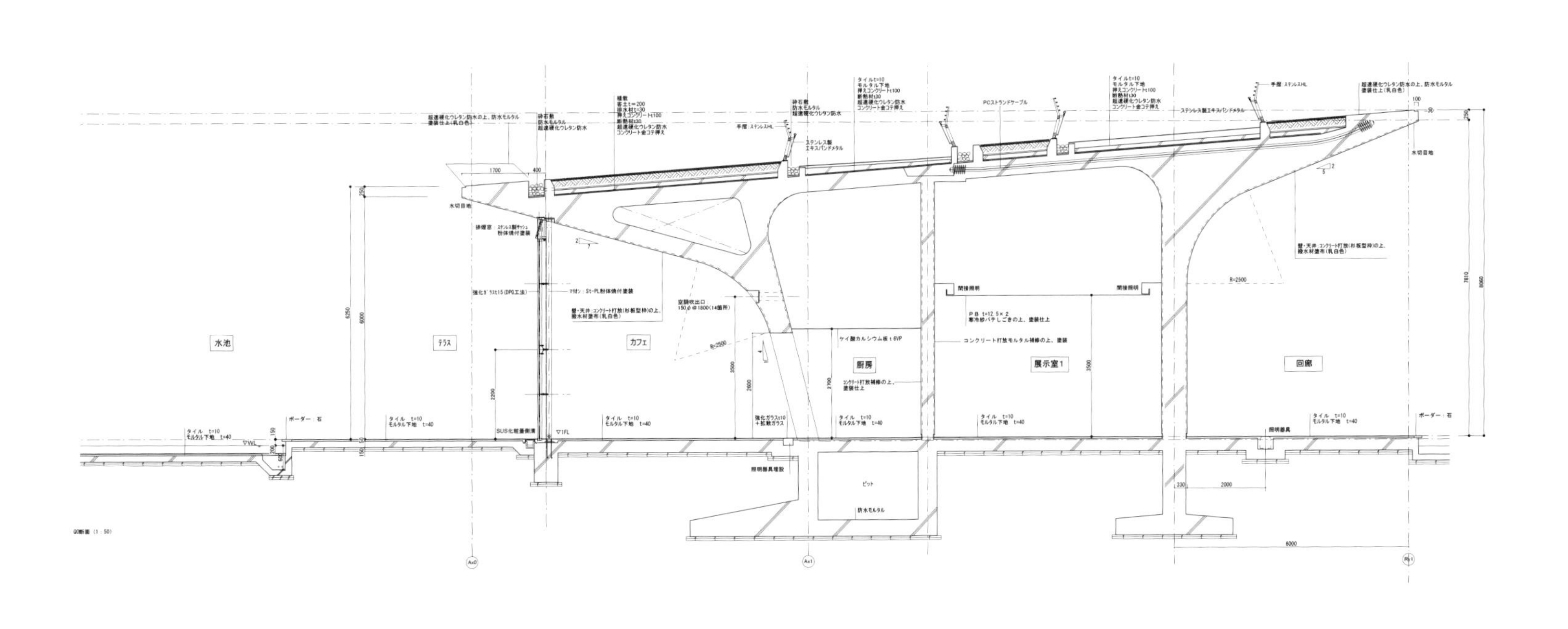

5 10 20 50M

断面詳細図 1/100

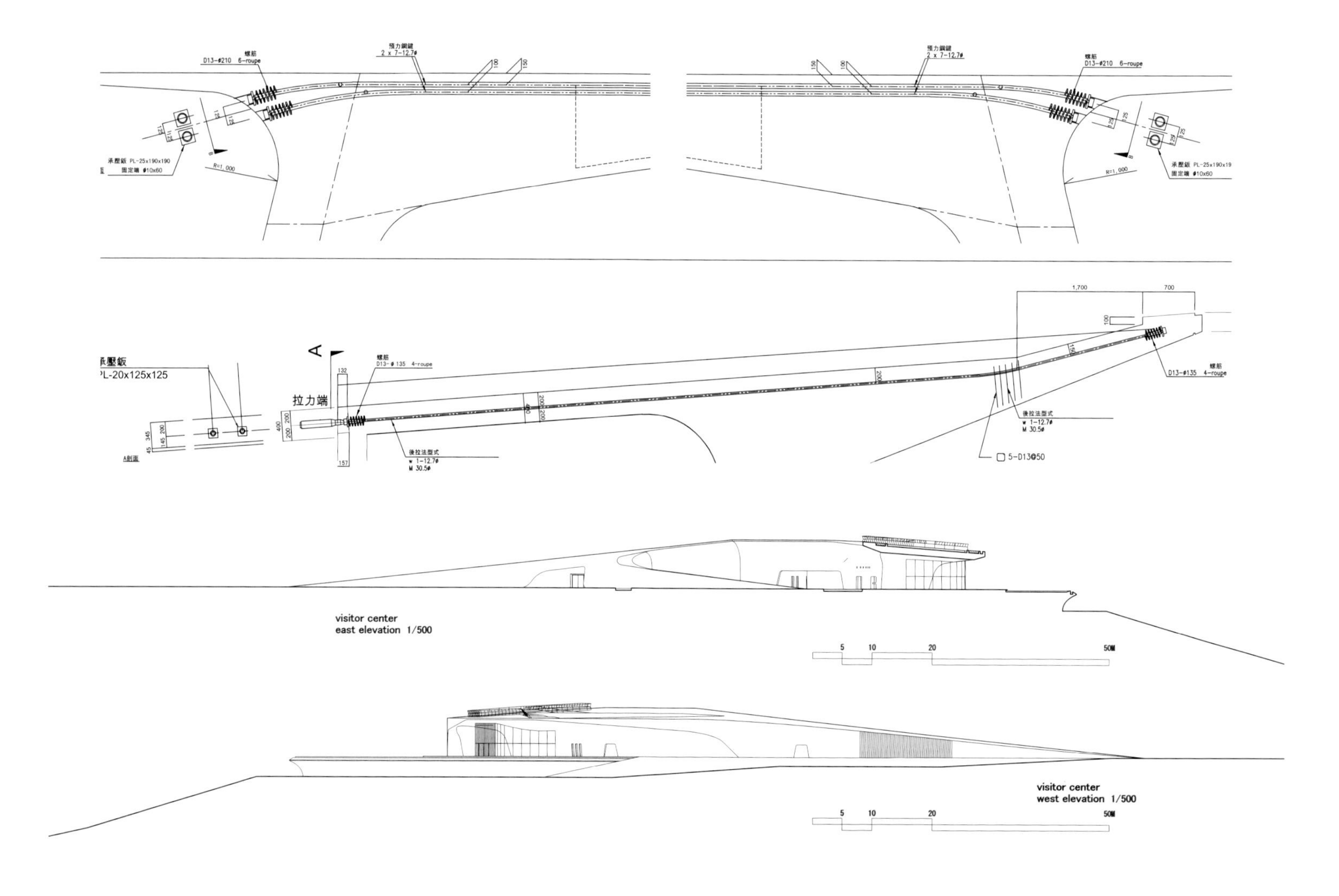

visitor center
east elevation 1/500

visitor center
west elevation 1/500

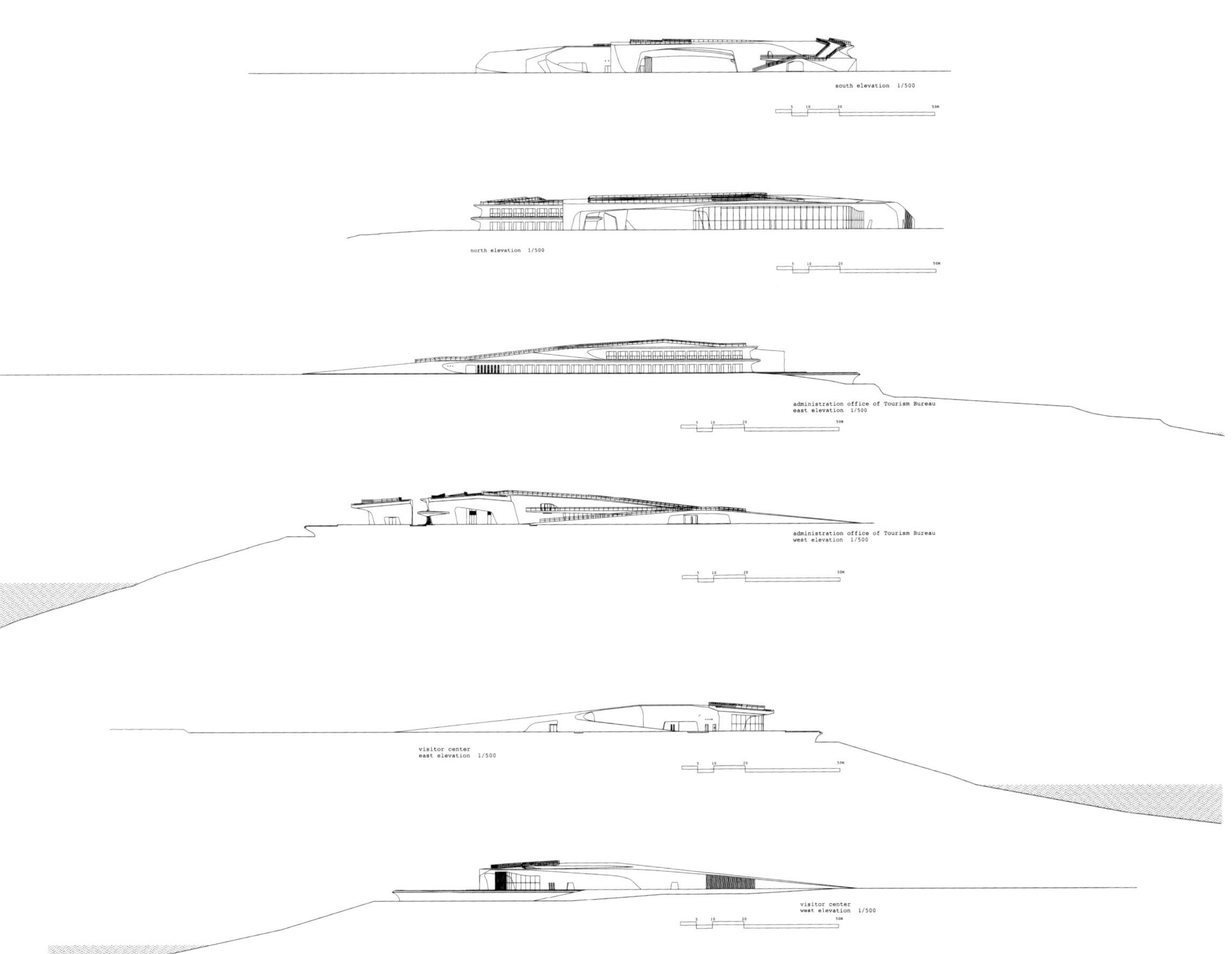
south elevation 1/500
north elevation 1/500
administration office of Tourism Bureau
east elevation 1/500
administration office of Tourism Bureau
west elevation 1/500
visitor center
east elevation 1/500
visitor center
west elevation 1/500

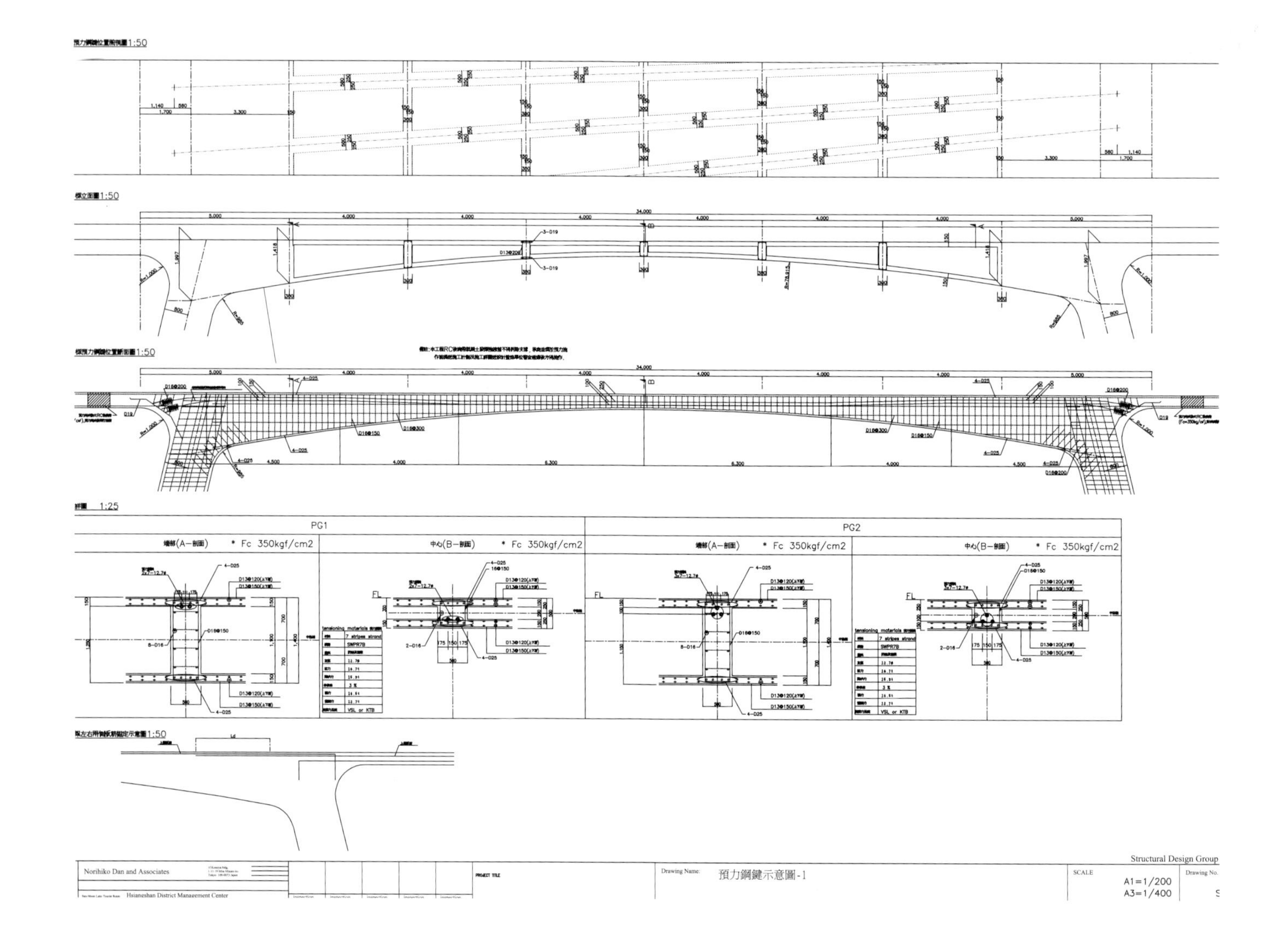
1:50
1:50
1:50
34,000
1:25
PG1
PG2
* Fc 350kgf/cm2
* Fc 350kgf/cm2
* Fc 350kgf/cm2
* Fc 350kgf/cm2
1:50
Norihiko Dan and Associates
Hsiangshan District Management Center
Drawing Name:
預力鋼鍵示意圖-1
SCALE
A1=1/200
A3=1/400
Structural Design Group
Drawing No.

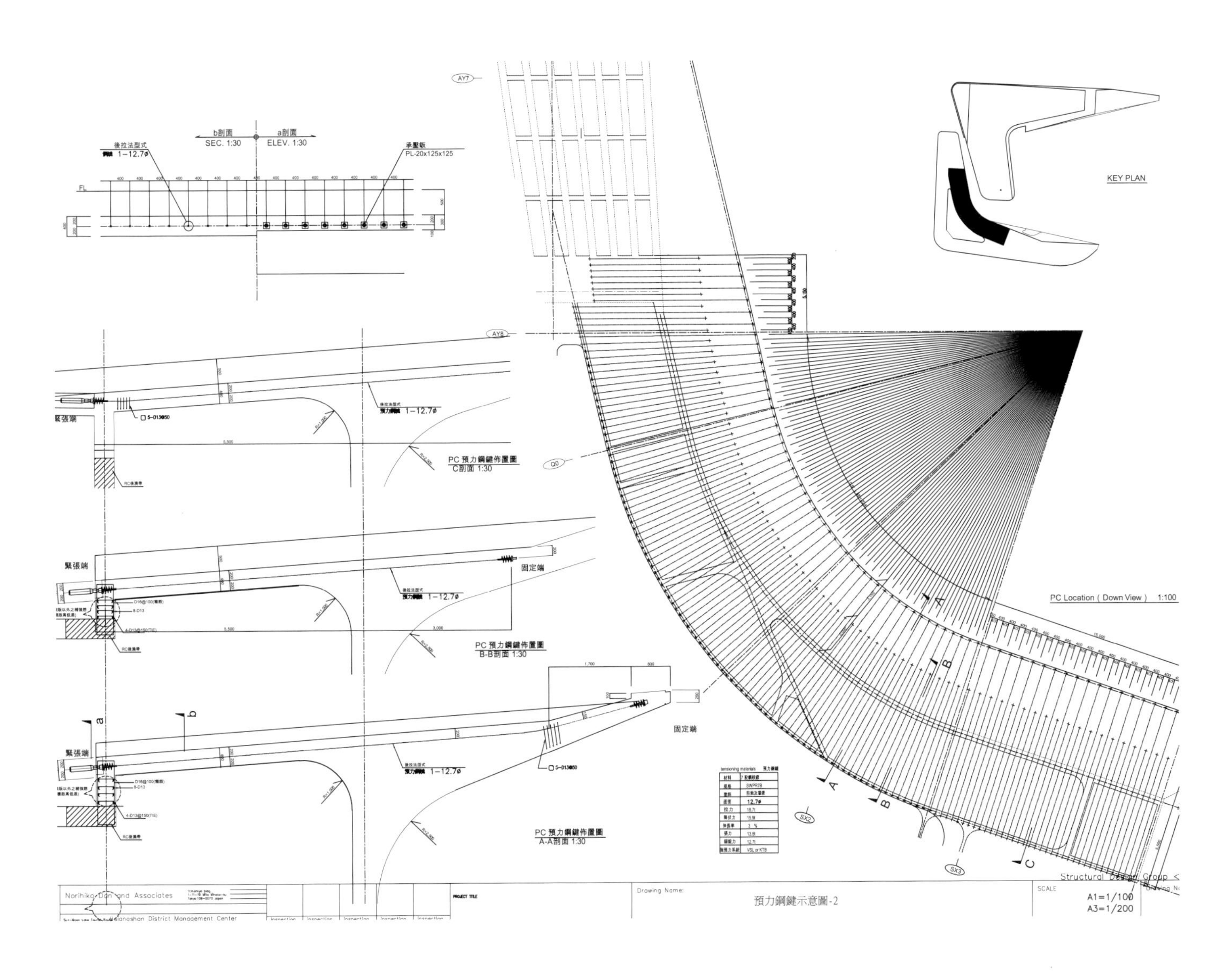
KEY PLAN
PC Location (Down View) 1:100
PC 預力鋼鍵佈置圖
C剖面 1:30
PC 預力鋼鍵佈置圖
B-B剖面 1:30
PC 預力鋼鍵佈置圖
A-A剖面 1:30
固定端
緊張端
Drawing Name:
預力鋼鍵示意圖-2
A1=1/100
A3=1/200

80-139
住宅区
Residential Zone
ECO LANDSCAPE TODAY
Copyright © 2012 Dopress Books

七庭院住宅

The house does not provide any technological breakthrough in terms of sustainability, only passive means have been carefully designed to achieve high efficiency in climatic terms.

该项目的任务是在一个树木茂盛并具有优良环境品质的区域内建立一栋房屋。房屋位于建筑用地的最高处，墙身由土坯筑成。经过分析，设计师构想了两个基本思路：对场地边界处修建墙壁的地基区域加以美化，以突显房屋通过一个基座自然升起的感觉；这些墙壁构建出一个楼梯的轮廓，穿过小花园和平台，一直延伸至门廊。

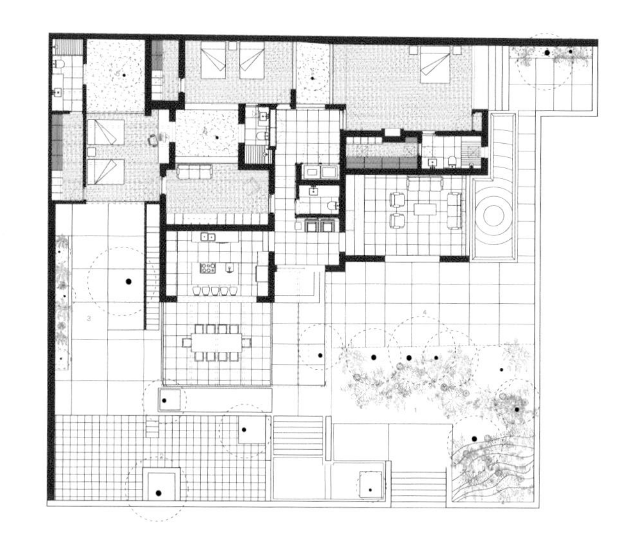

为了和密集的墙壁结构形成对比，设计师决定集成更轻巧的元素，能够让人获悉场地的原貌，并建立起一个新的空间与场地的植被相呼应。因此，原有的实体元素和新增的建构元素便通过一个基座联系在一起。原有和新增元素的交界构成了庭院的结构，这些庭院有的长而深，有的居于平台和随房屋升起的墙堤之间而略显狭窄。

该项目保留了所有的原生树木，并增加了一些装饰性树种。在建筑外围，一条不足1m²的小路被铺设起来，以避免破坏原有的绿地；多孔矿石也被安置在这里，起到为地面植被保持土壤质量的作用。

房屋的建造没有在可持续发展方面取得技术上的突破，而是采用了精心设计的被动式措施来达到节约能源的目的。例如，室内的通风系统能使空气穿过巧妙规划的庭院，而庭院内几乎没有树木遮掩，这便确保在屋内随时可以呼吸新鲜空气。同样，这些庭院内装饰了松散的石头，保证了和地面良好的渗透性。建筑师还利用了原有的土坯墙，用水泥涂层将其覆盖，这使房屋内部在无需空调系统的帮助下便可达到舒适的温度。

Location / 地点: Zapopan, Mexico **Date of Completion / 竣工时间:** 2011 **Area / 占地面积:** 353 m² **Landscape / 景观设计:** ARS° ATELIER DE ARQUITECTURAS, Alejandro Guerrero **Photography / 摄影:** Andrea Soto, Alejandro Guerrero **Client / 客户:** Juan Carlos Rodríguez and Cristina Villava

地面：混凝土，当地石子
人行道：鹅卵石，混凝土，地砖
家具：铁楼梯，混凝土，木材
照明：地灯，荧光灯
植物：橡胶植物，胡桃树，丝兰，草，竹，灌木，棕榈树

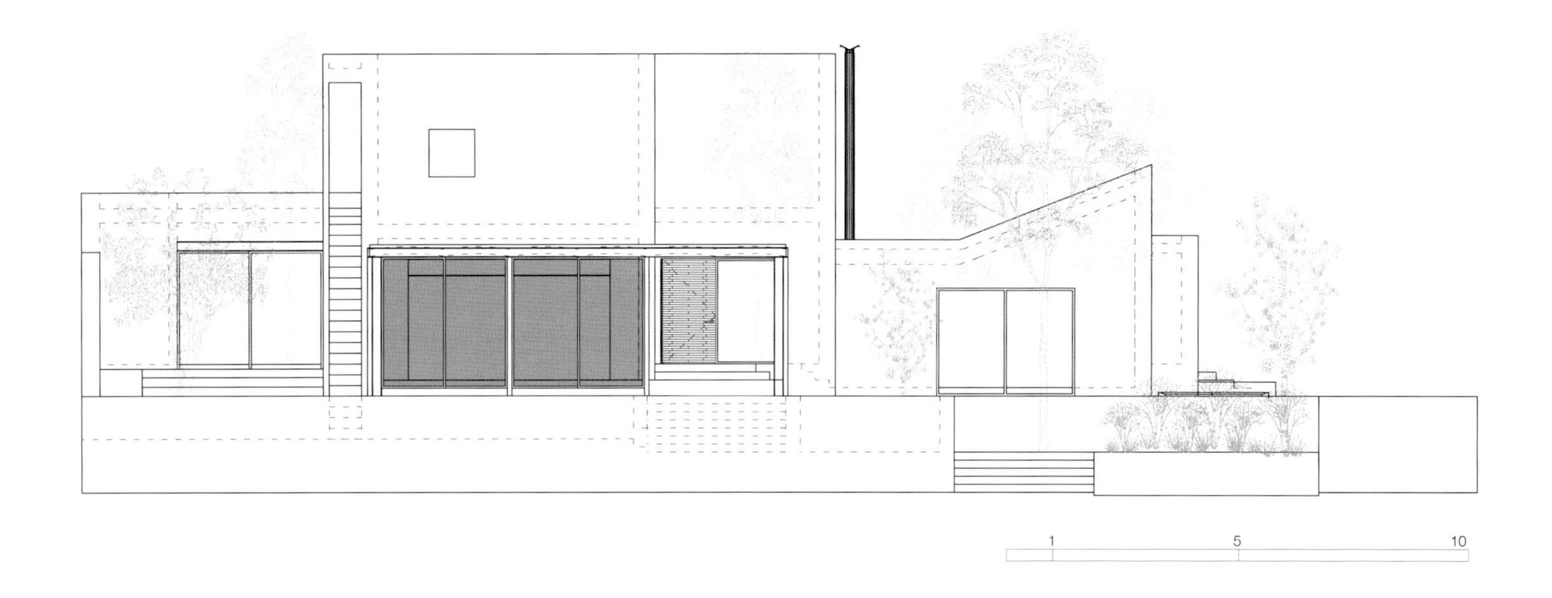
1
5
10

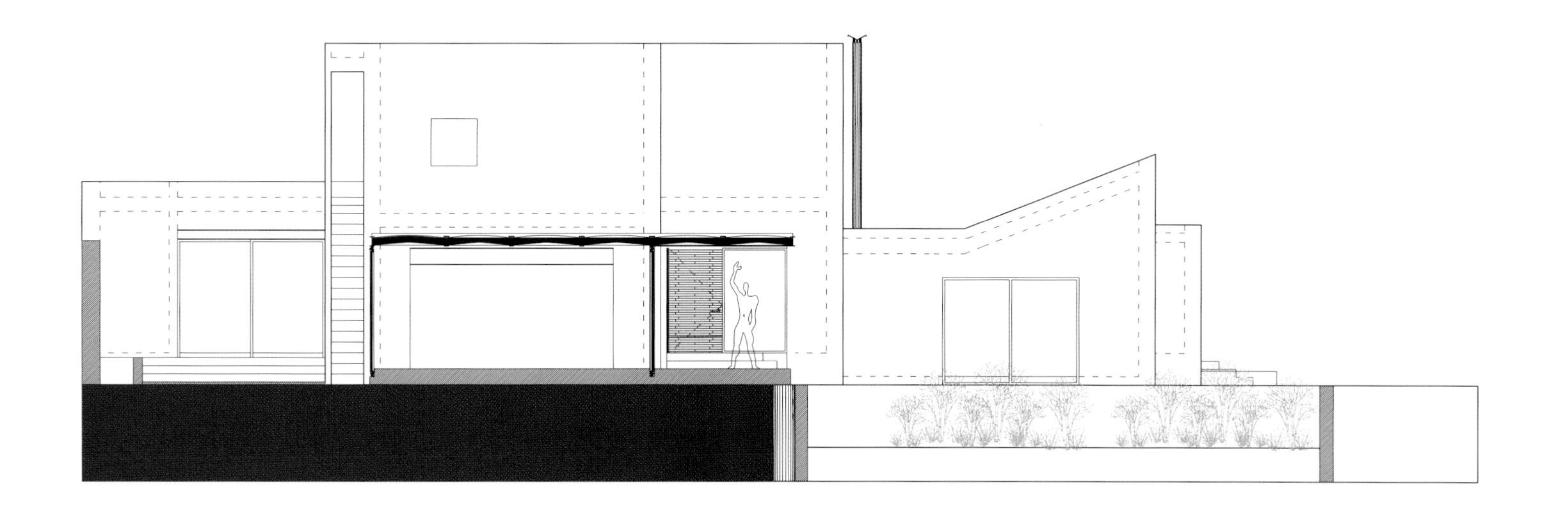

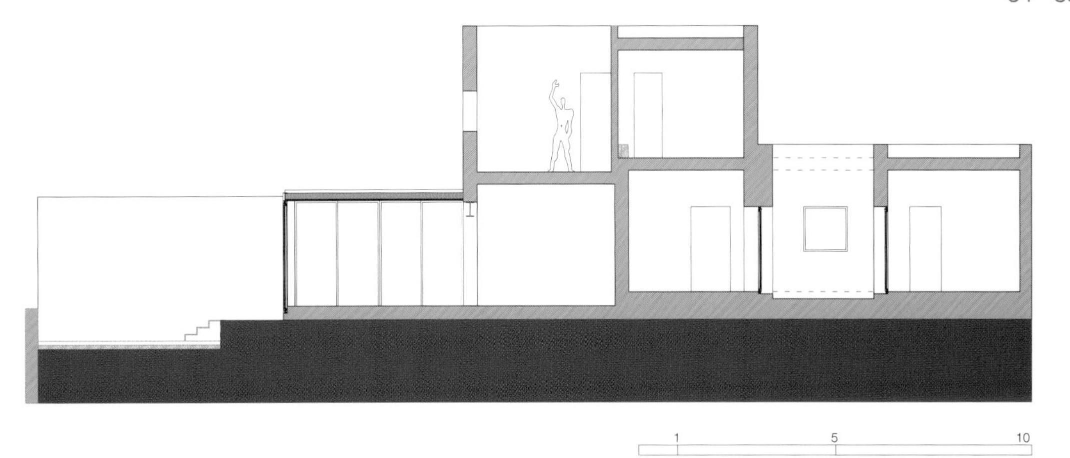
1
5
10

串联式溪边住宅

Cascading Creek House was conceived less as a house and more as an extension and outgrowth of the limestone and aquifers of Central Texas.

该项目在倾斜的场地上建起两堵长形的本地石灰石墙壁，作为公用和住宅用的侧翼。墙壁和侧翼一同构成了一片面向低处小溪的居住场所，成为生活空间的扩展区域。考虑到当地会倾降暴雨的情况，墙身还能阻挡来自高处街道的排水。

围墙和建筑结构周围的三棵原生、成熟的橡树被保留下来。屋顶上安置了收集雨水的水槽结构，颇像德克萨斯州山郊地表上的春池。这些水槽通过控制光伏发电板和太阳能热水板来有效利用周围流动的自然资源。

屋顶采集到的水、电和热被集成到大型气候调节系统中，该系统利用水源热泵和辐射回路为住宅提供供暖和制冷。气候系统还和地热回路、水池相连接，从而建立一个热交换系统，最大限度地减少对电力或气体燃料的依赖。

无边水池居于围成的平台和与其相遥望的山郊峡谷的交界处。通过主浴室旁边的内部庭院，阳光、清新的空气和绿树得以穿透这里最为隐蔽的地方。悬臂式屋顶和房身的侧翼大方地朝低处的花园一侧展开，和房屋朝向高处的街道而形成的闭塞布置形成对比效果。

Location / 地点: Austin, USA Date of Completion / 竣工时间: 2011 Area / 占地面积: 130 m² Landscape / 景观设计: Bercy Chen Studio, Kirk Foster Photography / 摄影: Paul Bardagjy and Ryan Michael

人行道：石灰岩
树木：当地橡树
灌木：薰衣草，玫瑰，杜松，杜鹃花

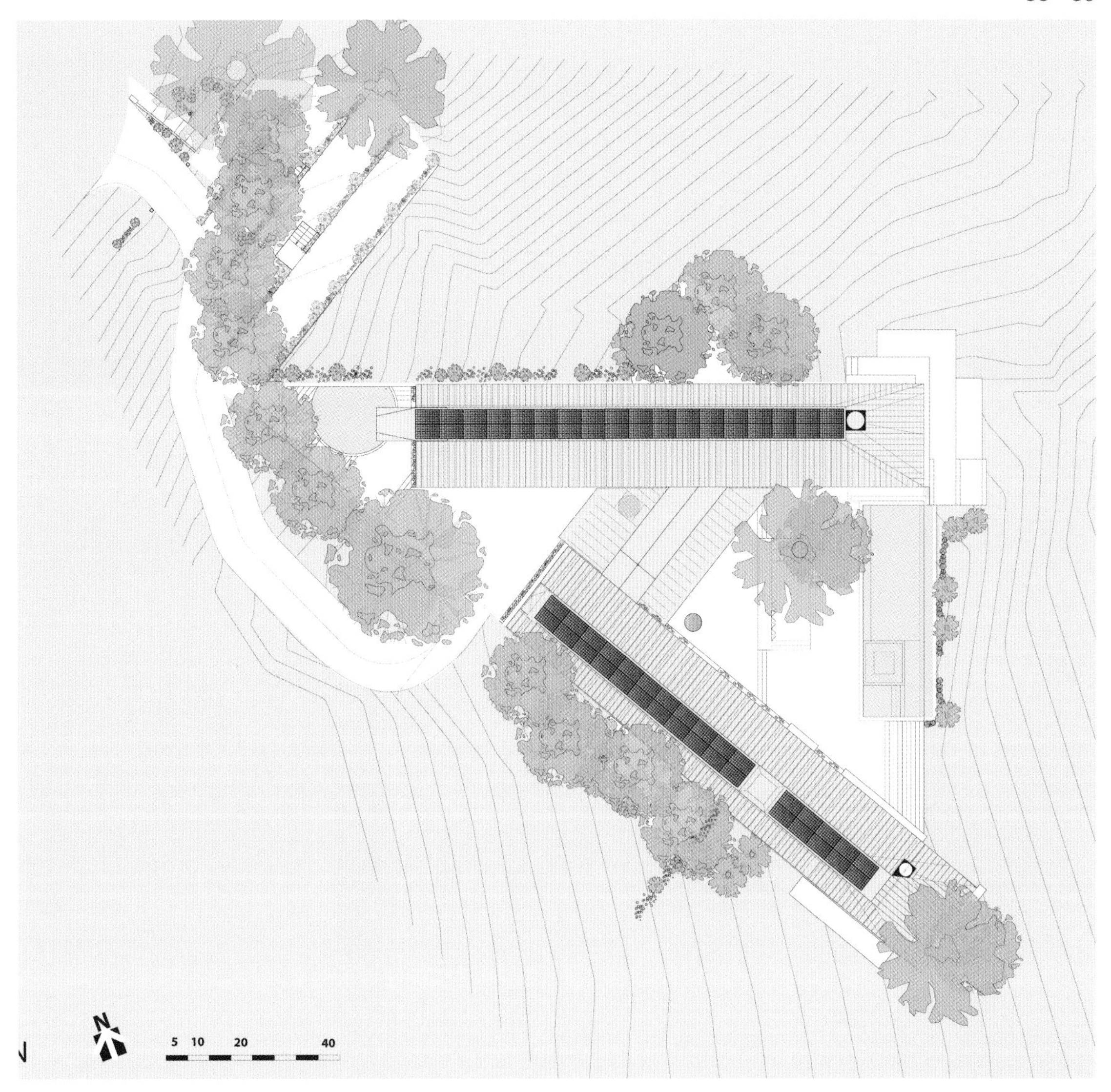
5 10 20 40

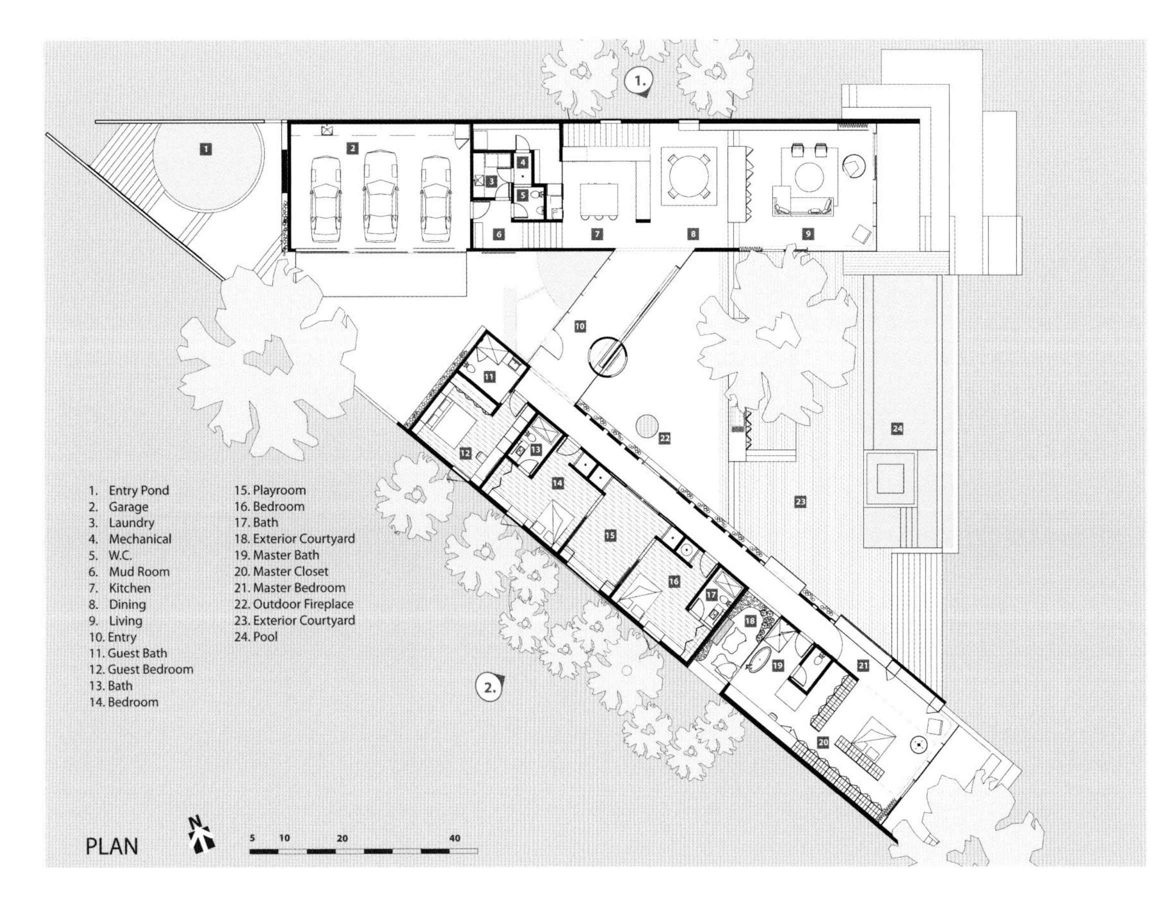
1. Entry Pond
2. Garage
3. Laundry
4. Mechanical
5. W.C.
6. Mud Room
7. Kitchen
8. Dining
9. Living
10. Entry
11. Guest Bath
12. Guest Bedroom
13. Bath
14. Bedroom
15. Playroom
16. Bedroom
17. Bath
18. Exterior Courtyard
19. Master Bath
20. Master Closet
21. Master Bedroom
22. Outdoor Fireplace
23. Exterior Courtyard
24. Pool
PLAN
5 10 20 40

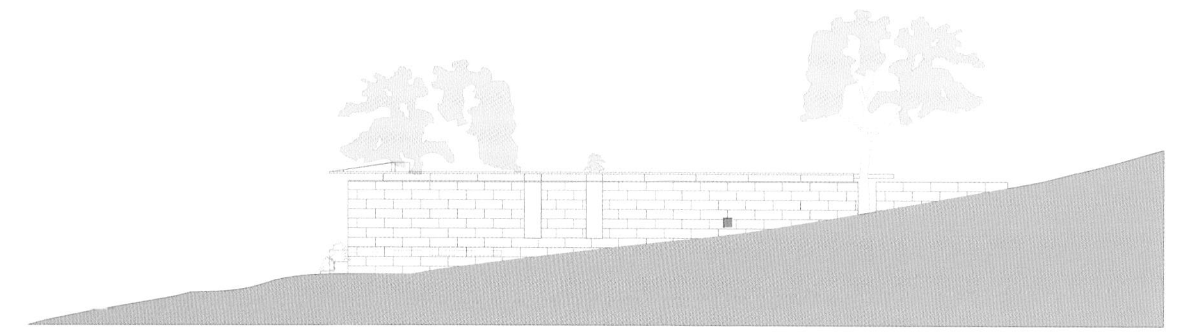

1. LIVING ROOM WING - NORTH FACE

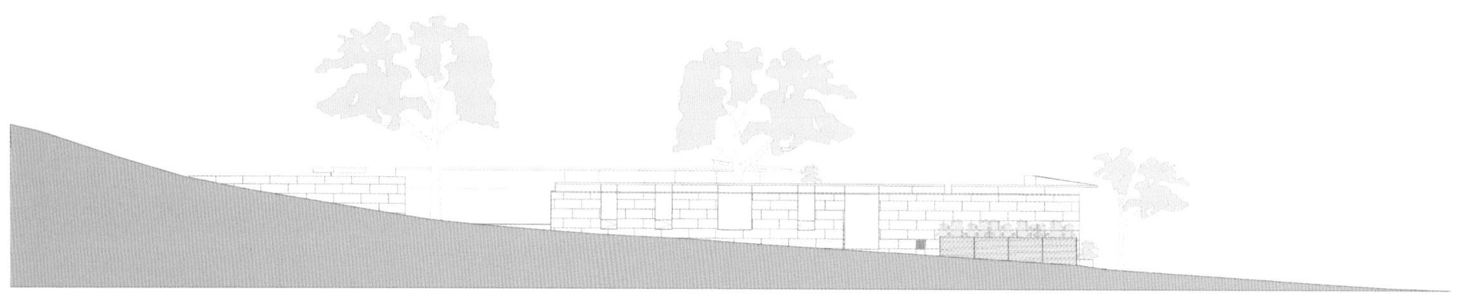

2. BEDROOM WING - WEST FACE

Floriande居住区

Besides ecological goals, their aim was to bring a sense of freedom into this “new world”.

这块场地是一个新居民区中央的多岩石地带。Floriande是一片新的居民区，位于霍夫多尔普——荷兰阿姆斯特丹大都市区一个高速发展的城市。这个广大街区的大部分地方已经被开发建设，现在约有17,500个居民。

3km长的公园区横跨Floriande，毗邻一条将居住区和周边农田相连接的运河，形成了一条生态长廊。Centre Room是IJtocht区域的一个组成部分，和新居民区的商业中心相邻。公园和休闲区的设计一般都采用流畅的风格，但是建筑师这次采用了不同的手法。他们使用岩石这一材料来装饰这片区域，让人联想起这里未被开垦时的景象，以唤起人们儿时的美好回忆。本项目除了追求生态目标，还试图为这个“新世界”带来自由感。

Centre Room的轮廓由沿东侧的林荫大道和在末端打结的柳树群构成。从社区中心走来，人们能够以开阔的视野观看较低处的公园和水景，并可以沿着高起的连贯人行道漫步。低矮的墙堤与生态区接壤，一起构成了一个具有不同层次湿度的特色地形。

这种小型荒地被规划好之后，将任由植被在其上面自由生长。公园的设施包括配有长凳的步行和自行车道、吸引区外爱好者前来的高质量轮滑场地和加强生物多样性的设施，如封闭式篱笆和石笼。

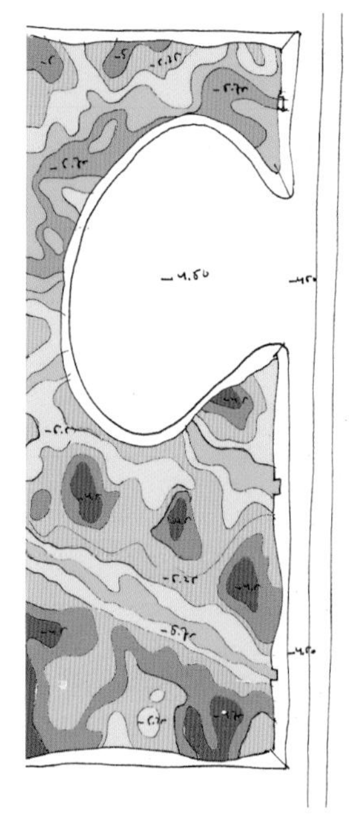

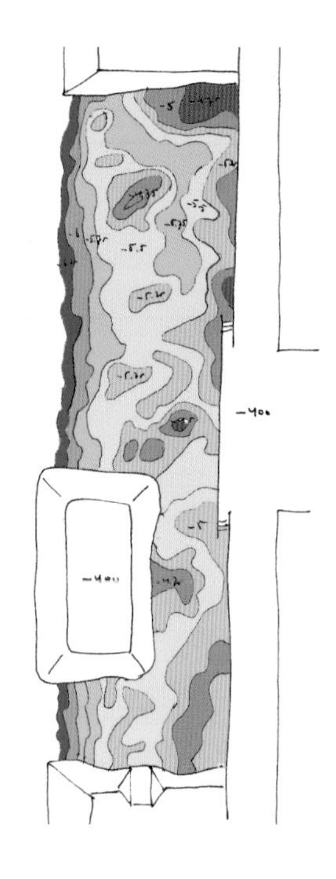

Location / 地点: Hoofddorp, the Netherlands Date of Completion / 竣工时间: 2009 Area / 占地面积: 27,000 m^2 Landscape / 景观设计: Vlug & Partners Photography / 摄影: Vlug & Partners, Ben Ter Mull
Client / 客户: Municipality of Haarlemmermeer

地面：砖，小卵石压沥青
家具：木制长椅
照明：漫步道区域的公共照明
植物：柳树，花草甸，一年生和多年生的当地植物
其他：混凝土轮滑场

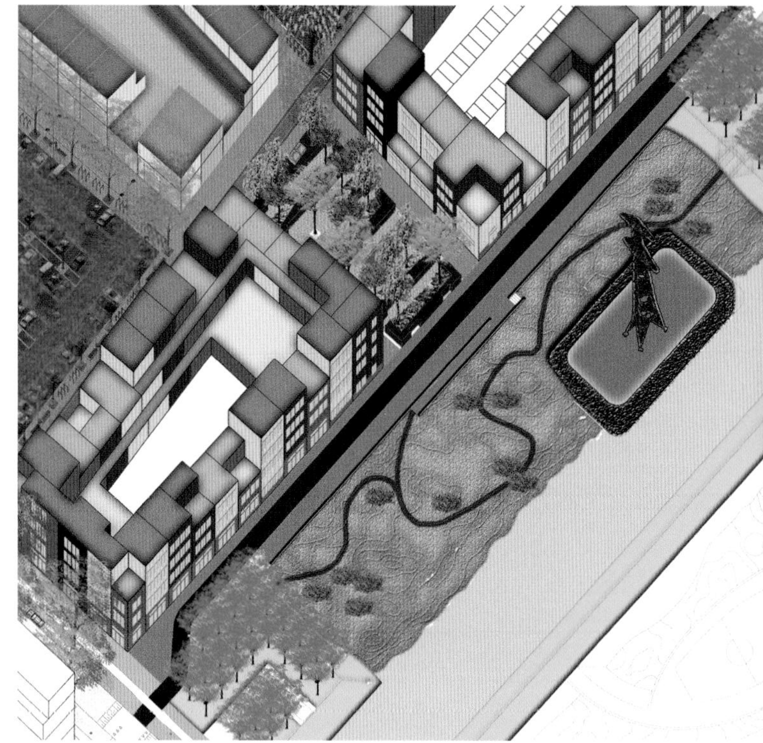

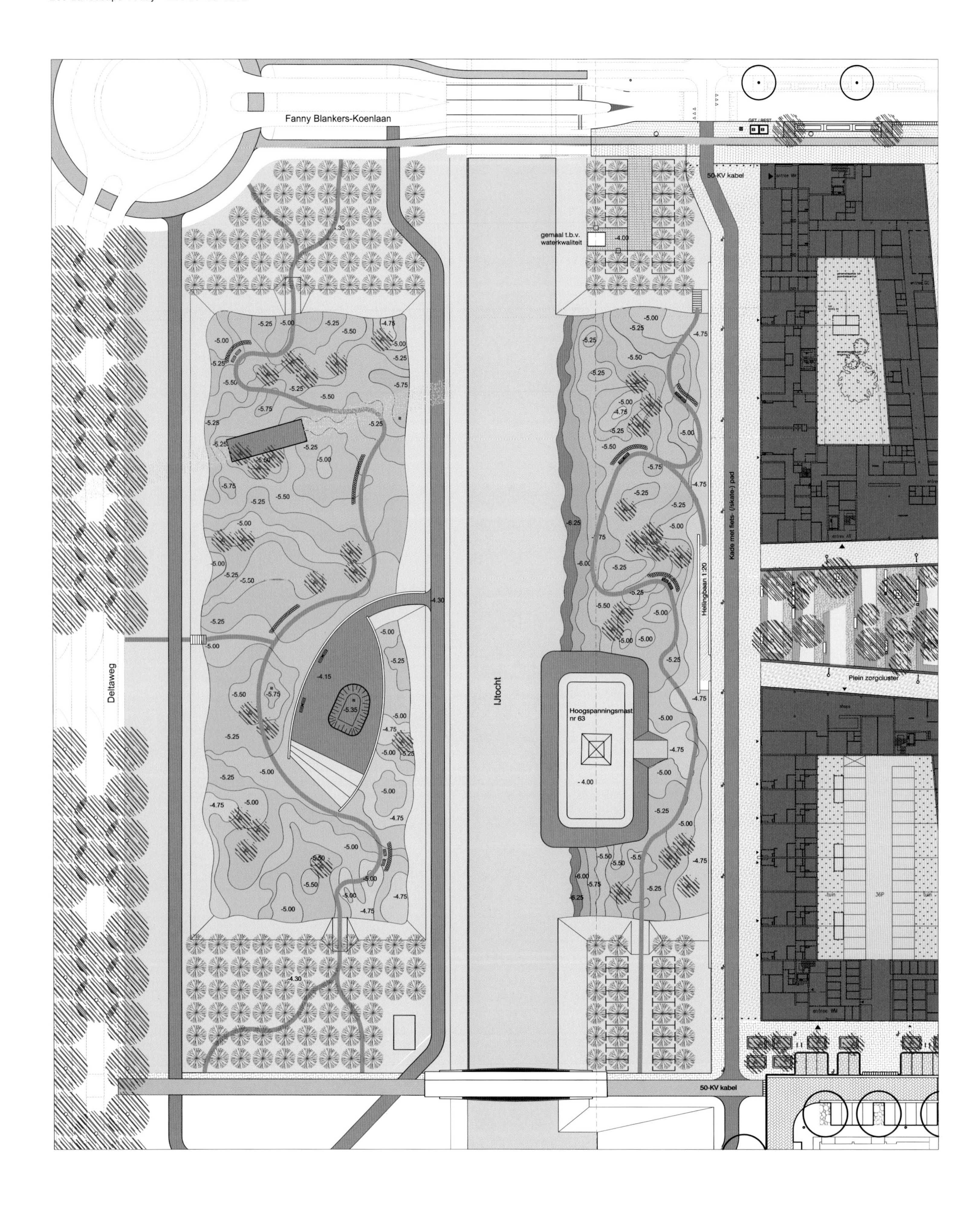

Fanny Blankers-Koenlaan
50-KV kabel
gemaal t.b.v. waterkwaliteit
Deltaweg
IJtocht
Hoogspanningsmast nr 63
Hellingbaan 1:20
Kade met fiets- (/skate-) pad
Plein zorgcluster

50 KV
kabel

叶片小斋

The project Leaf House is a tropical house with a tropical landscape.

该项目是受巴西和印度建筑启发，能够很好地适应安格拉多雷斯炎热和潮湿的气候，这里距里约热内卢南部有一小时车程。屋顶呈一个巨大的叶子状，能够为房屋所有的内室遮挡烈日，其中对一些半开式空间的防护则显得尤为重要。这些半开式的空间结构体现了该项设计的精髓。

作为会客场所，房主和客人的大部分时间都将在半开式空间里度过。这些空间对高度的限制较为自由，具体从3m至9m不等，从大海处吹过来的东南风能够畅通无阻地通过房屋，这为封闭和开放的空间提供了自然通风和被动式散热。设计师将其视为一种低科技效益，它对项目的设计理念影响极为深远。

景观元素在地面上随处可见，一条弯曲的小溪静静地通向房屋内部。当它从餐厅下方通过时，溪水形成一个有水生植物和鱼类的池塘，直达阳台后方。阳台是一处休息空间，布置了5个巴西印地安人风格的吊床。这里可以被称为“巴西休闲室”。屋顶由来自再造桉树的层压木制成，能够以柔和、优美的外观覆盖跨度较大的空间。这种构成屋顶结构的木瓦也很易于适应复杂的表面形态。它们还会通过中央钢柱收集雨水，并将其用于灌溉花园和冲洗厕所。

除玻璃和预氧化铜之外，所有的饰面材料都是纯天然的，如来自建筑场地的灰色石瓦、竹网和本地木材、土质地面，以及回收自废旧电杆的木料。纯天然材料的选用、玻璃的透明性、氧化处理的铜和周围建筑与自然景观以绿色调为主的中性色搭配、房屋的有机构成以及丰富多样的纹理效果共同打造了一处令人向往的居所。建筑与场地之间的亲密融合很好地表现了巴西人热情奔放的的特点。

Location / 地点: Rio de Janeiro, Brazil Date of Completion / 竣工时间: 2008 Area / 占地面积: 40,000 m² Landscape / 景观设计: Mareines + Patalano Arquitetura Photography / 摄影: Leonardo Finotti Client / 客户: Angra dos Reis

材料：水生植物，木材，铜，竹

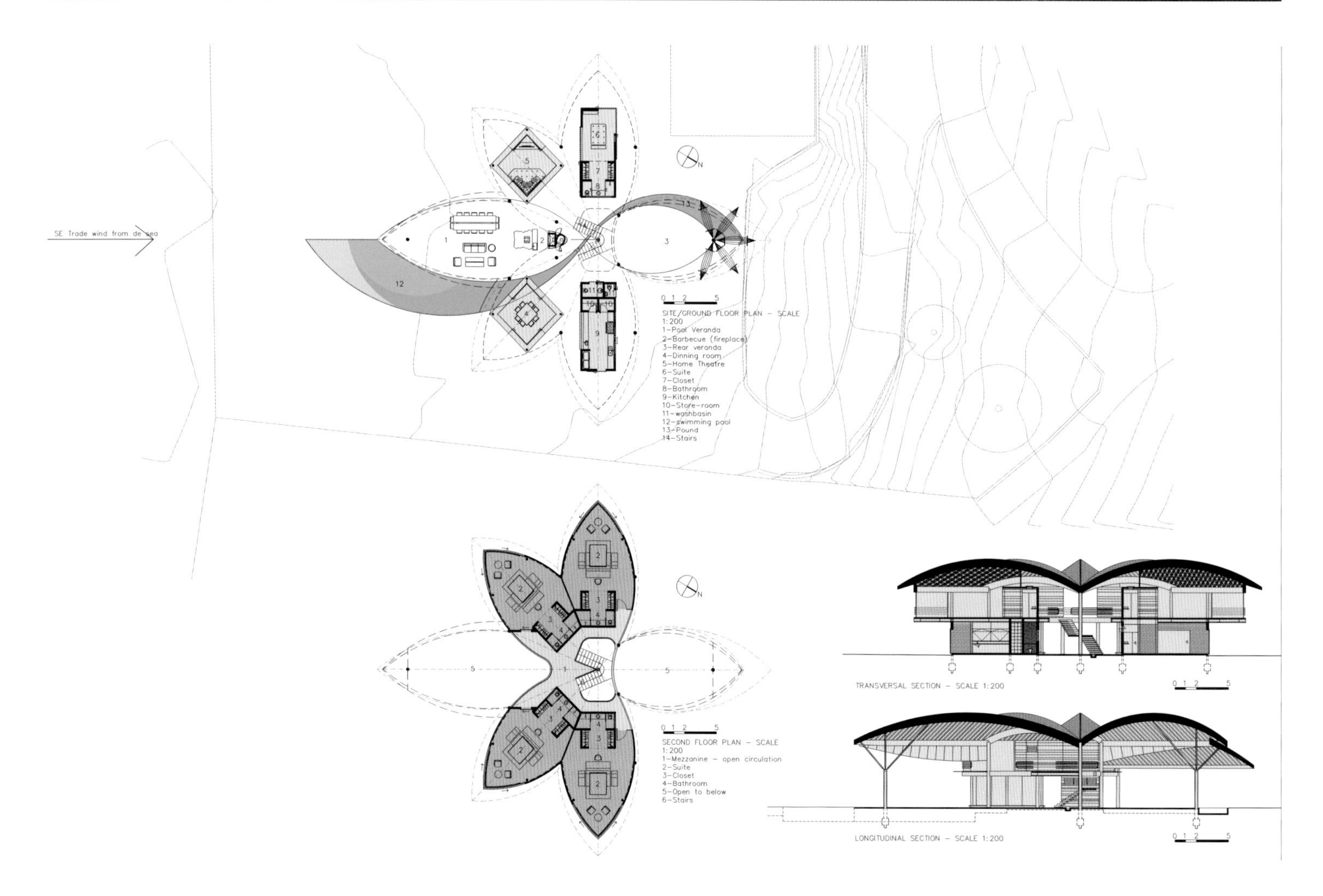
SE Trade wind from de sea
SITE/GROUND FLOOR PLAN – SCALE 1:200
1–Pool Veranda
2–Barbecue (fireplace)
3–Rear veranda
4–Dinning room
5–Home Theatre
6–Suite
7–Closet
8–Bathroom
9–Kitchen
10–Store-room
11–washbasin
12–swimming pool
13–Pound
14–Stairs
SECOND FLOOR PLAN – SCALE 1:200
1–Mezzanine – open circulation
2–Suite
3–Closet
4–Bathroom
5–Open to below
6–Stairs
TRANSVERSAL SECTION – SCALE 1:200
LONGITUDINAL SECTION – SCALE 1:200

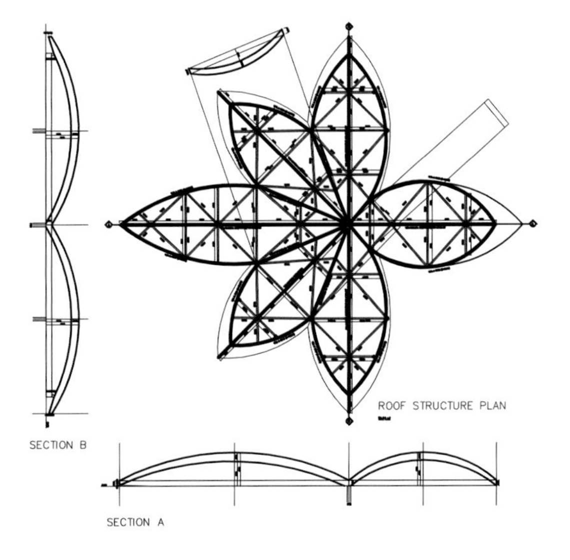

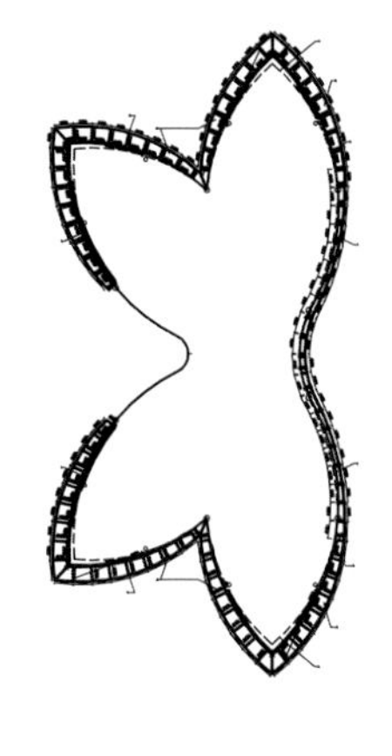

LOW UPPER DECK EXPANDED PLAN – OVERHANG

1– STEEL GALVANIZED STONE SLAB IN THE PLATE OF STEEL RUSTED "CORTEN"
2– STEEL OXIDIZED "CORTEN" FOR THE TOP, WHICH IS STEEL-GALANIZED AND THE UPPER PART WITH "PROFILE T" FOR ACCOMMODATING PLATES OF GLASS
3– TEMPERED GLASS / LAMINATED AND DOTTED SUPPORT FOR "PROFILE T"
4– PROJECTION OF THE FASCIA FOR CONCEALED HEIGHT OF THE METALLIC JOISTS WITH COVERING IN BAMBOO

魔力居所

Here, bliss can be found, as everything is enjoyed from the top of the world respecting nature and taking into consideration all the environmental friendly designs.

本案是为一位明星球员的宅第设计周围景观和花园庭院。设计师以对自然的极大尊重，使最终的设计十分考究。场地主轴线从房屋开始横跨泳池，最后延伸至壮观的地平线。为了保持这种韵律感，并反映周围壮丽的自然环境，设计师们需要决定哪里由大自然来主导以及哪里需要加以人工设计。

主轴线起始于房屋，将一块呈剧场样式的天然岩石景观一分为二，引导视线越过平缓的阶地到达宁静的地平线。一个大型泳池偎依在这个天然剧场的怀抱中，它和远处的地平线完美交融，使天际看起来如真似幻。

设计追求建筑与自然的和谐，营造的氛围更像是一种纯粹的发现之旅，而不是导游式的体验。小径、走道和散步区无不潜藏着许多未被发现的乐趣。泳池更衣间也被隐藏起来，留下一片整洁的视野，让人可以真正感受到大自然赠与的无与伦比的美，体验最顶级的视觉享受。

为使花园和壮观的剧场形岩石景观相呼应，设计师竭力顺应大自然的原本风貌，并将其具体化到每一棵生长着的植物和掩藏着自然奥秘的小路之中。

为了保持那种随意的韵律感，并充分突出自然环境，设计师为凉亭选用了天然橡木和粗糙的木料。原生植被和新的可持续性植物群落共存，促进了植物的多样性，对环境和居住者来说是双赢的方案。

神秘的人行道沿着泳池将充满好奇的人们引向橡树、雪松和果树树丛，这里是一座生态友好的大花园，给人带来真正的多感官、多季节性体验。

Location / 地点: Faqra, Lebanon **Date of Completion / 竣工时间:** 2011 **Area / 占地面积:** 4,000 m^2 **Landscape / 景观设计:** Francis Landscapes Sal. Offshore, Frederic Francis **Photography / 摄影:** Fares Jammal

人行道：石灰岩
植物：松树，橡树，樱桃树，枫树
灌木：迷迭香，薰衣草，玫瑰，杜松，杜鹃花

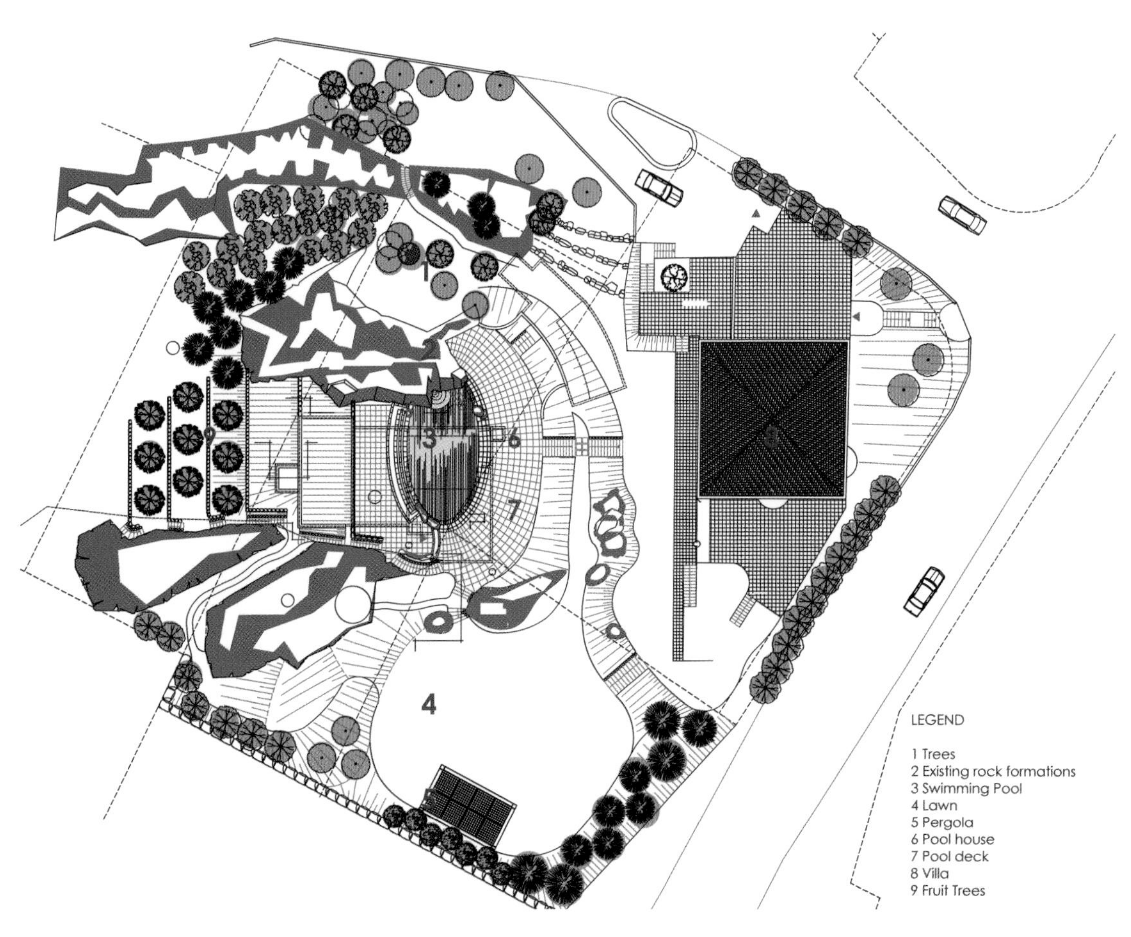
1
3
4
6
7
LEGEND
1 Trees
2 Existing rock formations
3 Swimming Pool
4 Lawn
5 Pergola
6 Pool house
7 Pool deck
8 Villa
9 Fruit Trees

半岛湖边小屋

The house employs a series of green roofs designed to further reduce energy consumption and increase permeability of the site.

该项目的建设起点是一栋建于1980年的住宅房屋，其位置朝向奥斯汀湖。房屋的原始设计没有对湖泊和邦内尔山的景观加以利用，也没有遵从场地的生态敏感性。项目面临的挑战是如何在原有基础上构建一个敏感而富有创造性的全局环境。结合玻璃、钢材、细节设计和采光的应用，建筑师对房屋作了适应性的改造，通过各种手段，促使自然光线深入到室内。

新的日光浴室、游泳池和植被屋顶作为调整性元素与自然环境形成互动。外墙的材料和精致的细节设计为整个建筑勾勒出干净的线条和醒目的轮廓，并使原有的天窗和人字形屋顶显得生动而突出。屋顶的结构在玻璃壁烟囱和木条屏风迎天而立的地方分解开来，使其进一步和场地联系在了一起。

这栋半岛小屋的原始设计采用的是南北朝向，虽然可以欣赏湖光，但西侧粗糙的景观也随之入目。改造项目通常很少能得到重新定位方面的处理，但设计团队还是对该项目在方位、朝向方面给予了充分的考虑，并使建筑景观与自然环境交相辉映。

同时，内墙的反光表面很好地捕捉了湖面上泛起的富有诗意的涟漪，构成了对湖畔的微妙回应。 外部的自动化结构可以让视线和景观通过的同时阻挡85％的热量吸收。房屋采用了一系列的屋顶绿化设计，以进一步降低能源消耗并增加场地的通透性，从而减少径流排水。来自邻近奥斯汀湖的非饮用水被用于灌溉，大大减少了对饮用水的使用。半岛小屋还使用了安健能®保温设备，节能效率高达50％。优越的空气密封性能可以将灰尘、过敏原和污染物隔离在外，为居住者创建一个更安全、健康的室内环境。

Location / 地点: Austin, USA Date of Completion / 竣工时间: 2010 Area / 占地面积: 60,386,976 m² Landscape / 景观设计: Bercy Chen Studio, Patrick Kirwin Photography / 摄影: Ryan Michael

家具：屋顶采光窗
其他：玻璃，钢材

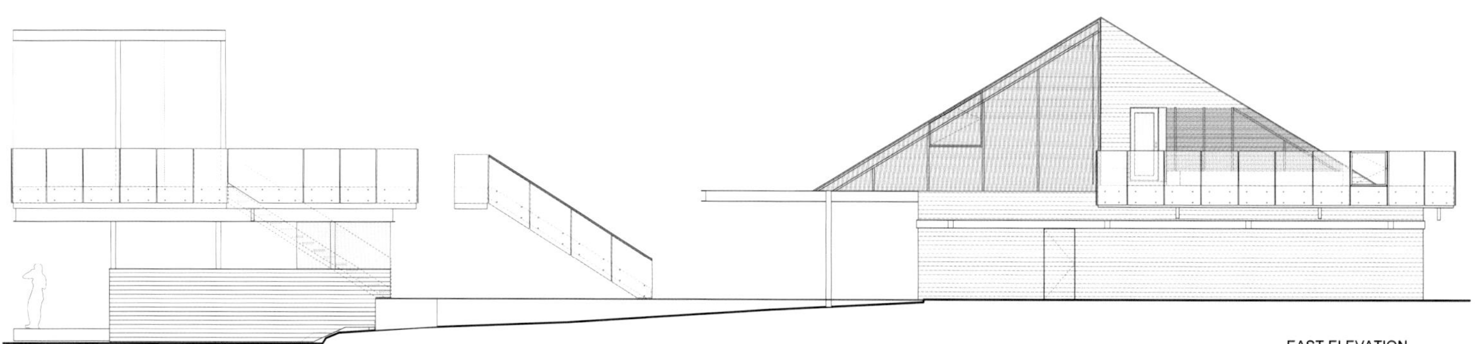

EAST ELEVATION

LAKE AUSTIN
LAKE DECK
ROOF GARDEN (CABANA BELOW)
SHORELINE PATH
PLANTING BED
FIRE PIT
SHORELINE PATH
PLANTING BED
LAWN
494.5
496
495.5
GRASS PATIO
SWIMMING POOL
POOL DECK
WOOD TRELLIS
WADING POOL
GLASS ROOF
HERB GARDEN
ROOF GARDEN (BELOW)
GRILL DECK
DECK
COURTYARD
GARDEN
BOARD WALK
CAR PARK
DRIVE
DRIVE
DRIVE
BOARD WALK
GARDEN

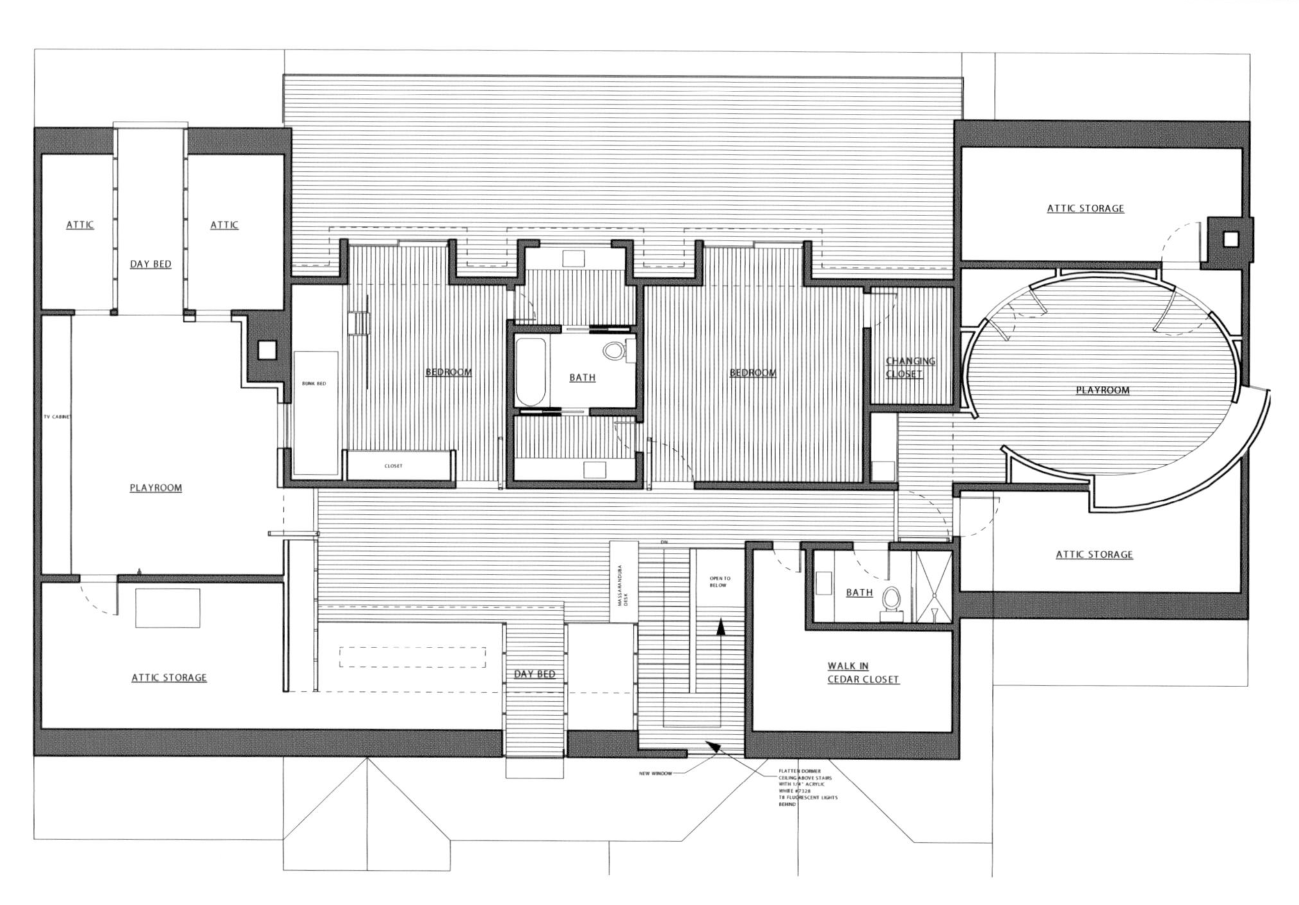
ATTIC
DAY BED
ATTIC
ATTIC STORAGE
BEDROOM
BATH
BEDROOM
CHANGING CLOSET
PLAYROOM
PLAYROOM
ATTIC STORAGE
BATH
ATTIC STORAGE
DAY BED
WALK IN CEDAR CLOSET

4902

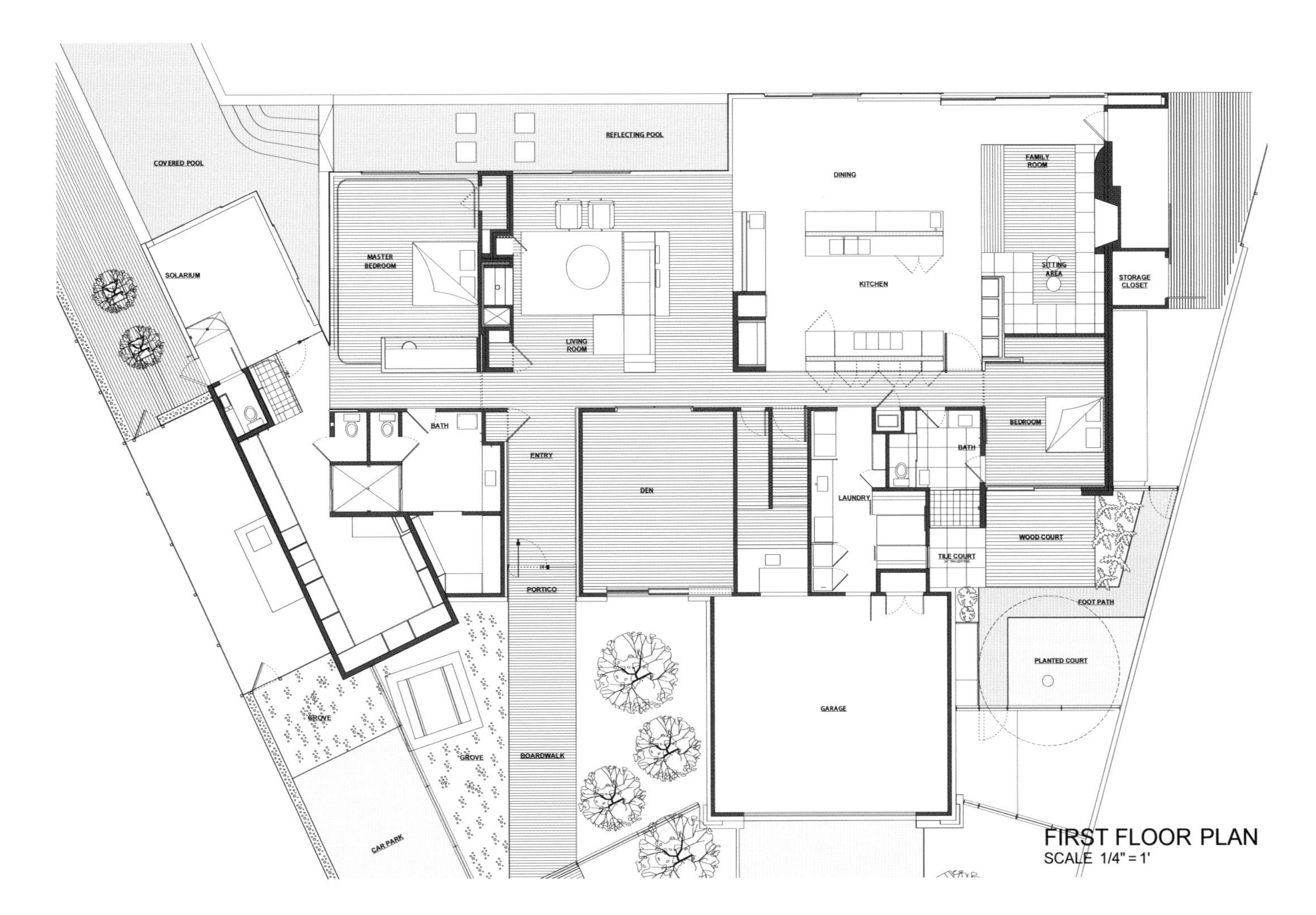
COVERED POOL
REFLECTING POOL
DINING
FAMILY ROOM
SOLARIUM
MASTER BEDROOM
KITCHEN
SITTING AREA
STORAGE CLOSET
LIVING ROOM
BATH
BEDROOM
ENTRY
DEN
LAUNDRY
BATH
WOOD COURT
TILE COURT
PORTICO
FOOT PATH
PLANTED COURT
GARAGE
GROVE
GROVE
BOARDWALK
CAR PARK
FIRST FLOOR PLAN
SCALE 1/4" = 1'

雨花园别墅

The project goal is to preserve the character and topography of the beautifully wooded site.

设计师为房屋的建筑位置设计了多项参考方案，最终决定将其建在场地东部边界和山谷斜坡附近的山脊上。这样的好处是透过稀薄的松树和阔叶林，房屋的轮廓便依稀可见。入口是一个高架、弯曲的私人车道。场地里大多数原有植被都保存完好，车道旁可见之处种植了大量的原生蕨类和林下叶层植被。

设计的目标是保持这块树木繁茂的场地之特色及地形，整合并使用当地材料，在边缘林地的衬托下创造简朴、平坦、整洁的室外空间，同时，将住宅排水系统收集来的雨水作为组织元素，用于灌溉房屋前后方花园的草坪。

设计遵循以下两个原则：选用与这片区域相搭配的材料；使用水平线条来强化现有树林形成的垂直景观特征，同时又不与其形成对立感。

建筑师认为该项目在很多层面上获得了成功。综合式的设计方案很值得称赞，景观设计与建筑设计人员双管齐下、通力合作，在项目规划、设计决定和建筑过程中能够互通有无；在保留场地独特风格的同时纳入客户的安排是一个挑战，但最终的结果是成功和完满的。建筑中所使用的石灰石碎石、骨料、洗净砂石和桧木材等当地材料将该项目和周围区域自然地融为一体。

Location / 地点: Shreveport, USA **Date of Completion / 竣工时间:** 2010 **Area / 占地面积:** 20,234 m² **Landscape / 景观设计:** Jeffrey Carbo Landscape Architects, Jeffrey Carbo **Photography / 摄影:** Jeffrey Carbo Landscape Architects, Chipper Hatter Photographics

人行道：再生砖石，浮露骨料，石灰岩
植物：枫树，榆树，梓树，杜鹃花，木兰树，紫珠，迷迭香，水生植物
石材：石灰岩碎石

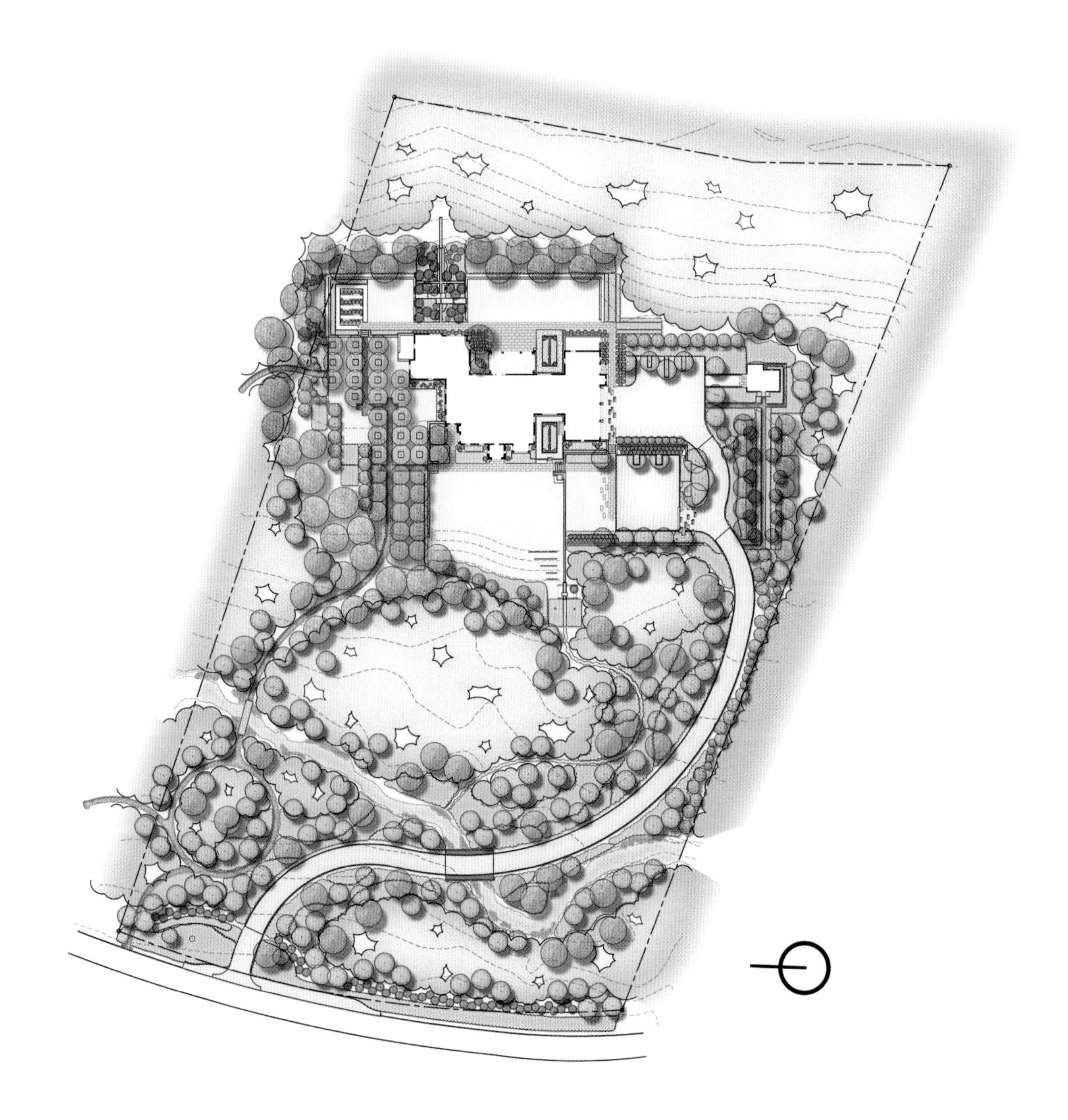

乡绅溪流居所

The design goal was to create an elegant, functional, and sustainable landscape within a residential context for an active family.

这栋住宅是为一个成长中的年轻家庭而建造，在满足他们要求的同时，整合了可持续性和内敛的设计风格。用于建筑的场地被网格状分布的树木所环绕，与绿草如茵的自然区域分离。景观部分最小限度地纳入人为设计，以避免和周围的自然风景冲突。

景观设计师的职责包括场地的总体规划、住宅外生活空间的设计审查、施工文件的编制、建筑管理以及项目所有硬质景观和自然景观的设计考察。设计团队需要克服的最大挑战是一个被前主人过度清理的场地，他们需要尽施其能，为新设计所用。这些空白空间最终被用作户外活动场地。客户在设计细节方面留有很大回旋余地，给设计师在明确的预算范围内创造了许多设计良机。

当地特色材料用于车道表面，附近一块岩石作为假山，雨水积水作为雨水花园，水池作为小型、实用且典雅的花园要素都在设计师的规划方案之列。客户早期的全面参与以及和设计师的通力合作，使完工的项目受益良多，也使他们能够测试和整合许多复杂的设计细节。

保留下来的树林成为场地的背景，并有散步小径贯穿其中。原生的草地、大方醒目的木蕨同草坪简洁的线条形成对比。有限的植物配色回应了客户对维护方面的关注，同时也成为景观设计师创造醒目、动态空间的平台。

简约形式、群落和网格的整合在项目中获得了巧妙的反映，和郊区住宅景观的典型风格形成鲜明对比。客户想要一种与众不同的设计风格，但要使用儿童友好型的方案。他们认为这项设计出色地完成了所有的要求。

Location / 地点: Ruston, USA Date of Completion / 竣工时间: 2010 Area / 占地面积: 8,093 m² Landscape / 景观设计: Jeffrey Carbo Landscape Architects, Jeffrey Carbo Photography / 摄影: Jeffrey Carbo Landscape Architects, Chipper Hatter Photographics, Louisiana Helicam

人行道：砾石，浮露骨料，石灰岩
植物：榆树，枫树，迷迭香

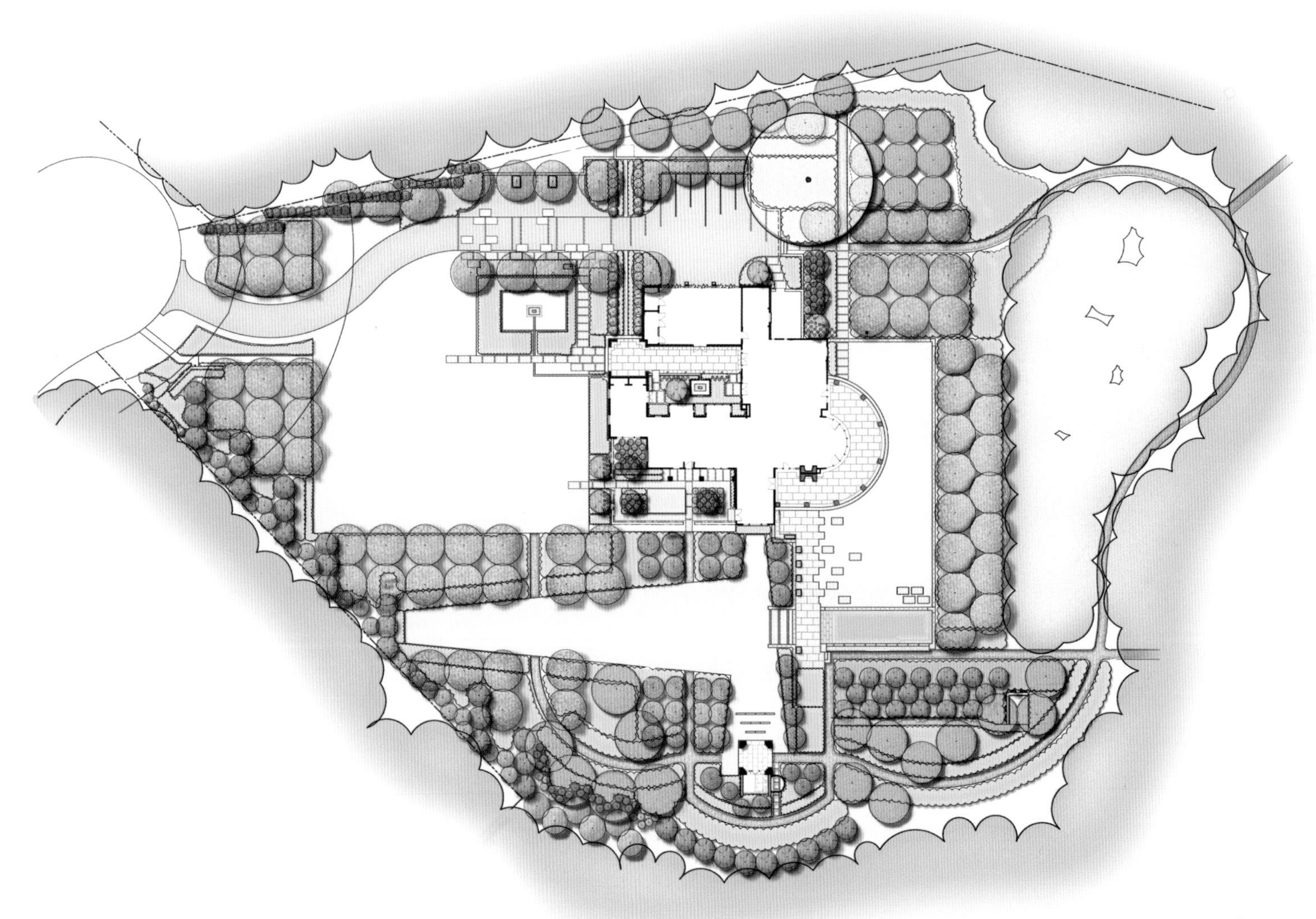

消失点

Dressed with wood, water, and natural stone and ornamented by native 50-year-old pine trees, Vanishing Point is natural, sustainable, and rich; this garden truly has the heart of a forest.

这栋别墅坐落于山顶，旁边伴有一个超大型泳池，亦真亦幻地将大地和天空融为一体。花园俯瞰贝鲁特和地中海，沿着山势盘旋而下，山上有树龄50年的松树和令人叹为观止的360度视角。在这里，建筑本身成为焦点，其景观设计与宏伟的地势地貌互为衬托，显得相得益彰。

设计精良的葱郁花园可谓为观赏者带来一场视觉盛宴。居所周围怡人的景色将为散步者带来无与伦比的感官愉悦。潮水的退落和涌动让人联想到生命的奔流不息。每走一步都会更接近花园的神秘，经过池塘、草坪、一个美丽的凉棚，最后陶醉在树丛之间，一切都与自然完美和谐。每一条小路都将人带到未知的绿色世界。

陡峭的地形特征以及高耸、广袤的树丛为该项目的设计原则指明了方向，使得这块古老的灵地摇身变为一座新生的花园。草坪、灌木丛的葱郁整齐，同松树、柏树、雪松那怀揣半世纪历史的豪放不羁形成鲜明对比，新旧交融的足迹在此可见一斑。

景观设计大部分是围绕现有的原生植被展开的，保留了多年演变而来的丰富的生态系统。花园自然、浪漫而优美，真可谓是一颗森林之心。

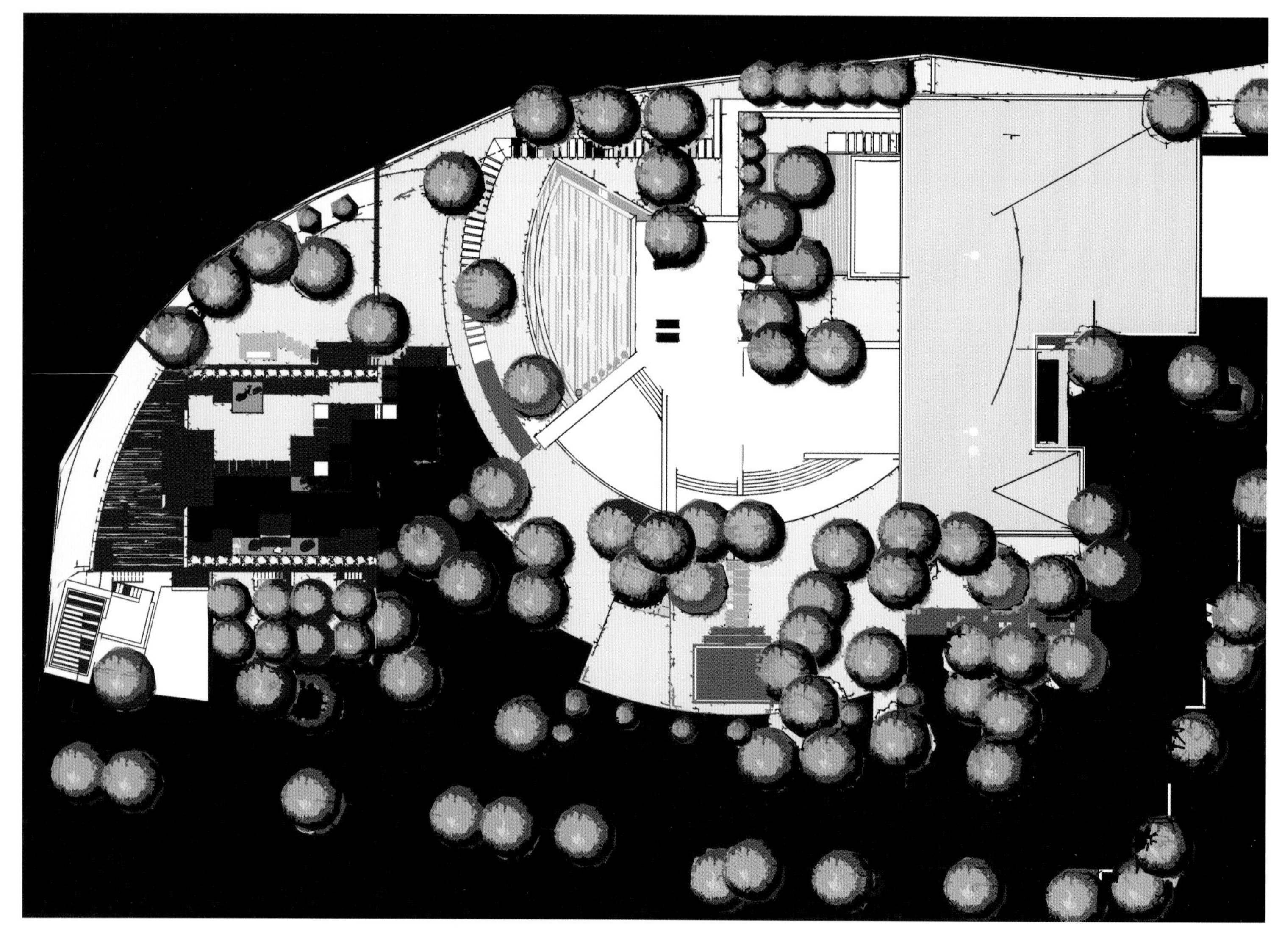

Location / 地点: Aley, Lebanon Date of Completion / 竣工时间: 2011 Area / 占地面积: 12,000 m^2 Landscape / 景观设计: Francis Landscapes Sal. Offshore, Frederic Francis Photography / 摄影: Fares Jammal

人行道：石灰岩
植物：松树，橄榄树，橡树，樱桃树，枫树
灌木：迷迭香，薰衣草，玫瑰，杜松，杜鹃花

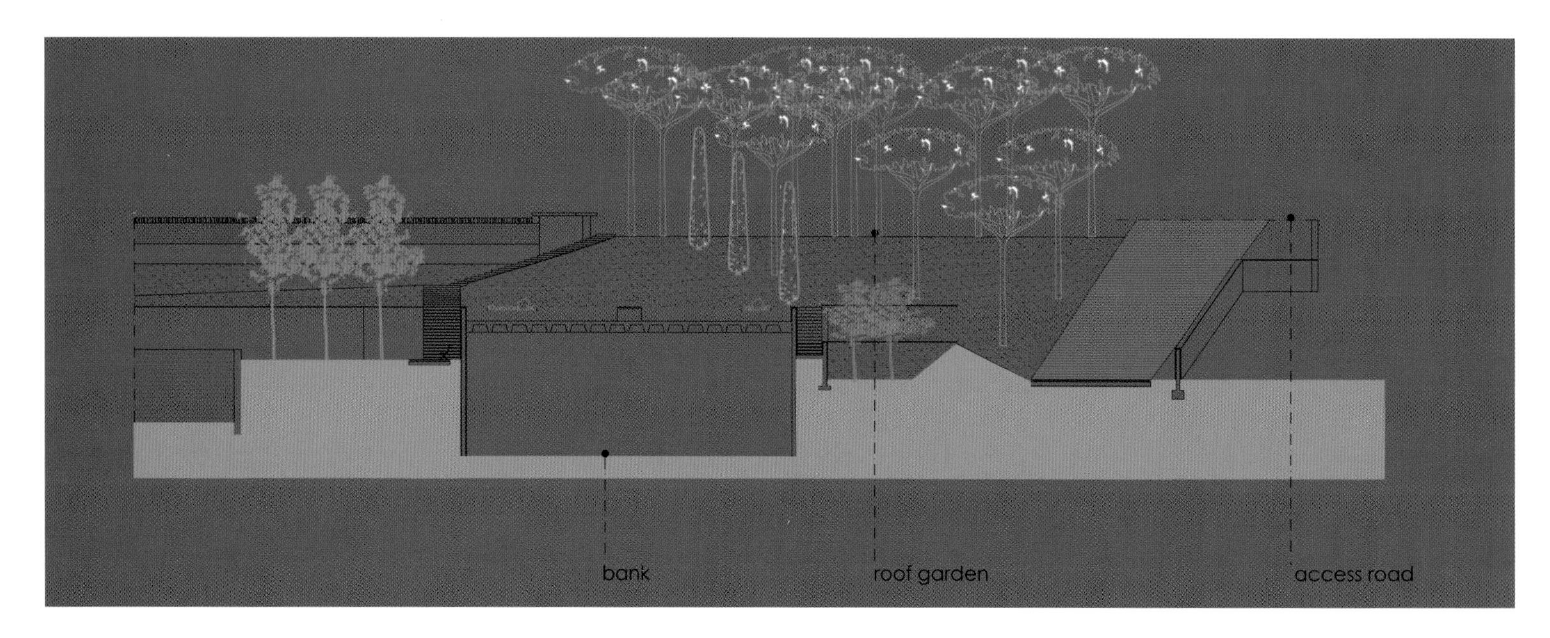
bank
roof garden
access road

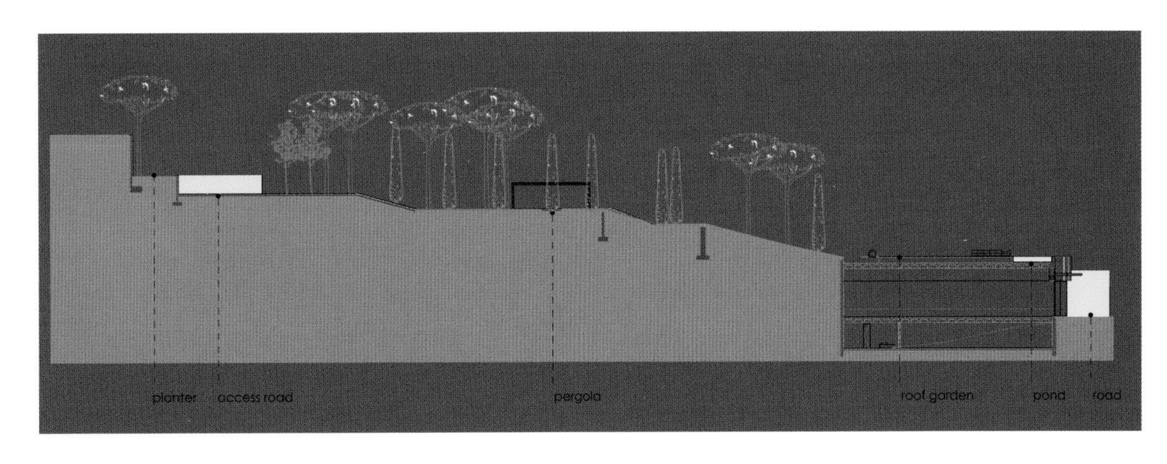
planter
access road
pergola
roof garden
pond
road

142-183
展览和节庆
Exhibition & Festival
ECO LANDSCAPE TODAY
Copyright © 2012 Dopress Books

Aquiary户外展示区

This experiential approach aims to expose visitors to myriad aspects of water and sensitive water use in the regional landscape.

LSG景观建筑公司负责为市民构建这处户外展示区的初步概念和总体规划设计。该项目位于美国弗吉尼亚州阿什本市，就其本质而言可称得上是一座“水博物馆”，该项目的建成主要帮助当地各年龄段的居民了解水处理、运输、水保护、保存和回收利用等信息。从根本上讲，Aquiary是一个自然展示公园，其建设目的在于为儿童和成人提供带有半娱乐性的生态教育和解说服务。

完成的蓝图构建出12个彼此由木板路和小路相连的展示区域。行政楼与Broad Run之间连接着室内展示区。LSG景观建筑公司之后又完成了结构图设计和一期工程的建设，其中包括入口水景、雨花植物园、湿地区等其他场所。雨水回收采集，土壤、木板等当地资源的利用，以及回收材料的使用，都对本项目的成功建成起到了极其重要的作用。

作为当地水资源管理局的公园，本案整合了多种形式和不同位置的水体。水体通过最先进的水处理设备(WRF)可被转化成为大体上可饮用的水源，之后蜿蜒流经公园，注入到两个池塘内，最后汇入南部的波托马克河。沿着小路可以通向Broad Run，此处是皮划艇爱好者的码头。主干流和由回收而来的蓝灰色、棕色和黄褐色岩石建成的池塘都位于Aquiary的南部，主入口位于场地北部，水流自南向北缓缓而过，随后通过琢石墙面上的铁管奔流而下。

本案在环保方面的设计理念体现在：使用耐用材料以减少维护成本；选用渗透性良好的材料；展示自然、健康的生物活性；直观展示水源的不同形式。

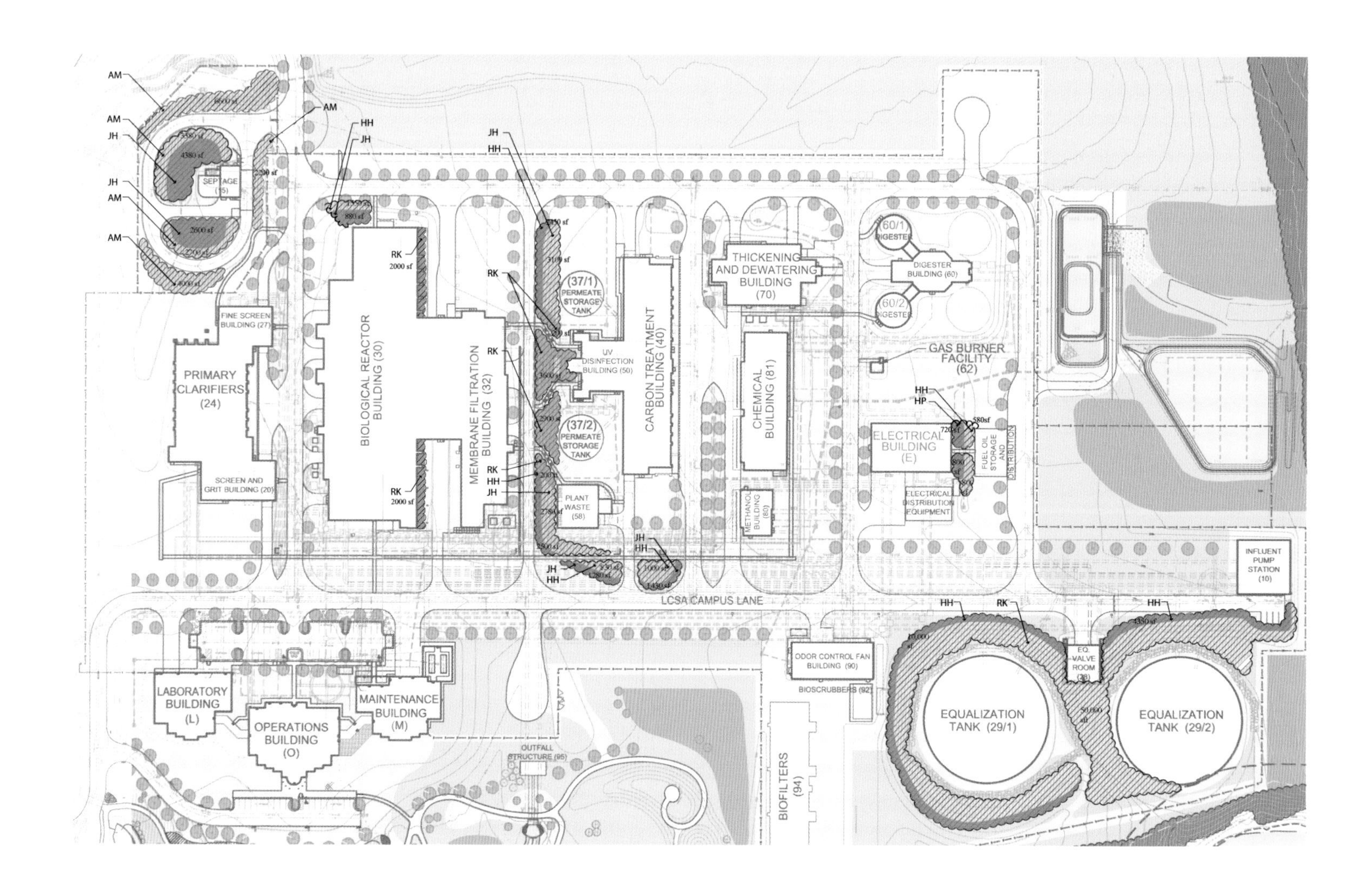

Location / 地点: Ashburn, USA Date of Completion / 竣工时间: 2010 Area / 占地面积: 80,937 m² Landscape / 景观设计: LSG Landscape Architecture Photography / 摄影: Roger Foley Client / 客户: Loudoun Wate

人行道：沙石
植物：枫树，木兰树，紫荆，棠棣属植物，橡树，朴树

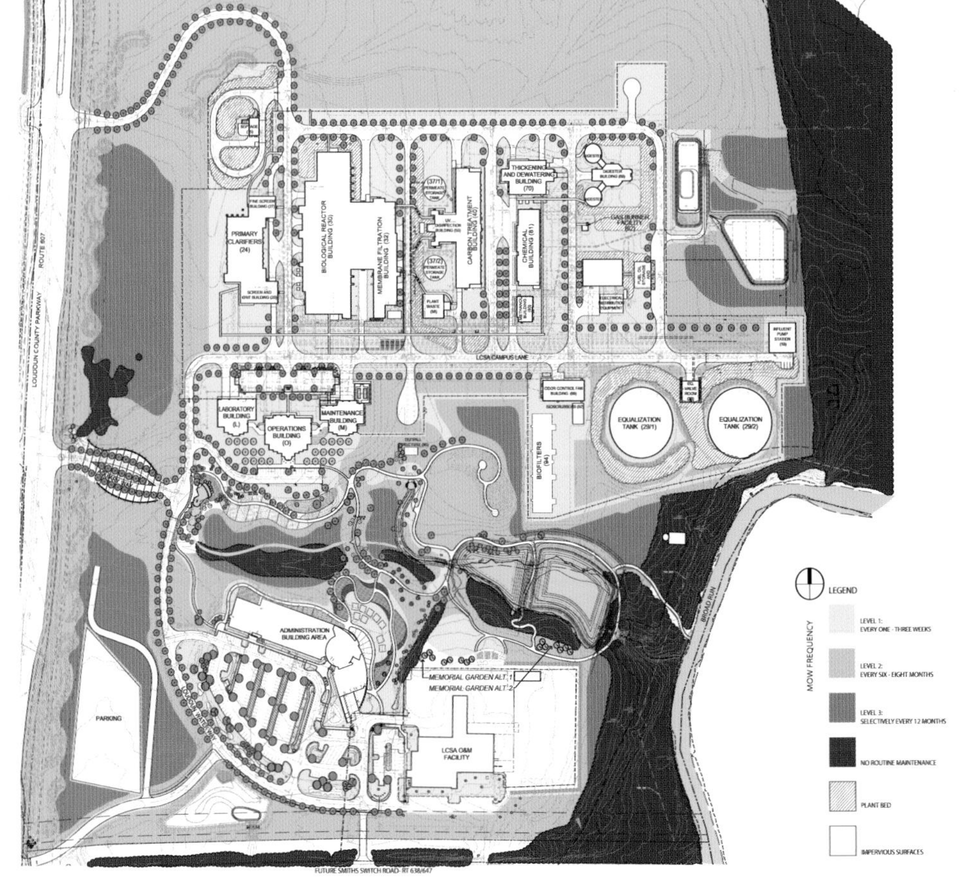
LOUDOUN COUNTY PARKWAY
ROUTE 607
PRIMARY CLARIFIERS (24)
BIOLOGICAL REACTOR BUILDING (30)
MEMBRANE FILTRATION BUILDING (32)
(37/1)
(37/2)
CARBON TREATMENT BUILDING (40)
THICKENING AND DEWATERING BUILDING (70)
CHEMICAL BUILDING (81)
LCSA CAMPUS LANE
LABORATORY BUILDING (L)
OPERATIONS BUILDING (O)
MAINTENANCE BUILDING (M)
EQUALIZATION TANK (29/1)
EQUALIZATION TANK (29/2)
BIOFILTERS (94)
ADMINISTRATION BUILDING AREA
MEMORIAL GARDEN ALT. 1
MEMORIAL GARDEN ALT. 2
LCSA O&M FACILITY
PARKING
FUTURE SMITHS SWITCH ROAD- RT 638/647
LEGEND
MOW FREQUENCY
LEVEL 1: EVERY ONE - THREE WEEKS
LEVEL 2: EVERY SIX - EIGHT MONTHS
LEVEL 3: SELECTIVELY EVERY 12 MONTHS
NO ROUTINE MAINTENANCE
PLANT BED
IMPERVIOUS SURFACES

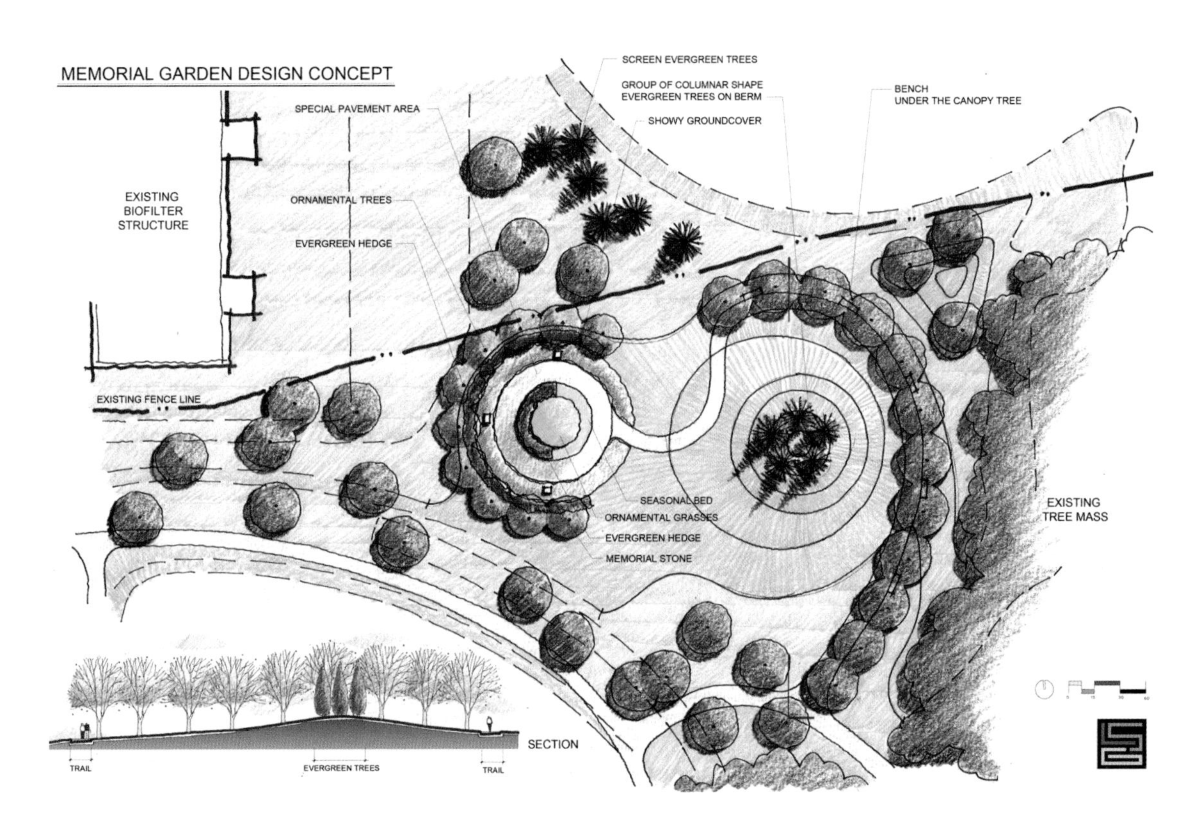
MEMORIAL GARDEN DESIGN CONCEPT
SCREEN EVERGREEN TREES
GROUP OF COLUMNAR SHAPE EVERGREEN TREES ON BERM
SHOWY GROUNDCOVER
BENCH UNDER THE CANOPY TREE
SPECIAL PAVEMENT AREA
EXISTING BIOFILTER STRUCTURE
ORNAMENTAL TREES
EVERGREEN HEDGE
EXISTING FENCE LINE
SEASONAL BED
ORNAMENTAL GRASSES
EVERGREEN HEDGE
MEMORIAL STONE
EXISTING TREE MASS
SECTION
TRAIL
EVERGREEN TREES
TRAIL

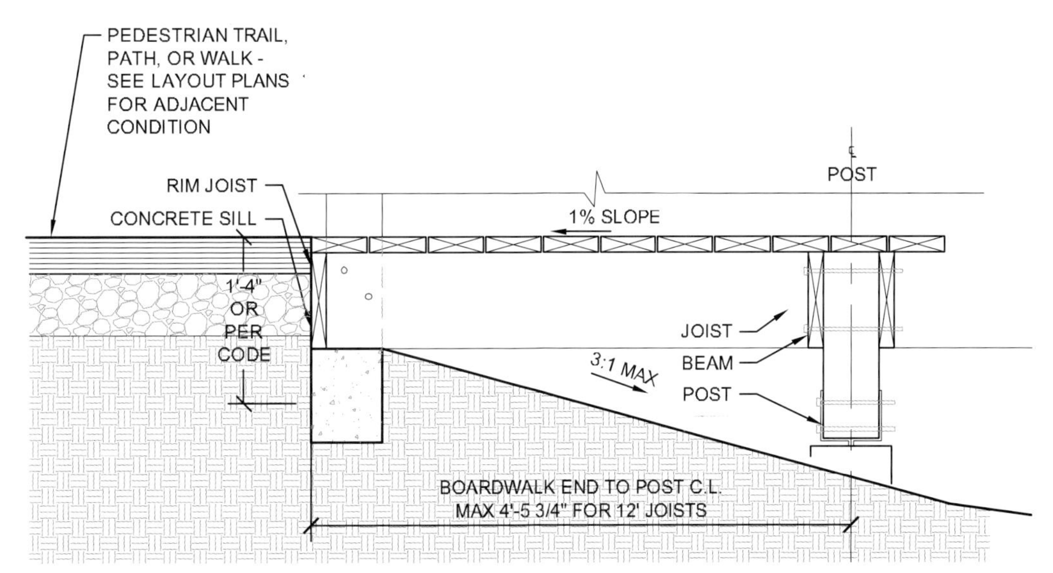
PEDESTRIAN TRAIL, PATH, OR WALK - SEE LAYOUT PLANS FOR ADJACENT CONDITION
RIM JOIST
CONCRETE SILL
1'-4" OR PER CODE
POST
1% SLOPE
JOIST
BEAM
POST
3:1 MAX
BOARDWALK END TO POST C.L. MAX 4'-5 3/4" FOR 12' JOISTS

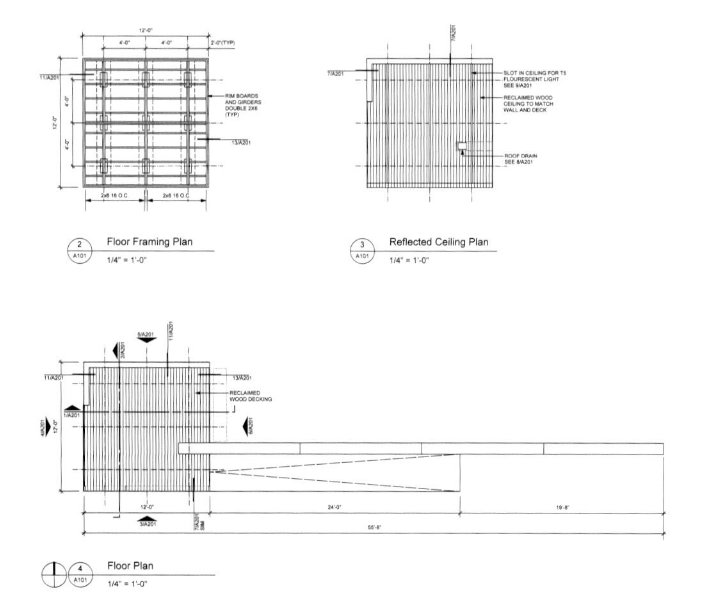

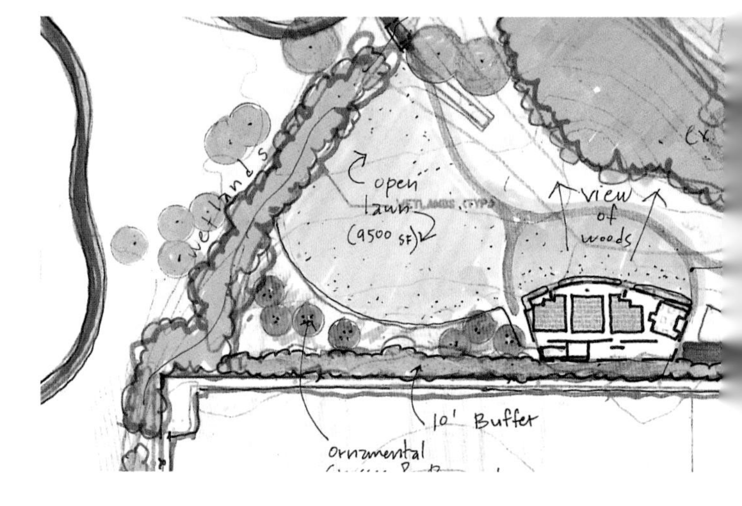

LOUDOUN
PAVILIC
JU

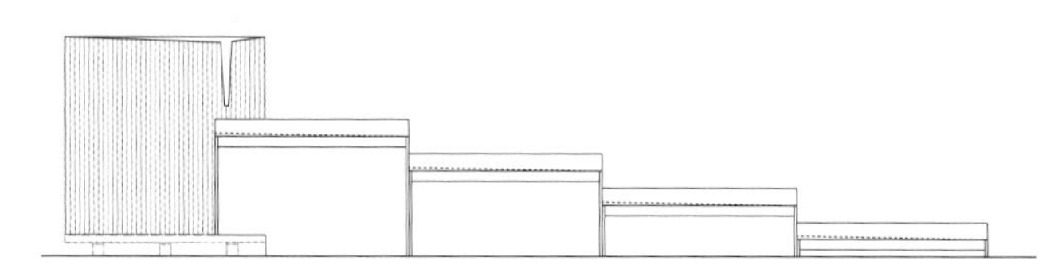

4 A101 Green Wall
1/4" = 1'-0"

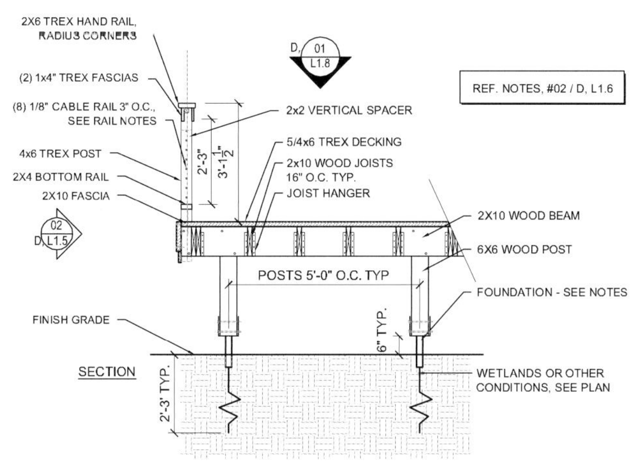

01 TYPICAL BOARDWALK SECTION
1/2" = 1'-0"

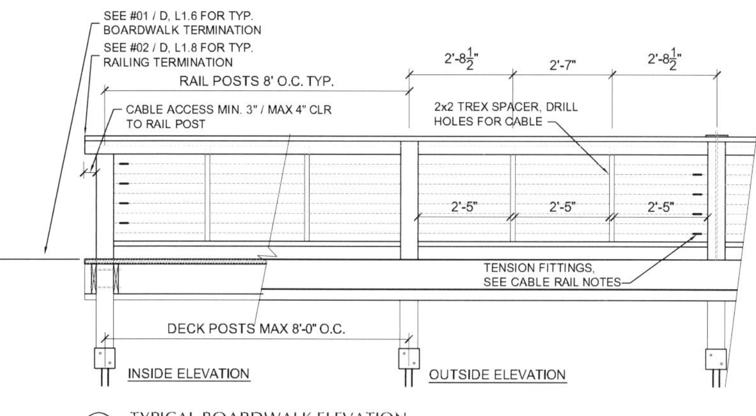

02 TYPICAL BOARDWALK ELEVATION
1/2" = 1'-0"

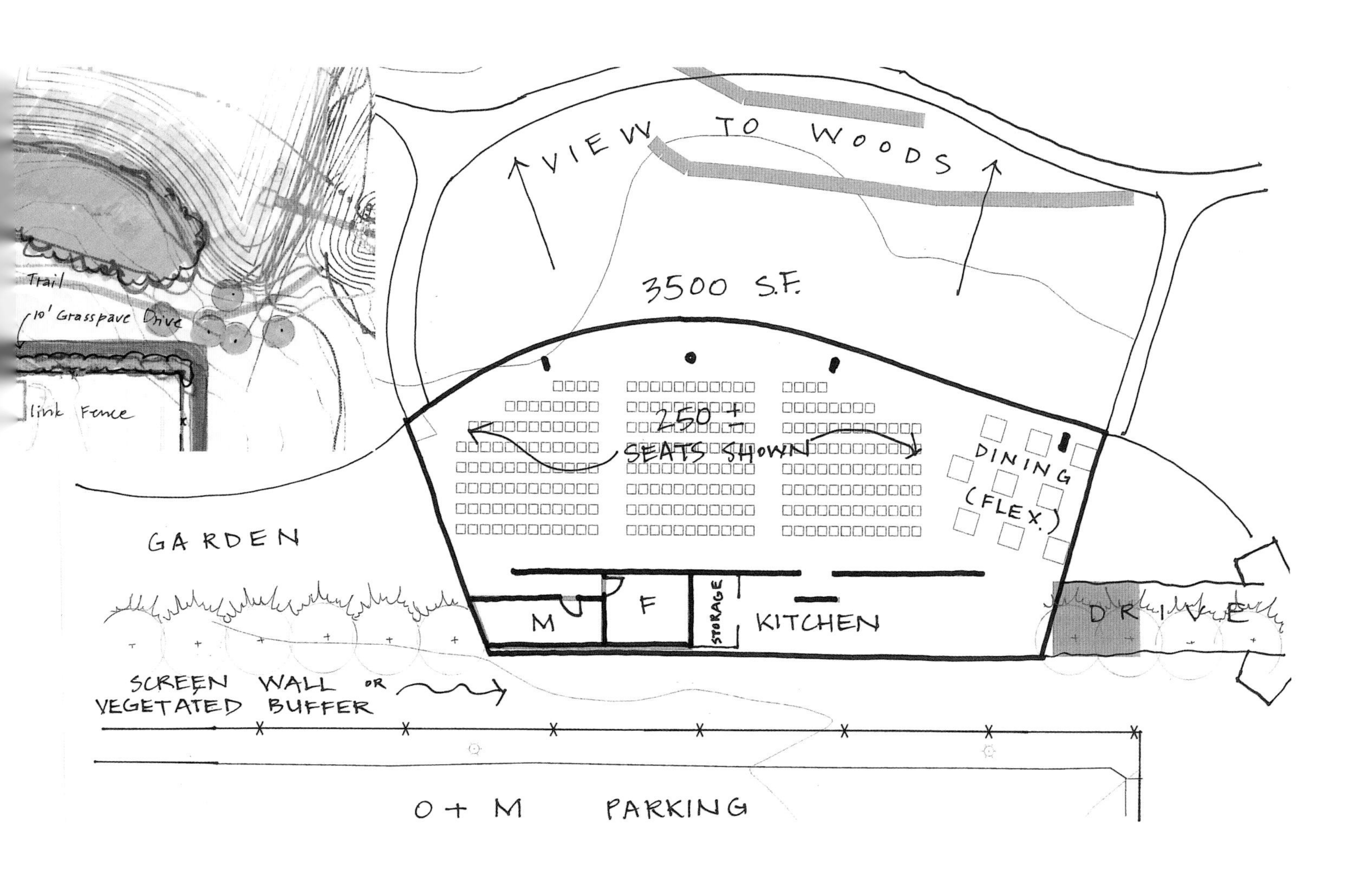

植物园“小屋”

The project is a teaching tool to highlight water retention, converting gray water to usable water for gardens, recycling building material and solar energy use.

卡特里娜飓风的侵袭导致新奥尔良地区的民众必须重建他们的家园。当地居民以乐观的心态，积极采用绿色技术进行灾后重建。因为这里属于亚热带气候，所以污水回收、雨水收集、利用太阳能等措施都是可行的。受到新奥尔良市的委托，buildingstudio工作室在植物园内设计了一座小屋，向市民们形象地展示了可持续性技术是如何运用的，以及如何减少碳排放量，从而使人们的生活环境更加舒适。

这是一个占地面积为13m^{2}的立方体结构，外壁三面覆有铝屏。室内墙壁、地板和顶棚都采用回收木材进行铺装、饰面。

小屋屋顶能够收集雨水，雨水通过小屋内的落水管流入到地板上的水池中，再经过水池中的自然水生植物加以净化，最终，净化后的雨水会聚集到湿地区的池塘里。一座垂直花园墙被安置在池塘一侧，墙壁上种植的本地植物从下向上自由攀爬，形成一道天然的绿色植物屏障。

此外，小屋外壁上还装有太阳能电池板，可以将太阳能转化为电能，供小屋内的电器原件运作。

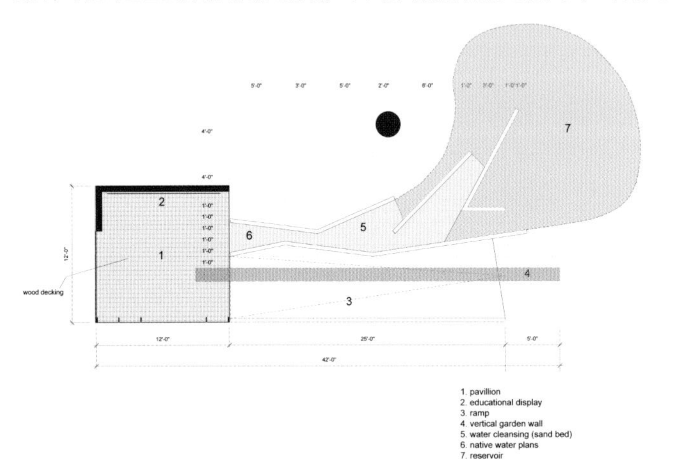

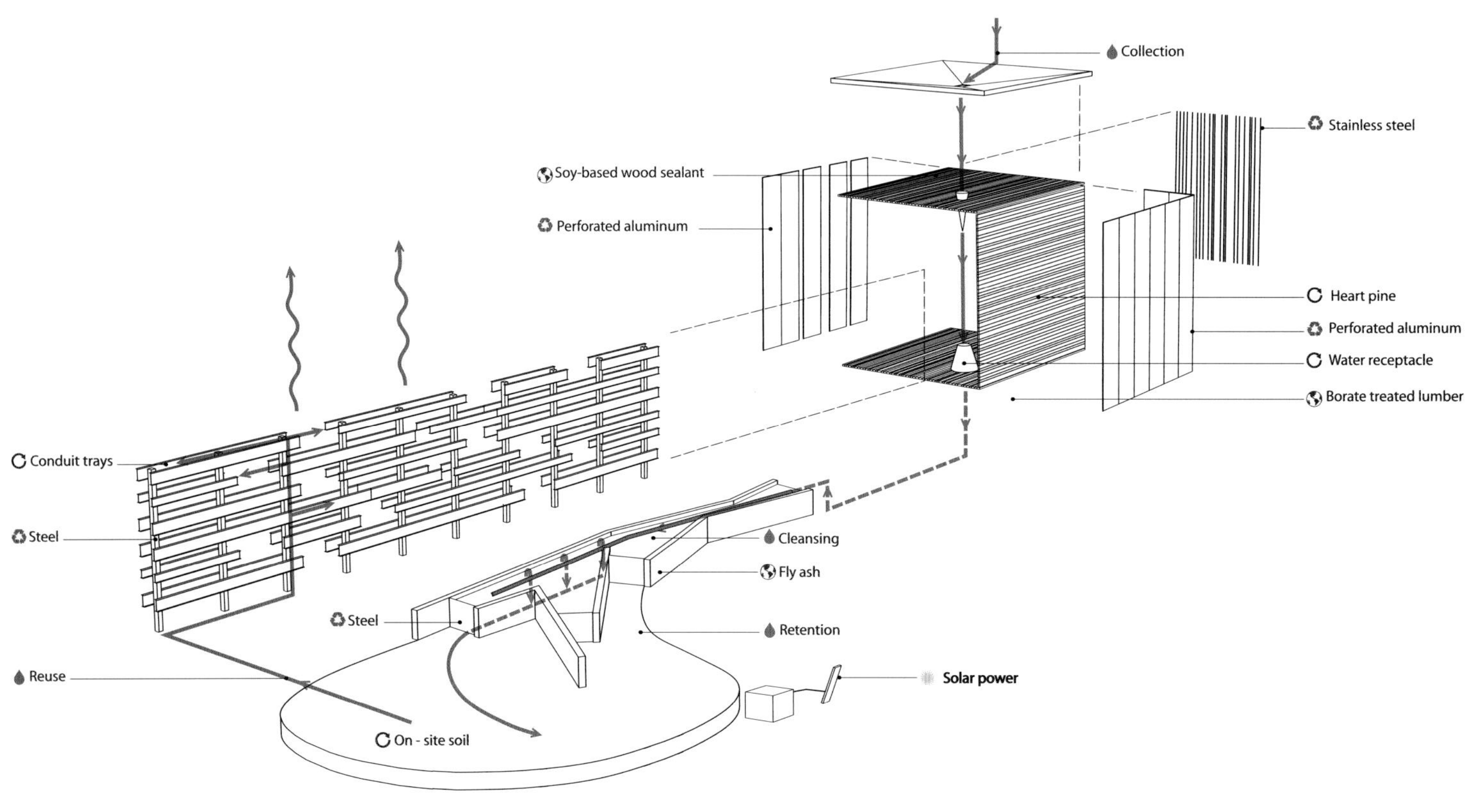

Location / 地点: New Orleans, USA Date of Completion / 竣工时间: 2009 Area / 占地面积: 490 m^2 Landscape / 景观设计: buildingstudio Photography / 摄影: Will Crocker Client / 客户: City of New Orleans Botanical Garden

人行道：再生柏树，混凝土，石灰岩，砾石
墙体和天花板：再生柏树
照明：荧光灯

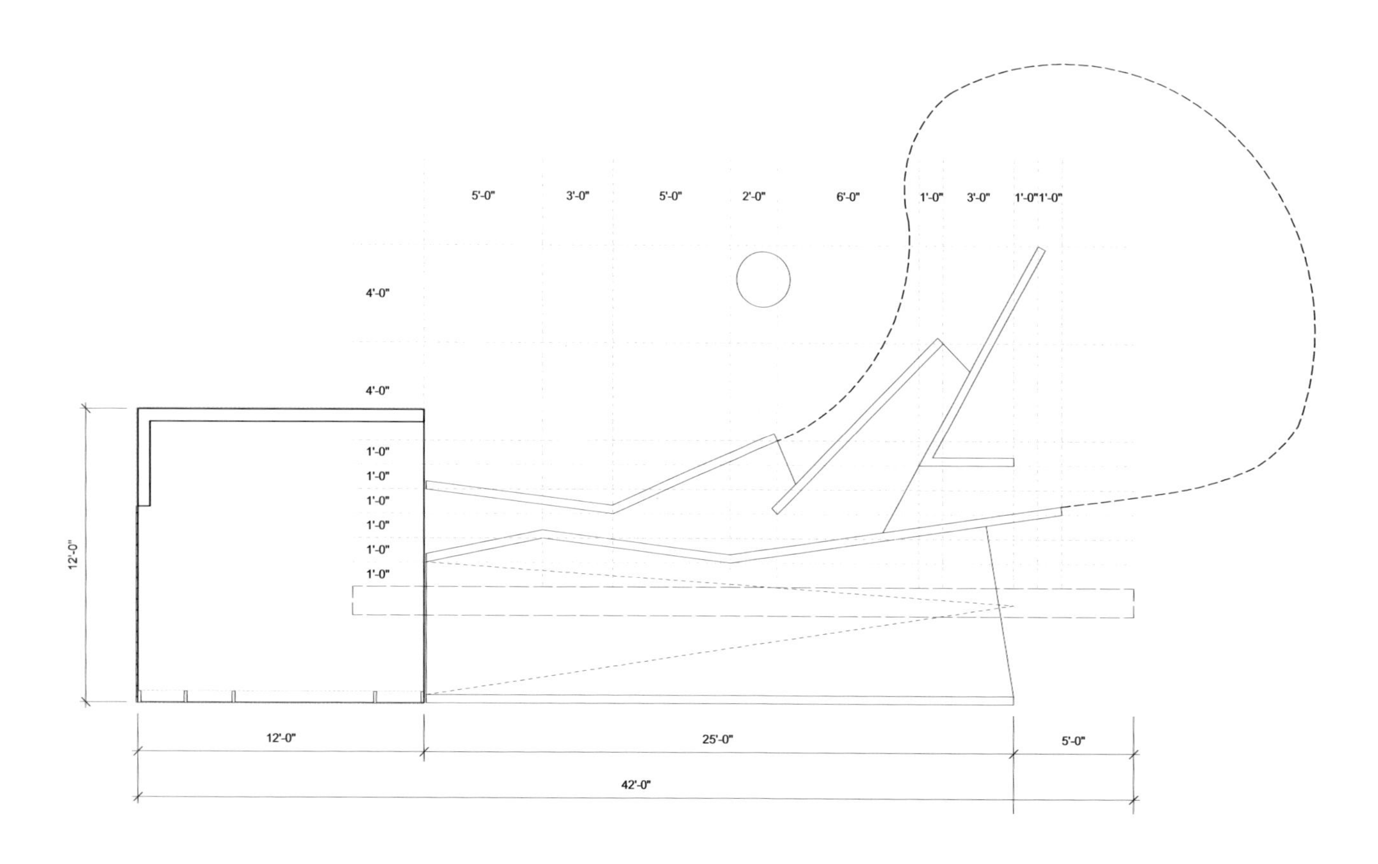
5'-0"
3'-0"
5'-0"
2'-0"
6'-0"
1'-0"
3'-0"
1'-0"
1'-0"
4'-0"
4'-0"
1'-0"
1'-0"
1'-0"
1'-0"
1'-0"
1'-0"
12'-0"
12'-0"
25'-0"
5'-0"
42'-0"

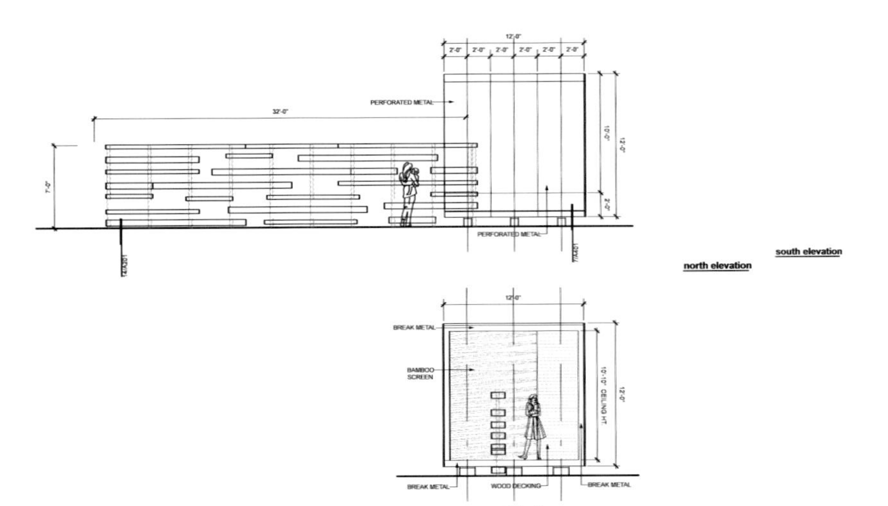
12'-0"
2'-0"
2'-0"
2'-0"
2'-0"
2'-0"
2'-0"
PERFORATED METAL
32'-0"
7'-0"
10'-0"
12'-0"
2'-0"
PERFORATED METAL
14/A201
7/A401
north elevation
south elevation
12'-0"
BREAK METAL
BAMBOO SCREEN
WOOD DECKING
BREAK METAL
BREAK METAL
east elevation

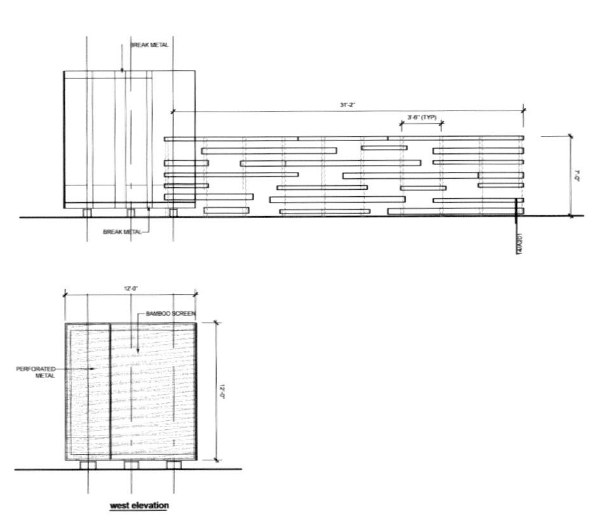
BREAK METAL
31'-2"
3'-6" (TYP)
7'-0"
BREAK METAL
14/A201
12'-0"
BAMBOO SCREEN
PERFORATED METAL
west elevation

绿窗

"Green Windows" is a public space intervention located on a belvedere square placed on top of the new metro station Grancy in Lausanne that is part of the international landscape festival Lausanne Jardins 2009 in Switzerland.

“绿窗”是位于洛桑市新地铁站观景楼广场顶端的一处公共场地，同时也是瑞士2009年洛桑市国际花园景观节的一部分。该项目通过在自然、城市和工业生产间建立全新的联系，重新诠释当代城市景观。

该项目坐落在广场上的两座建筑物之间：其南面朝向Leman湖，北面朝向大街。设计师通过在城市中创建绿色空间——一面三维绿墙（8m长，0.5m宽，3m高）诠释了“建筑景观一体化设计”的理念。

透过几面绿墙上的小窗口，Leman湖和阿尔比斯山的风景如若画框中。窗口的大小强化了“都市房间”的概念，并营造出一种内部空间感——人们仿佛是在室内欣赏外部的自然风光。

绿墙及其窗口可以有效激发市民的好奇心，达到令人惊讶的吸引效果。窗口的高度是根据人体身高而设置，以实现人与景观互动的效果。

这个小型花园的适应性很强。由于绿墙上面的植物不是生长在地面的土壤中，因此这个展示结构并不限于特定的场所。景观节结束后，人们可以将其移至其他适合的地方继续展览。

Location / 地点: Lausanne, Switzerland Date of Completion / 竣工时间: 2009 Area / 占地面积: 100 m² Landscape / 景观设计: Casanova + Hernandez architects Photography / 摄影: Jesus Hernandez, Myriam Ramel Client / 客户: Lausanne Jardins

结构：三维钢结构

INTERTWINED LANDSCAPES - STEPS

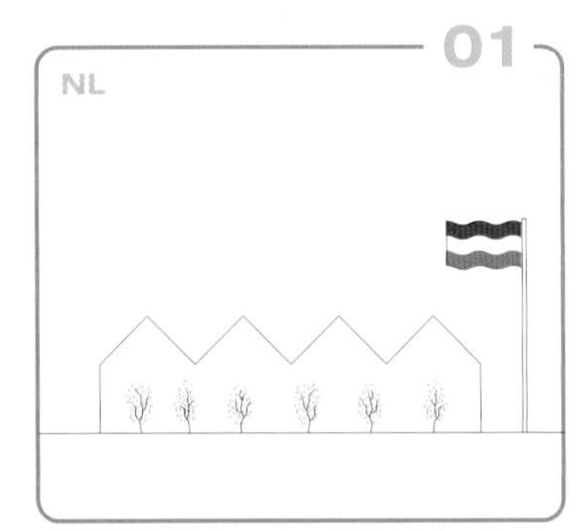

the plants are already growing in een greenhouse in Peel, The Netherlands

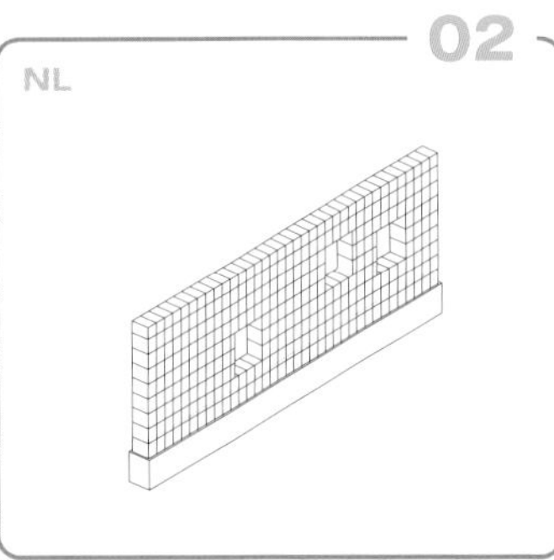

3-dimensional steel construction is placed in an aluminium box

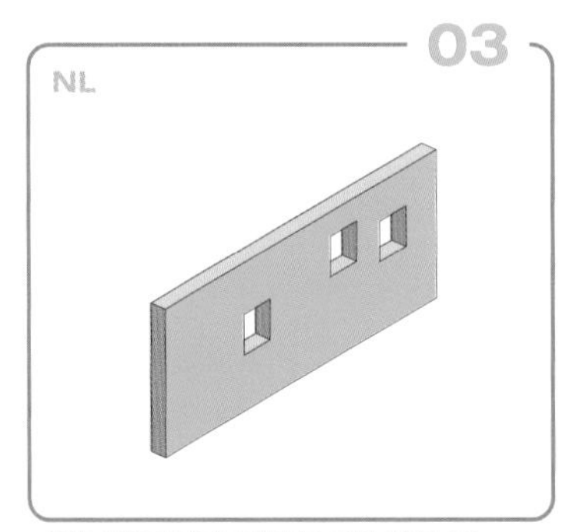

the growning plants are placed around the steel structure

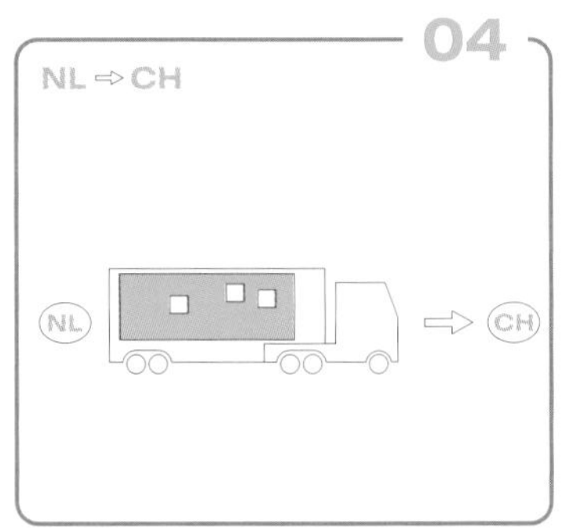

the green elements are transported from The Netherlands to Switzerland

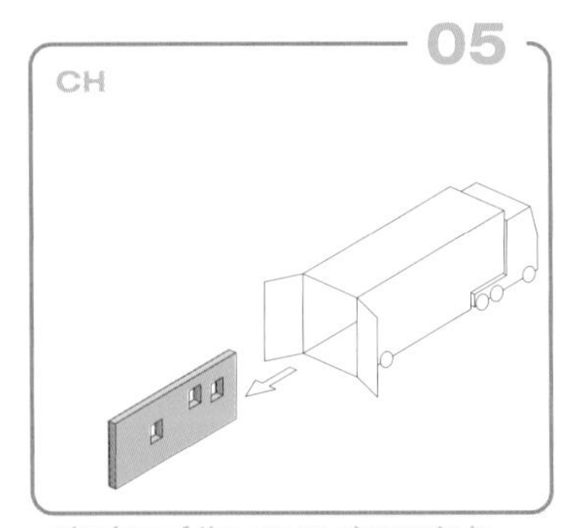

placing of the green elements in Lausanne

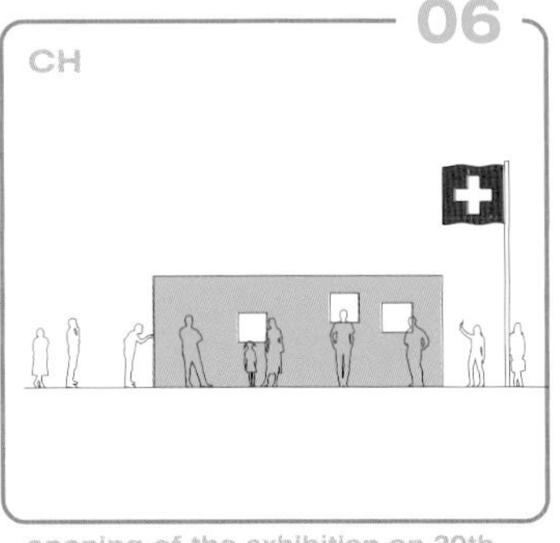

opening of the exhibition on 20th June and closing on 24th October

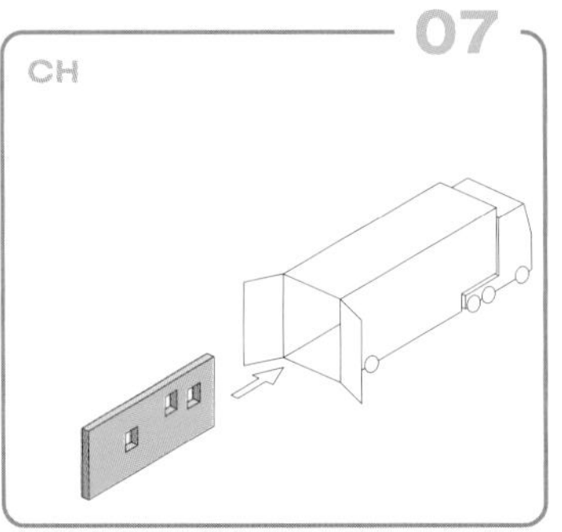

dismantling of the intervention

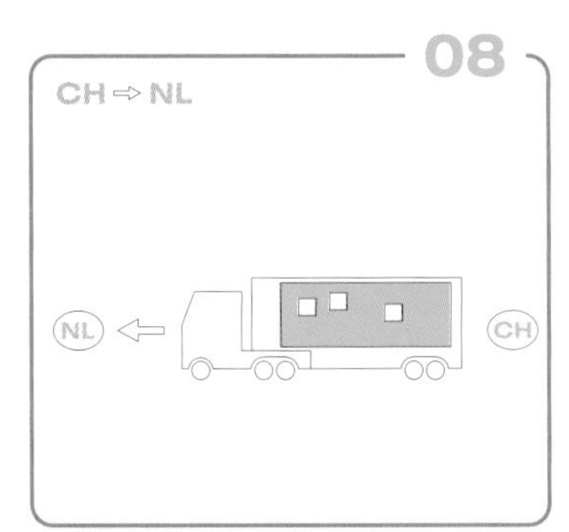

transportation back to The Netherlands

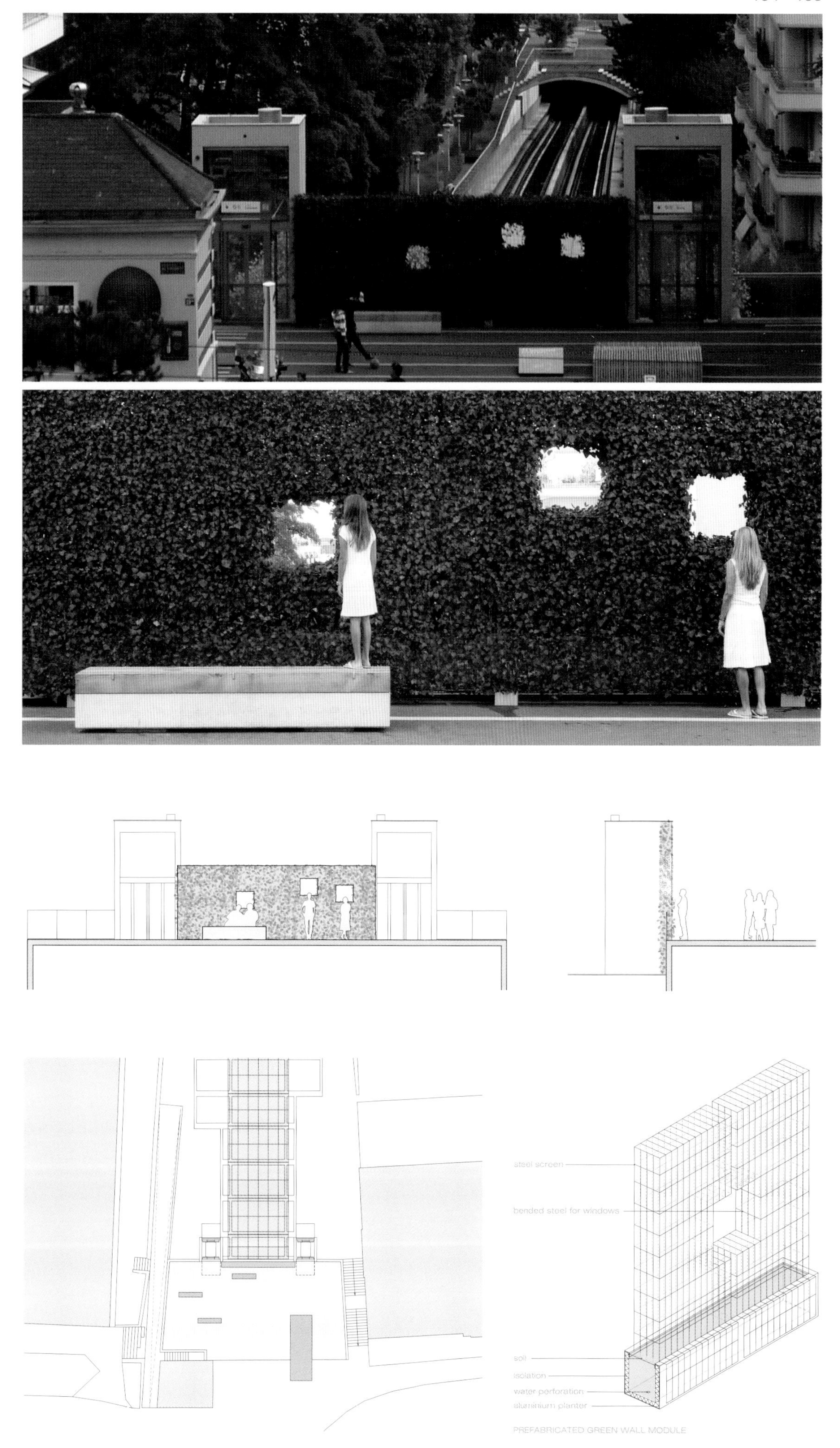
steel screen
bended steel for windows
soil
isolation
water perforation
aluminium planter
PREFABRICATED GREEN WALL MODULE

西安世园会之荷兰生态园

In response to climatic changes, the aim of the Holland Eco Garden is to acknowledge the need for an urban environment within an ecological setting.

荷兰素有“风车之国”“水之国”“花之国”“牧场之国”多种美称。所以不难想象，风车、郁金香、水景，都将成为西安世园会荷兰园的标志。荷兰的环境优美，怡人居住等优势由此可见一斑。

荷兰园地块呈三角形分布，占地面积为2714m²。水、蓄水和渗水区占据该园区接近三分之二的面积，因此设计师在构想中将水作为基本的生态元素而不是将其视为一种限制或负担。

荷兰园以水的循环再生为基础，体现出该园区景观设计的生态理念。向四面伸展的花床以及分布在各个水平面上的水系都是典型的荷兰元素。洼地内建有不同形态的水景小瀑布，这一构思源于水的多变性。一般情况下，水流量与生态环境和水质等因素密切相关，同时这些因素又关联到落水产生的能量。因此水的储备即可等同于能量的储备，当存储的能量过剩时，洼地能在接收落水的同时重新注满能量以用于储备需要。

园区南部的湿地区是为储水而设计的，它既为居住区提供用水储备，也可以对城市排放出的污水进行治理。湿地内道路与水流的巧妙结合给人以大片水域迷宫的感觉。活动区与公园中不同的水文要素相关，人们在这里可以了解到关于水与自然管理信息方面的知识。

Location / 地点: Xi'an, China **Date of Completion / 竣工时间:** 2011 **Landscape / 景观设计:** Tekton Architekten: Bert Tjhie, Thys Schrei Eusino: Tao Wang, Mariska Stevens Archipelontwerpers: Eric Vreedenburgh, Guido Zeck OKRA landscape architects: Martin Knuit, Eva Radionova **Photography / 摄影:** Eusino **Client / 客户:** Xian International Horticultural Exposition 2011 Xi'an

地面：竹
人行道：竹，混凝土
家具：竹
照明：灯杆
植物：药用植物，芳香植物

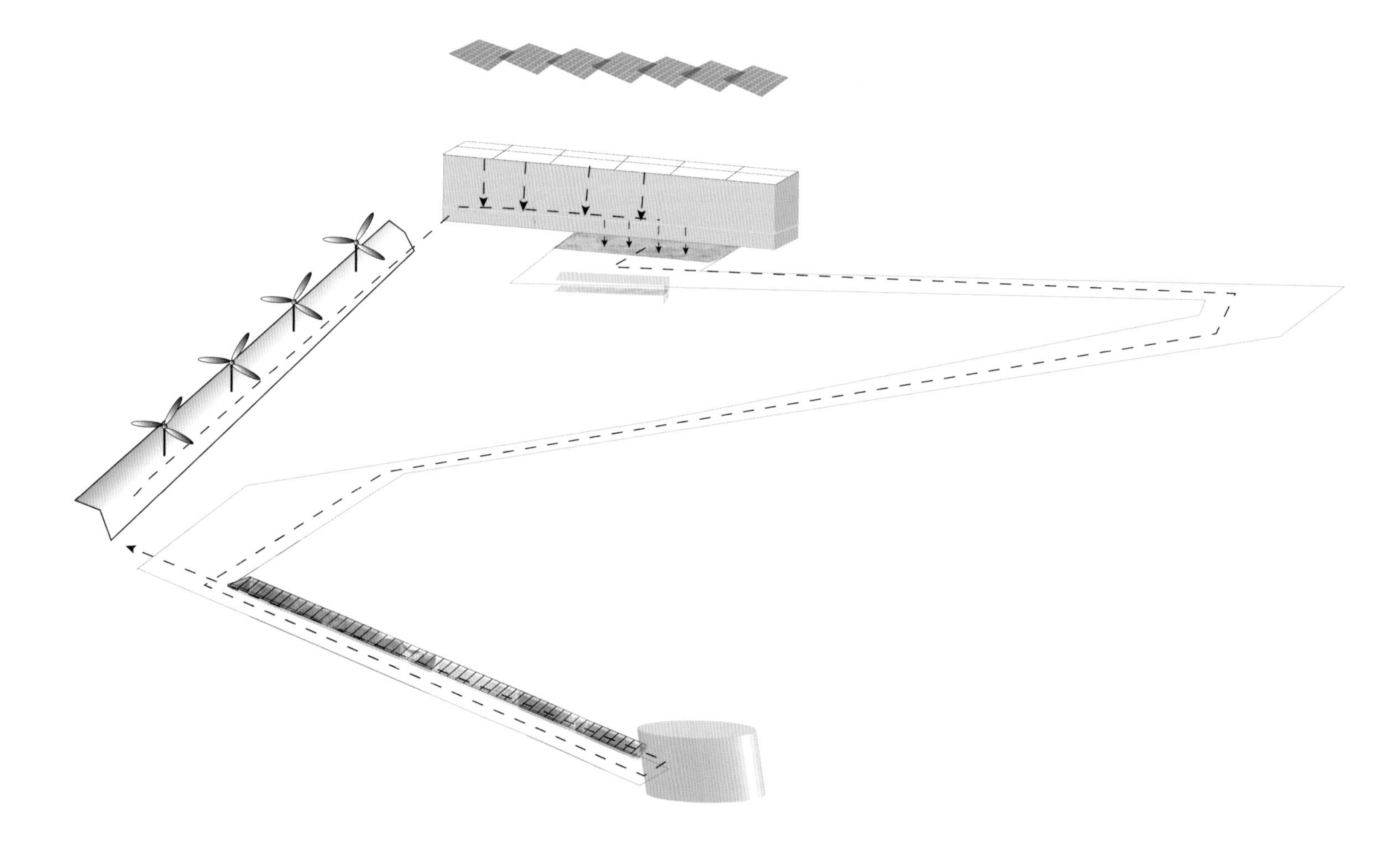

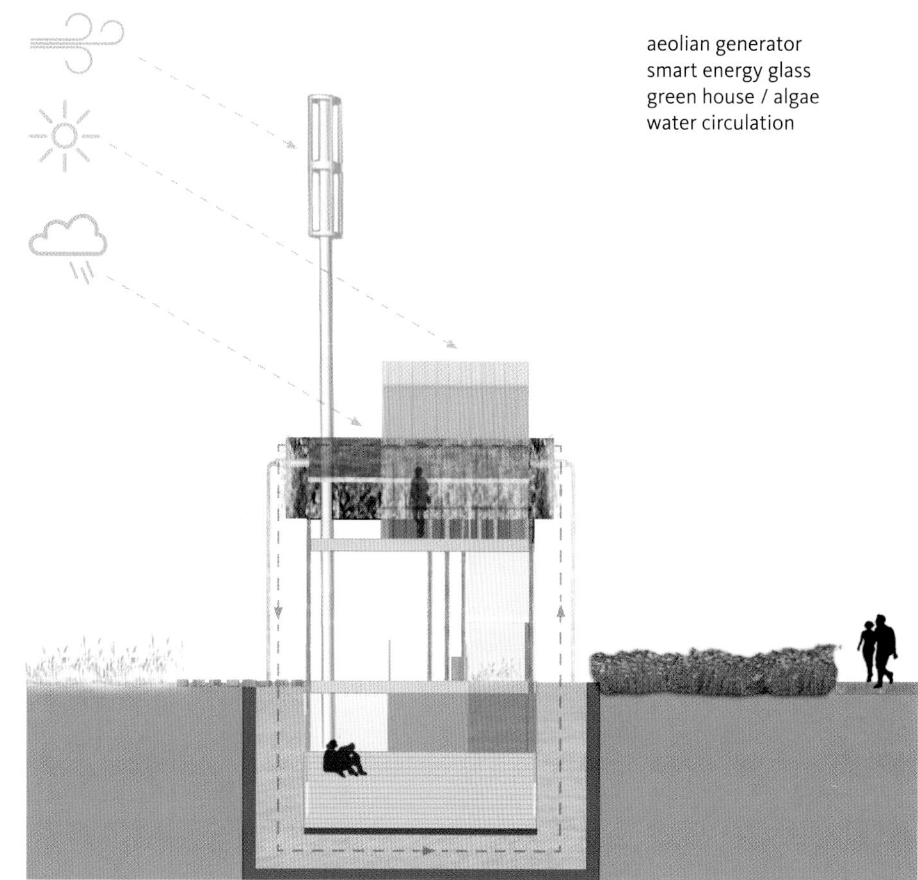
aeolian generator
smart energy glass
green house / algae
water circulation

OKRA
TEKTON
water and land

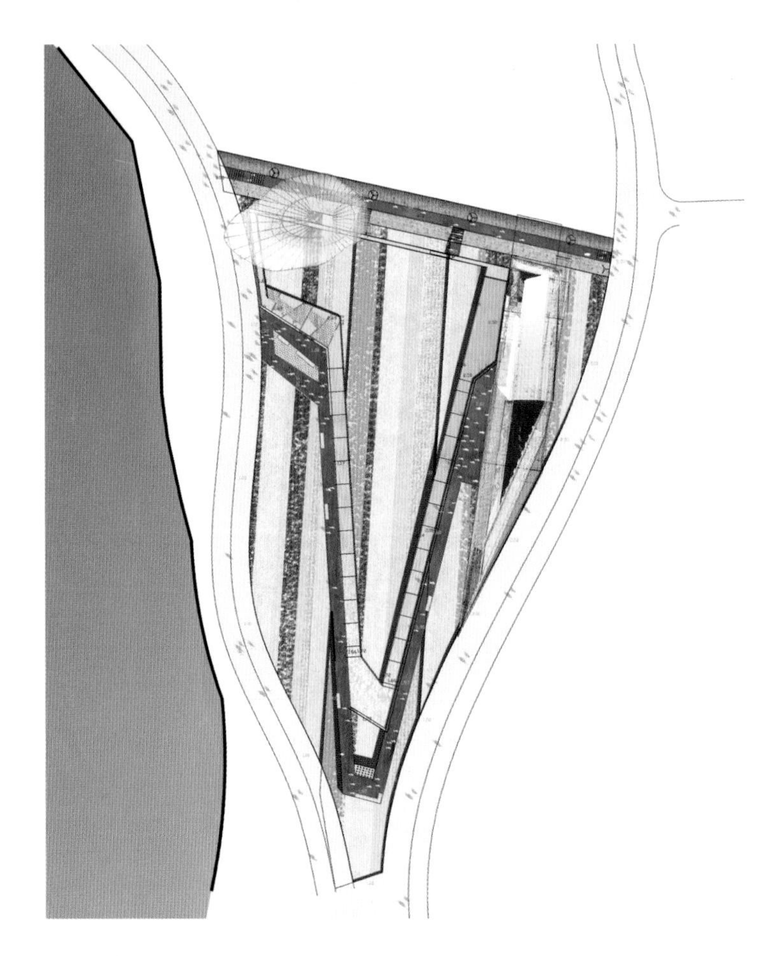

“大挖掘”园

This hole through earth connects people from the diametrical locations of Berlin and Xi'an.

从地球的一端穿越到另一端，是全世界人们都曾有过的古老梦想。通过对花园历史的追溯，人们将发现它是人类想象并从中体验异域文化、植物、景观的智慧结晶。基于这种想法，设计师充满想象地将花园打造成这个圆形深洞：地洞的一端出现在中国！

地下是深洞，洞口呈现喇叭或耳朵的形状，周围有玻璃围栏，以防人们过于接近洞边不慎掉落，围栏在这里也成为区分现实和虚拟的一张薄幕。人造草皮成为该项目选用的主要建筑材料，用以覆盖深洞、草地及长凳的表层，从而营造出统一的外观景象。两到三棵原有树木在施工期间被完好地保留下来。洞的建筑高度取决于地下土壤和地下水的条件。能在施工中塑造出完美的形态和平整的表面是十分重要的。

地下深洞的设计寓意了穿过地球一端通向另一端的通道。柏林和西安通过这个地下大洞而被连接起来。这一巧妙设计为花园设计提供了一种全新的构思，并以景观设计的独特语言证实了地球是圆的。

Location / 地点: Xi'an, China Date of Completion / 竣工时间: 2011 Area / 占地面积: 1000 m^2 Landscape / 景观设计: TOPOTEK 1 Photography / 摄影: TOPOTEK 1, Gen Wang Client / 客户: International Horticulture Exhibition Xi'an 2011

地面：人造草坪
洞：混凝土
其他：长椅，不锈钢，玻璃

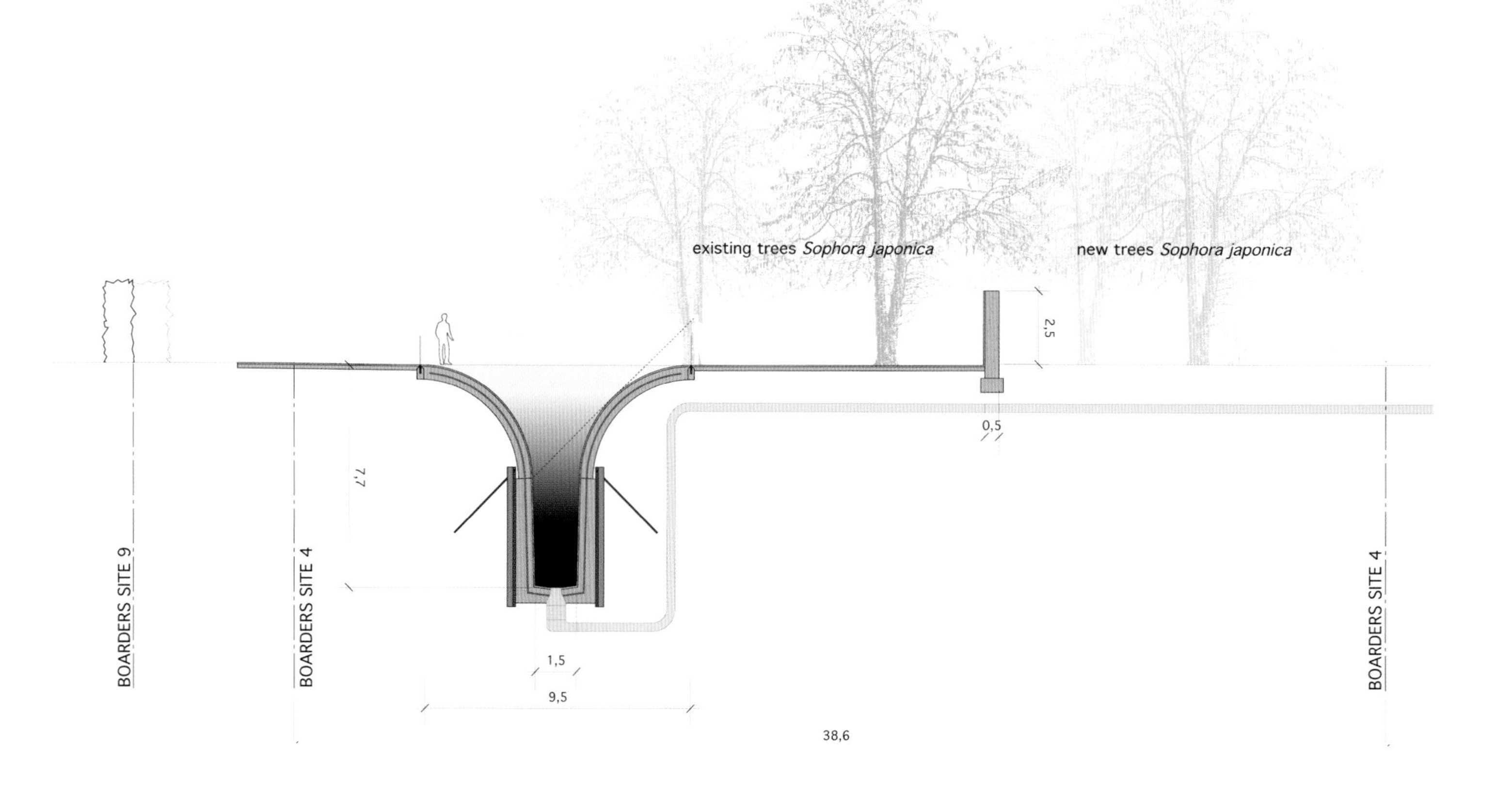
existing trees *Sophora japonica*
new trees *Sophora japonica*
2,5
0,5
7,7
BOARDERS SITE 9
BOARDERS SITE 4
BOARDERS SITE 4
1,5
9,5
38,6

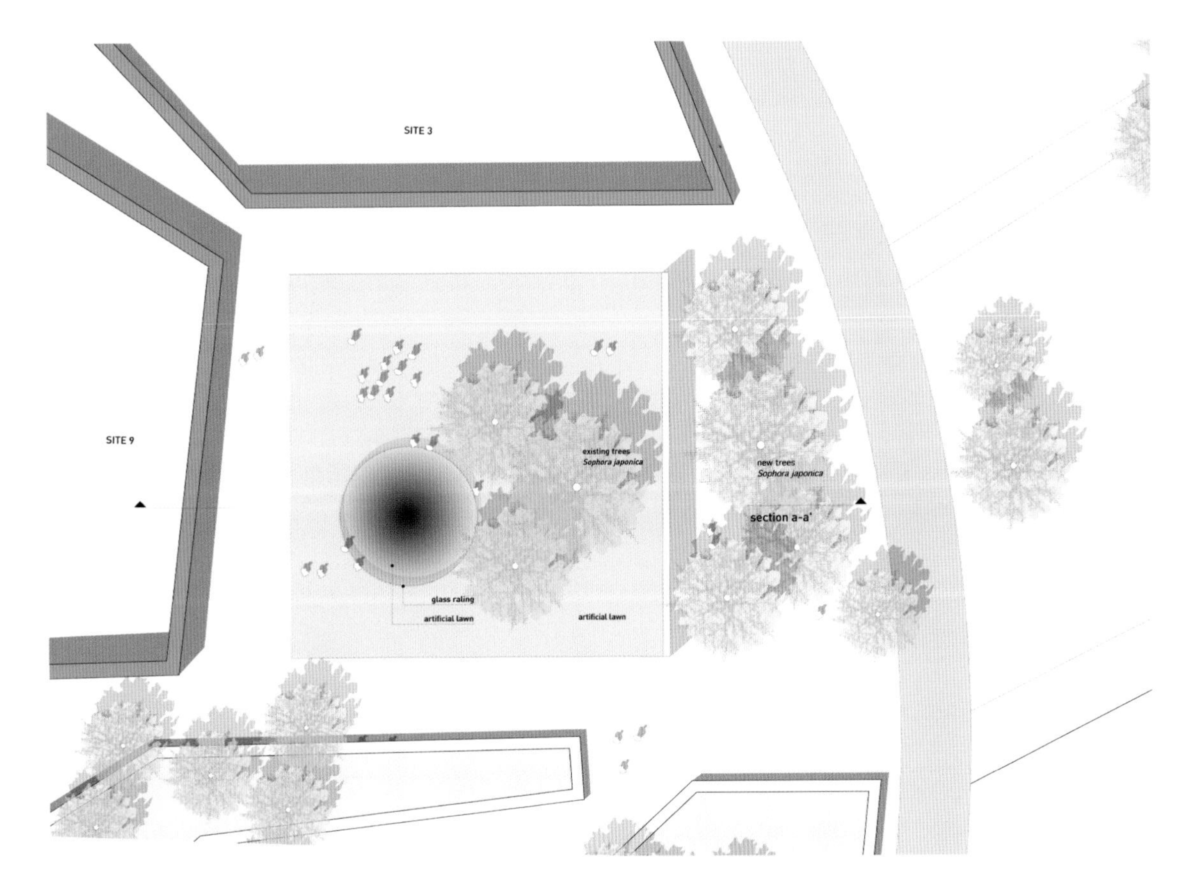
SITE 3
SITE 9
existing trees
Sophora japonica
new trees
Sophora japonica
section a-a'
glass raling
artificial lawn
artificial lawn

西安世界园艺博览会

The International Horticultural Expo becomes instigator and core for the redevelopment of a large area between the airport and the ancient city center of Xi'an.

世界园艺博览会成为机场和西安古城中心广阔地区重新开发的核心地带。西安古城中心一直以秦始皇兵马俑及被称为中国西部地区商务中心而闻名。Plasma工作室与GroundLab倾力合作，令本案以突出未来可持续性发展的核心理念赢得了此次国际竞标。设计中将水、植物、空气流通、建筑等元素完美地融为一体。

该景观占地370,000m^2，其中包括5000m^{2}的展示厅、4000m^{2}的温室、3500m^{2}的门道建筑，同时也包括西安市遗址公园。该设计堪称是生态景观设计领域内的典范之作。

在本案设计中，自然及人造景观元素这两种看似对立的系统在水景观的协同作用中俨然融合为一体。考虑到本案所需的灌溉水量，设计师力图将不同的技术应用到设计之中，以满足客户特定的需要，比如通过雨水回收系统将采集到的雨水输送到湿地地区。同时，自然植物及芦苇地可以用来净化及储存水分，以供分散开来进行灌溉。湿地及池塘与自然系统及景观充分融合，为游客营造出静谧、优美的绿洲圣地。伴随水处理技术的引进，这里的水文循环开始变得尤为复杂。

设计师建议最初投资和组织机构在展示期间建立一个具有自主功能及个性特色的系统，并将园区内人造及自然景观元素构建成一个可持续性生态系统，使其即使在展示结束后也不需任何维护费用。

Location / 地点: Xi'an, China Date of Completion / 竣工时间: 2011 Area / 占地面积: 370,000 m^2 Landscape / 景观设计: Groundlab ltd., Plasma Studio Photography / 摄影: Groundlab ltd., Plasma Studio Client / 客户: Chan Ba Ecological District

地面：混凝土，玻璃，石材
植物：当地植物

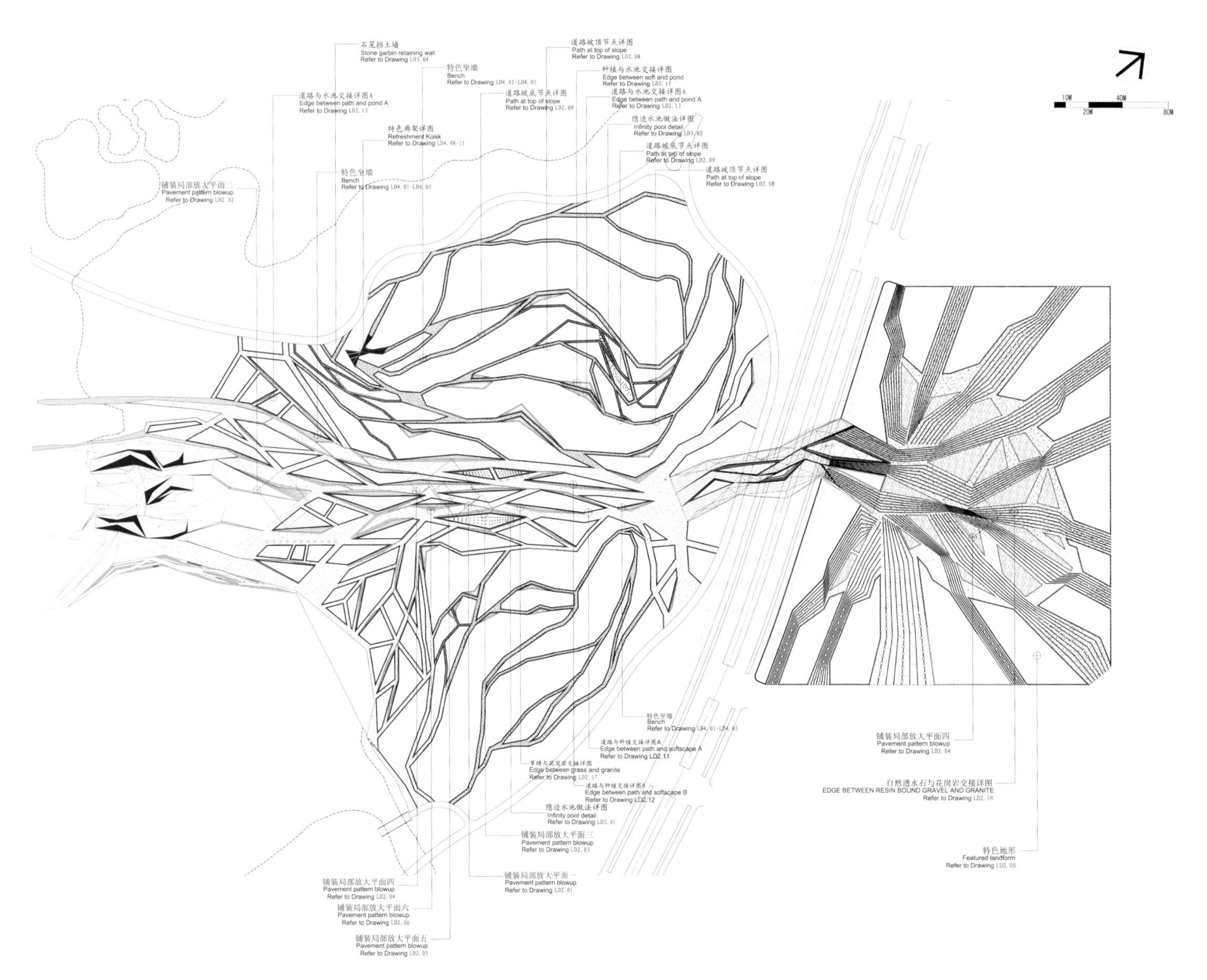
石笼挡土墙
Stone garbin retaining wall
Refer to Drawing LD3.04
道路坡顶节点详图
Path at top of slope
Refer to Drawing LD2.08
特色坐墙
Bench
Refer to Drawing LD4.01-LD4.05
种植与水池交接详图
Edge between soft and pond
Refer to Drawing LD2.15
道路与水池交接详图A
Edge between path and pond A
Refer to Drawing LD2.13
道路坡底节点详图
Path at top of slope
Refer to Drawing LD2.09
道路与水池交接详图A
Edge between path and pond A
Refer to Drawing LD2.13
隐边水池做法详图
Infinity pool detail
Refer to Drawing LD3.02
特色廊架详图
Refreshment Koisk
Refer to Drawing LD4.08-11
道路坡底节点详图
Path at top of slope
Refer to Drawing LD2.09
道路坡顶节点详图
Path at top of slope
Refer to Drawing LD2.08
特色坐墙
Bench
Refer to Drawing LD4.01-LD4.05
铺装局部放大平面二
Pavement pattern blowup
Refer to Drawing LD2.02
10M
40M
20M
80M
特色坐墙
Bench
Refer to Drawing LD4.01-LD4.05
道路与种植交接详图A
Edge between path and softscape A
Refer to Drawing LD2.11
草缝与花岗岩交接详图
Edge between grass and granite
Refer to Drawing LD2.17
道路与种植交接详图B
Edge between path and softscape B
Refer to Drawing LD2.12
隐边水池做法详图
Infinity pool detail
Refer to Drawing LD3.01
铺装局部放大平面三
Pavement pattern blowup
Refer to Drawing LD2.03
铺装局部放大平面一
Pavement pattern blowup
Refer to Drawing LD2.01
铺装局部放大平面四
Pavement pattern blowup
Refer to Drawing LD2.04
铺装局部放大平面六
Pavement pattern blowup
Refer to Drawing LD2.06
铺装局部放大平面五
Pavement pattern blowup
Refer to Drawing LD2.05
铺装局部放大平面四
Pavement pattern blowup
Refer to Drawing LD2.04
自然透水石与花岗岩交接详图
EDGE BETWEEN RESIN BOUND GRAVEL AND GRANITE
Refer to Drawing LD2.18
特色地形
Featured landform
Refer to Drawing LD3.05

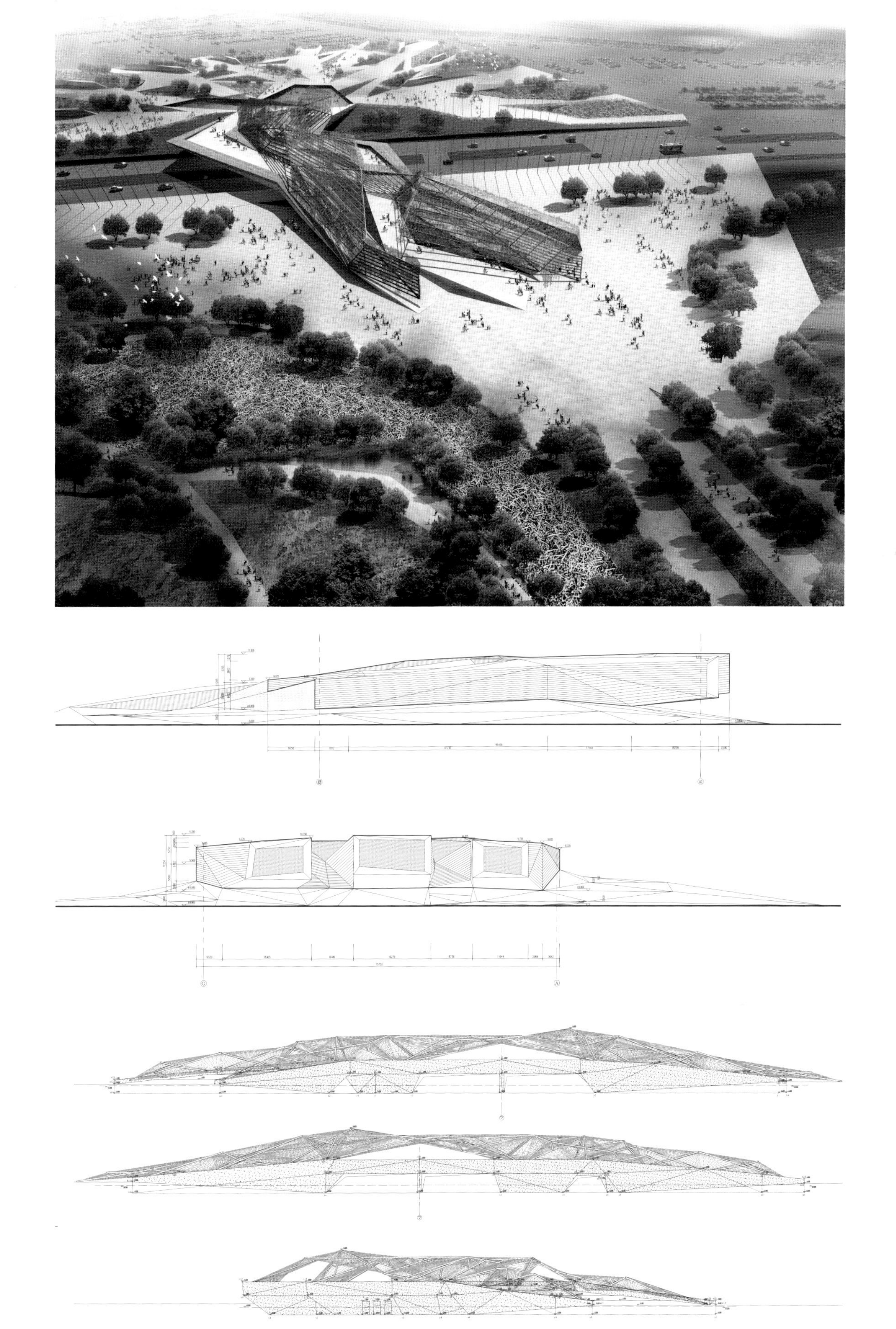

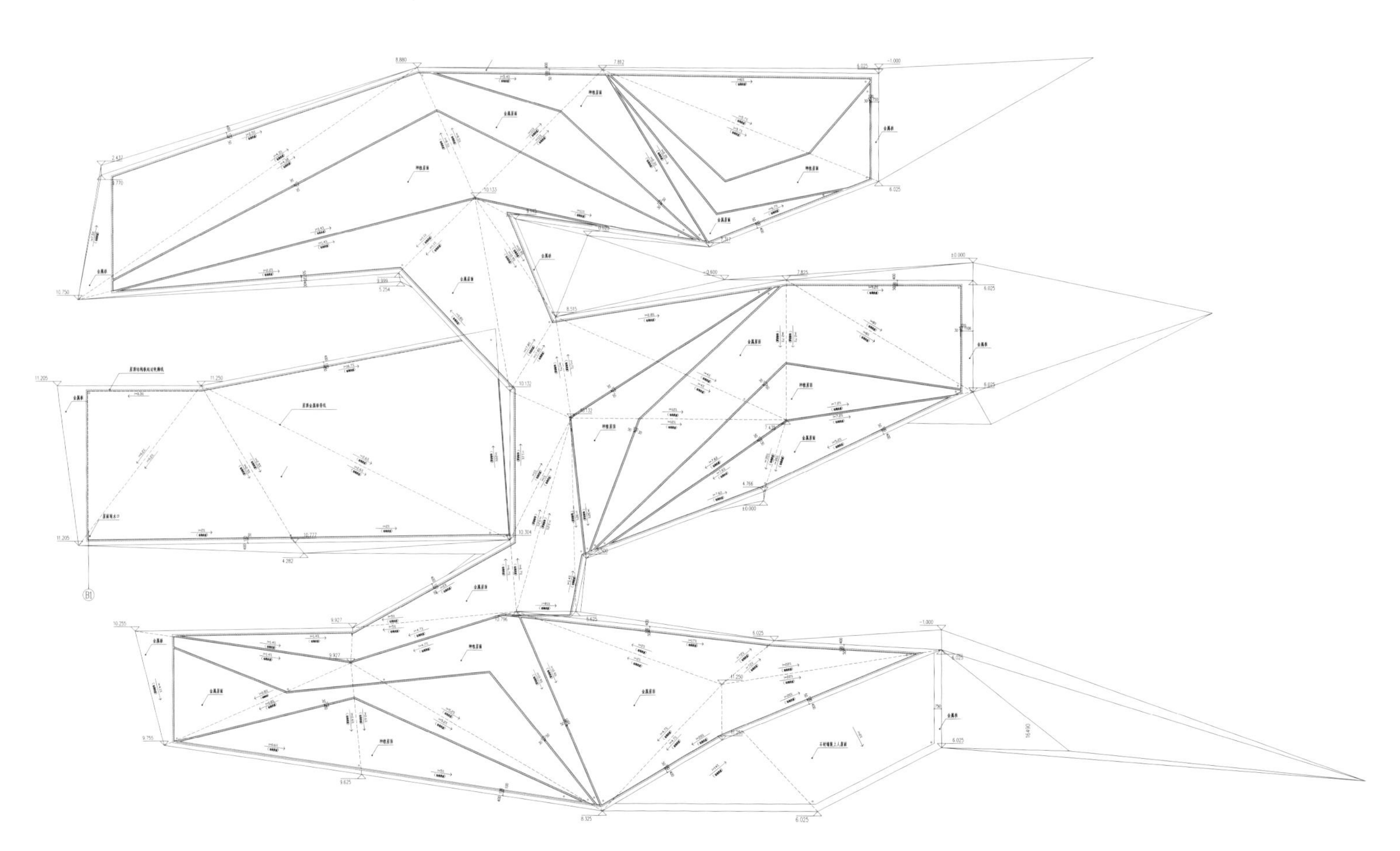

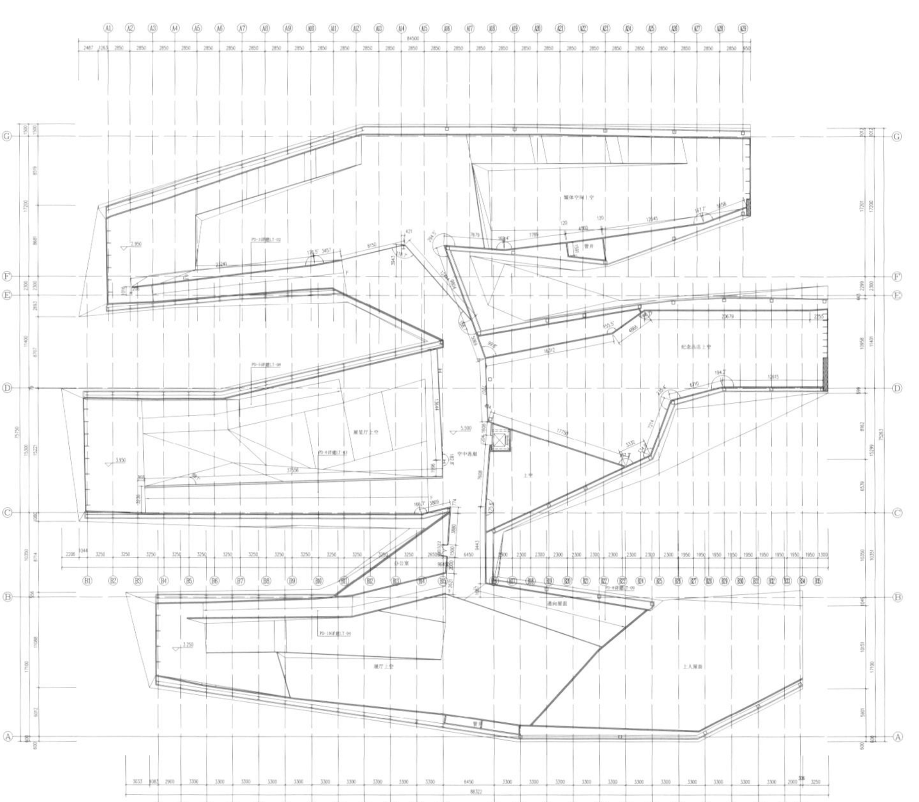

宗教墓葬文化展示园

The use of nature materials reflects the theory that man is an integral part of nature.

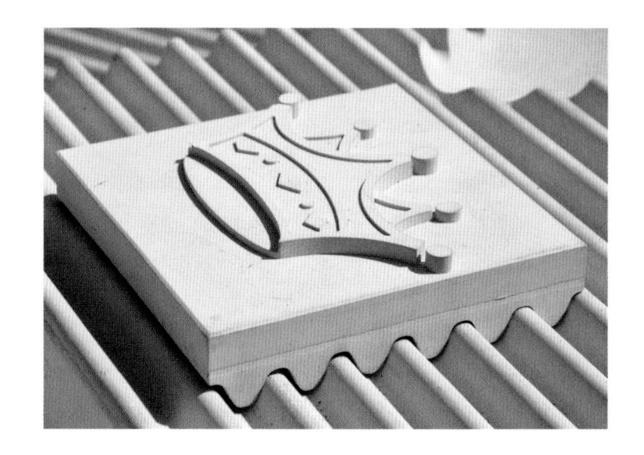

这个用来向人们展示传统墓葬文化的园区坐落在一个郁郁葱葱的公园旧址上。墓葬文化巡回展是每个Landesgartenschau（区域园艺展）的一部分。展览包括了世界五大宗教（佛教、印度教、犹太教、伊斯兰教和基督教）的墓葬文化展区。在这里不仅可以看到各种雕塑体，还可以增长关于不同宗教葬礼传统的知识。

按犹太教的传统，是以土葬的方式令逝者安息，墓碑朝向耶路撒冷的方向。教徒不用鲜花装饰墓地，惯例做法是把鹅卵石带到墓地。在展示园内，这种方向上的信仰通过混凝土表面上的纹理凸起得以强调。参观者可以在内陷的孔洞处摆放的深色鹅卵石，使这里的外观得到相应的改变。按佛教传统，需将逝者的遗体火化，然后把骨灰放在一个塔形骨灰盒内，之后再葬于家族墓地中。生锈的钢制路肩和红色碎石围绕的雕塑表现的是被佛教视为神圣的橘黄色。在印度教的教义里，人的灵魂必须在死后从躯壳里脱离、释放出来，而这是通过将遗体堆放在木材上举行火化仪式（最好是在恒河边上）后实现的。倒映在水中的一座白色木雕结构的倒影暗示了这个印度教的传统。伊斯兰教文化鼓励人们将自己的钱施舍给穷人，而不是浪费在昂贵的墓穴上。因此他们的墓地选址通常是宁静而自然的。遗体平放，朝向麦加，坟墓略高于地面，并以石块作为标记是他们的传统。这种传统由覆盖在波浪型钢板上的草坪加以表现，波浪亦是朝向麦加。

这些墓葬文化展示园的设计是以适应原有条件为基础设计的，因此所有原生树木都被保留下来。天然美丽的景色和品种繁多的古树都可以得到突出。所有的地面表层都具有良好的渗透性，以便于排水。其中展现犹太教墓葬传统的花园是通过具有良好透水性的树脂基层砾石路径进行排水。由当地公司负责运送材料也减少了运输方面的花费。

佛教园里还运用了一些古老的手工艺技术，例如像车削工艺。所用采用的木材均为价格低廉、生长期短的白杨木。这种木材的快速生长性和所具备的颜色，使其成为最终被选用的主要原因之一。

Location / 地点: Norderstedt, Germany **Date of Completion / 竣工时间:** 2011 **Area / 占地面积:** 500 m² **Landscape / 景观设计:** ANNABAU Architecture and Landscape **Photography / 摄影:** Lotten Palsson, ANNABAU **Client / 客户:** Landesgartenschau Norderstedt

坟墓雕塑：混凝土，钢材，木材，石材
地面：草，砾石，钢材

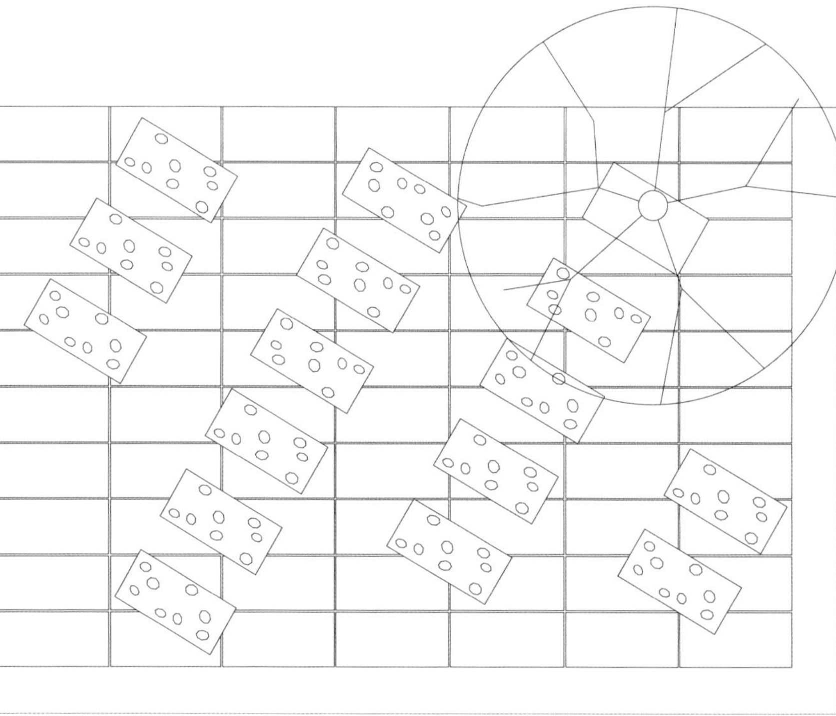

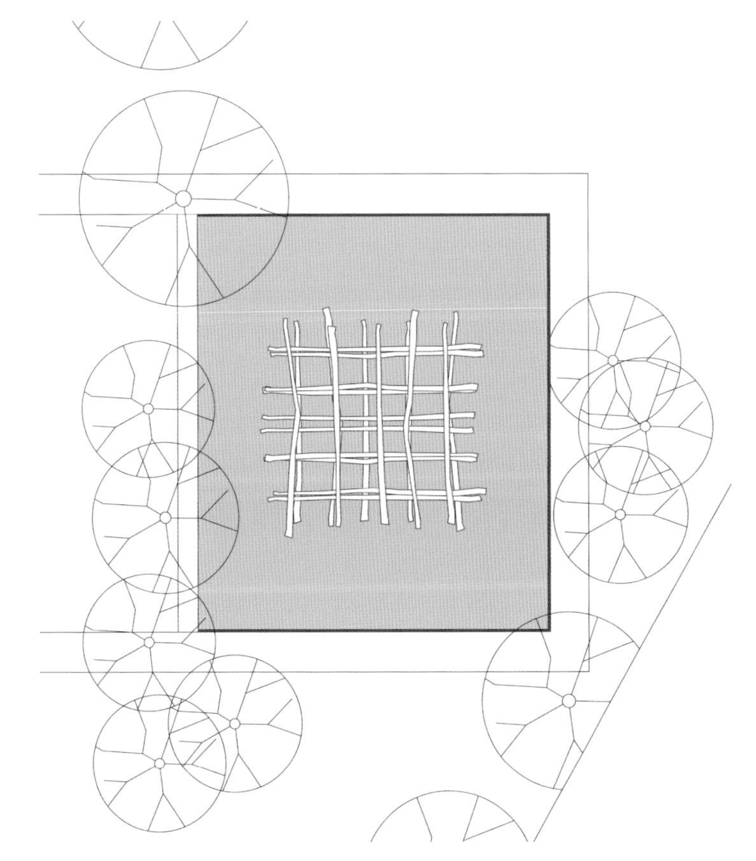

柏汉思群岛园

The aim of this landscape design is to make Bohus Archipel a mini ecological recycle at the same time providing people a relexing place.

柏汉思群岛园景观位于德国Norderstedt地区举办的区域园艺展的入口处。花园之间由半透明的聚合物网相隔。这三座花园是在ANNABAU Architecture and Landscape公司与执行建筑公司的密切合作下完成的。

公园设计灵感源自瑞典西海岸的美景。水、少量花岗岩和少数几种粗壮的植物概括了该景观设计构思的主体思路，最后通过天然石板、水和玫瑰花这几种元素表现出来。小片的花岗石既寓意瑞典海床，也仿佛在邀请访客赤脚踩入浅水。

泛红的大片石板被设计成开满浅粉、杏黄、黄色奥斯丁玫瑰的“小岛”，同时也鼓励着游客从一个岛跳到另一个岛。少量的多年生花卉可一年四季装点着花园的美景。在聚合物网之间缓缓流动的溪水使这座群岛园内的微气候即使在炎热的夏日也十分宜人。

ANNABAU Architecture and Landscape公司充分考虑到了当地夏季时的炎热气候。水不但是能调节微气候的最低成本材料，更不会带来任何能源上的消耗和环境污染。水流也给灌溉花园里的植物带来极大方便。天然的石材和普通植物的价格远比混凝土和昂贵的进口花卉低廉。在植物种类的选择上，ANNABAU Architecture and Landscape公司将多年生植物和草本植物错落有致地交叉种植，以呈现五彩缤纷的花园效果。除此之外，腐败的草本植物也可以成为其他植物的天然养料。能使公园自身形成微生态循环也是本案设计的理念之一。

花园里天然的石头产自瑞典，短途运输减少了二氧化碳的排放。隔离墙所用的聚合物网是通常用于土方加固的材料，成本低廉。园内所用植物只需极少量的维护，并能确保全年都是开花盛期。

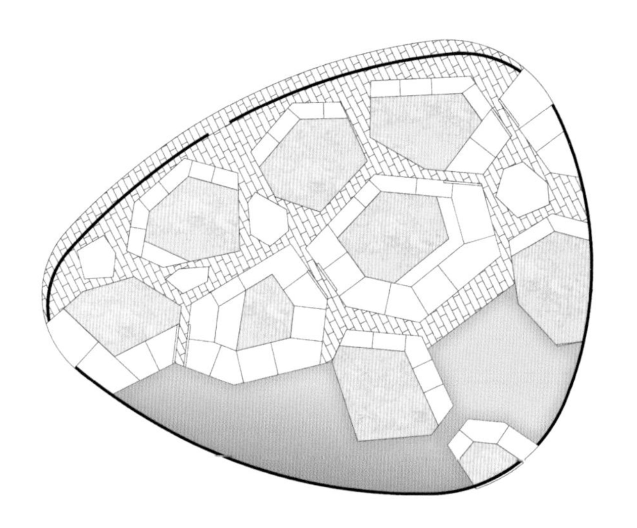

Location / 地点: Norderstedt, Germany **Date of Completion / 竣工时间:** 2011 **Area / 占地面积:** 240 m^2 **Landscape / 景观设计:** ANNABAU Architecture and Landscape **Photography / 摄影:** Lotten Pålsson, Arne Vollstedt/LGS Norderstedt, ANNABAU **Client / 客户:** Landesgartenschau Norderstedt

地面：石材
植物：玫瑰，水仙

186-227
城镇和都市
Township & Urban
ECO LANDSCAPE TODAY
Copyright © 2012 Dopress Books

圣路易总体规划

The San Luis Master Plan is framed within a contemporary global movement of planned urban developments that gear to recycle large pieces of land of old industries who have closed their productive cycle; located within the existing urban tissue and with excellent infrastructure and communications.

圣路易总体规划案在全球化城市规划建设与发展的大环境下展开，旨在重复利用已经停产的老工业基地。本案坐落于现存的城市结构之中，附近的公共设施和交通设施都较为完善。

通过对纯净的土壤、建筑结构、地基和艺术品认真且仔细的修复，以及对房屋、景观和建筑物的评估与筛选，以决定哪些可以保留以至重新利用、装饰并融入新城市的环境背景之下。这种新型趋势被称为“后工业化时代的城市化”，它以创建可持续发展城市为基础，同时要求强烈的景观视角、生态视角、节能视角，以及节约且循环用水，强调公共交通和自行车道的机动性及其与目前城市结构的衔接性。

另一重要的理论条件则基于土地的多功能使用，其中包括城市中心、各种类型的住宅建筑、社会经济阶层、服务、教育、办公、文化事业单位和露天场所、户外娱乐以及休闲场地。本案涉及丰富的开放空间系统，其中包括公园、水库、近距水景、自然保护区、自行车道系统、广场、带状公园和缓冲区，以及步行走廊等。

Location / 地点: San Luis Potosí, Mexico Date of Completion / 竣工时间: 2009 Area / 占地面积: 6,030,000 m^2 Landscape / 景观设计: Grupo de Diseño Urbano Photography / 摄影: Francisco Gómez Sosa, Jorge Almanza Client / 客户: Grupo México S.A de C.V

地面：混凝土，石材
植物：当地植物

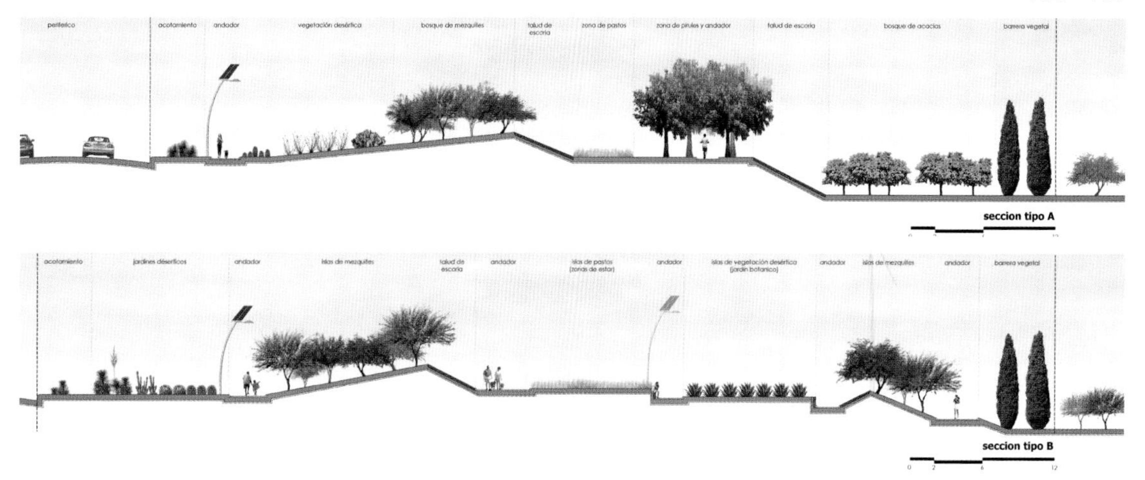
periferico
acotamiento
andador
vegetación desértica
bosque de mezquites
talud de escoria
zona de pastos
zona de pirules y andador
talud de escoria
bosque de acacias
barrera vegetal
seccion tipo A
acotamiento
jardines désérticos
andador
islas de mezquites
talud de escoria
andador
islas de pastos (zonas de estar)
andador
islas de vegetación desértica (jardin botanico)
andador
islas de mezquites
andador
barrera vegetal
seccion tipo B

PARQUE BICENTE

seccion tipo B
seccion tipo B

seccion tipo A
seccion tipo A

澳大利亚东联高速公路

The EastLink Tollway forms a major part of Melbourne emerging ring road system, linking Melbourne's inner east, via the Eastern Freeway, to bayside Frankston and the Mornington Peninsula Freeway.

该项目在完成之时为澳大利亚有史以来最大的景观设计和建设项目，它为综合设计和大型土木、环境、社会基础设施的发展设定了行业基准。

东联高速公路经过5个地方行政区、11个主要自然植被群落以及15种景观特征类型，它代表着澳大利亚最大的基础设施项目之一。从工程的角度来看，该项目包括45km标准高速公路（39km为收费公路），连接总长1.6km的设施：3个车道隧道、90座桥梁和3个铁路道口。

负责该项目的Tract事务所设计和规划了70个湿地景观、一块超过4,800,000m²的景观和湿地区域、一个主要社区公园和一些其他园区、大约400万植被、主要公共艺术作品的布置，以及构成新区域通道网络的35Km自行车和步行道。

项目的设计方案从早期的东部高速公路项目类型发展而来，为基础设施和城市设计中的问题提供明确、出色与无缝式的解决方案。主要交通设施及相关系统的规模较为大气，采用一致的建筑手法和材料搭配，形成一种调和的视觉韵律，将所有设计和工程元素统一在一起，并且平衡了驾驶者、社区和环境的价值与需求。东联高速公路同主要的东部公路运输、开放场地和道路系统相辅相成，它代表了当代大型运输及相关社区基础设施的建设基准。该项目为维多利亚州路局（VicRoads）和墨尔本水务公司（Melbourne Water）等机构建立了新的政策和技术标准，改变了大型工程的实施方式，对维多利亚州地区乃至澳大利亚各地的景观设计方式产生了重大影响。东联高速公路的设计已经促使地方政府、维多利亚州公园管理处（Parks Victoria）和墨尔本水务公司纷纷进行了更多重大项目的启动。因此，这条高速公路的影响力已经远远超越了其路线所及之处。

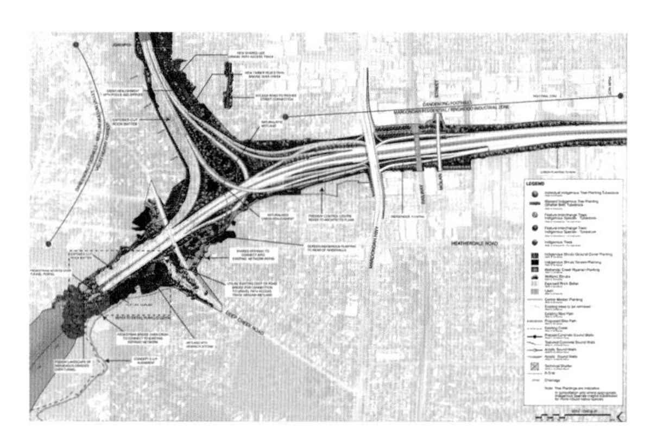

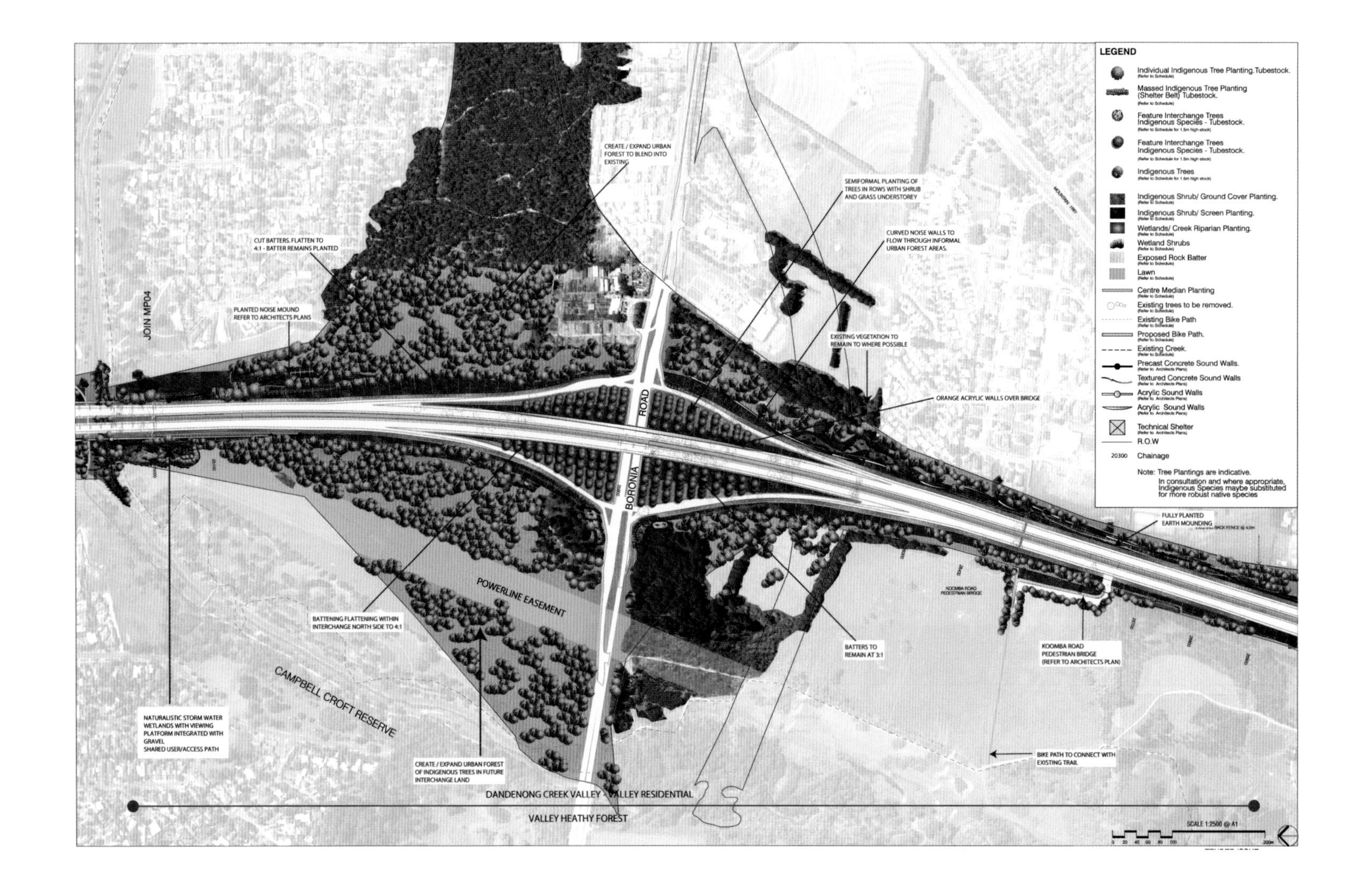

Location / 地点: Melbourne, Australia **Date of Completion / 竣工时间:** 2008 **Area / 占地面积:** 5,000,000 m^2 **Landscape / 景观设计:** Tract Consultants Pty Ltd. **Photography / 摄影:** Heaven Pictures **Client / 客户:** Connect East

植物：树，草
水域：湿地，盆地

安斯伯利镇区

Eynesbury is a new township located 40 kilometres west of Melbourne between the growth areas of Werribee and Melton.

Tract事务所受Woodhouse Pastoral Co.（伍德豪斯田园有限公司）委托，在21世纪初对这块13,000,000m² 的土地进行重新规划，该公司拥有这里及周围地区共74,000,000m² 乡村土地的所有权。规划的目标是建立一个独特的小镇，并在其中整合娱乐设施，剩余部分则被用于农业用途。这项规划已经成为Woodhouse Pastoral Co.和GEO Property Group（GEO 地产集团）的一项联合运营项目，被称为安斯伯利合资工程。高尔夫球场及相关设施于2007年5月开业，住宅建设的前两个阶段于2008年6月竣工。

Tract事务所不遗余力地投入到这座创意小镇的规划和景观建设之中，力求将整体规划由设想转变为现实。小镇共拥有2900个住户，以可持续发展为重心，采用传统的街区风格为设计导向。

城镇建筑第一阶段的的核心内容是安斯伯利的高尔夫球场和俱乐部会所设施，以恢复历史悠久的宅地和花园为主要目标。葱郁的林地式球场被设置在原有的落叶丛之中，拥有一个宽敞的公共小路，它开放的空间设计使这里在后期住宅建设完成后可以通往宅地的设施。

面积达72,850,000m² 的原场地仅有16％被用于开发。其余部分继续作为农业用途或被保护的天然草原，同Grey Box森林和河流走廊一起围绕着新的镇区。该项目以其重要的财政贡献，将会为本地区重要的Grey Box森林和Werribee峡谷带来显著的环境改善。在过去三年内，这里已经建设了3.5Km的航道，种植的本地树种、灌木和草类超过65万棵。再生水被用于所有景观和农田的灌溉。

街景集雨园能够在雨水径流到达水路和湿地之前将其收集起来。它们被设计为多种大小，以适应不同的需求和承受能力。这里还设有多种娱乐设施以丰富人们的生活，它们通过广泛的安全越野小径网络相互联系着。住宅花园中都采用本地植被进行绿化，这些植被是由安斯伯利苗圃使用当地种子培育而来的。

Location / 地点: Victoria, Australia Date of Completion / 竣工时间: 2008 Area / 占地面积: 130,000 m² Landscape / 景观设计: Tract Consultants Pty Ltd. Photography / 摄影: Tract Consultants Client / 客户: Woodhouse Pastoral Co.

树木：桉树，木兰树，树篱植物
地面：砾石，花岗岩，沥青，木材，石材

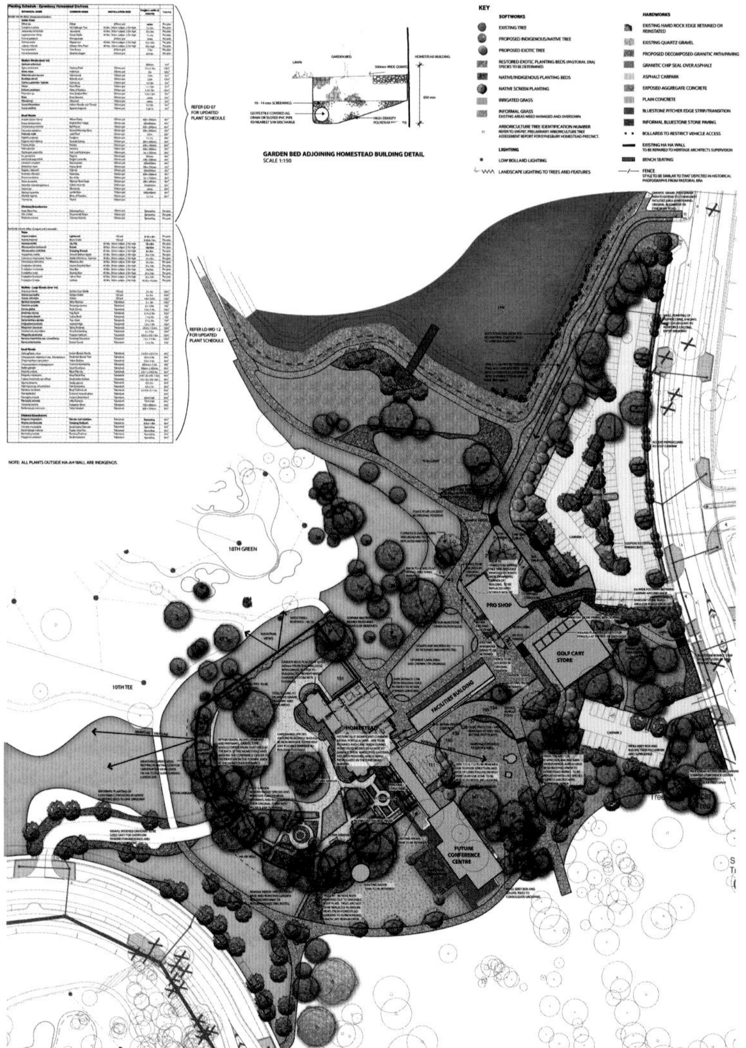
REFER LD 07 FOR UPDATED PLANT SCHEDULE
REFER LD-WD 12 FOR UPDATED PLANT SCHEDULE
NOTE: ALL PLANTS OUTSIDE HA-HA WALL ARE INDIGENOUS.
LAWN
GARDEN BED
HOMESTEAD BUILDING
650 mm
10 - 14 mm SCREENINGS
GARDEN BED ADJOINING HOMESTEAD BUILDING DETAIL
SCALE 1:150
KEY
SOFTWORKS
EXISTING TREE
PROPOSED INDIGENOUS/NATIVE TREE
PROPOSED EXOTIC TREE
RESTORED EXOTIC PLANTING BEDS (PASTORAL ERA)
SPECIES TO BE DETERMINED
NATIVE/INDIGENOUS PLANTING BEDS
NATIVE SCREEN PLANTING
IRRIGATED GRASS
INFORMAL GRASS
EXISTING AREAS WEED MANAGED AND OVERSOWN
ARBORICULTURE TREE IDENTIFICATION NUMBER
LIGHTING
LOW BOLLARD LIGHTING
LANDSCAPE LIGHTING TO TREES AND FEATURES
HARDWORKS
EXISTING HARD ROCK EDGE RETAINED OR REINSTATED
EXISTING QUARTZ GRAVEL
PROPOSED DECOMPOSED GRANITIC PATH/PAVING
GRANITIC CHIP SEAL OVER ASPHALT
ASPHALT CARPARK
EXPOSED AGGREGATE CONCRETE
PLAIN CONCRETE
BLUESTONE PITCHER EDGE STRIP/TRANSITION
INFORMAL BLUESTONE STONE PAVING
BOLLARDS TO RESTRICT VEHICLE ACCESS
EXISTING HA HA WALL
TO BE REPAIRED TO HERITAGE ARCHITECTS SUPERVISION
BENCH SEATING
FENCE
18TH GREEN
10TH TEE
PRO SHOP
GOLF CART STORE
FACILITIES BUILDING
FUTURE CONFERENCE CENTRE

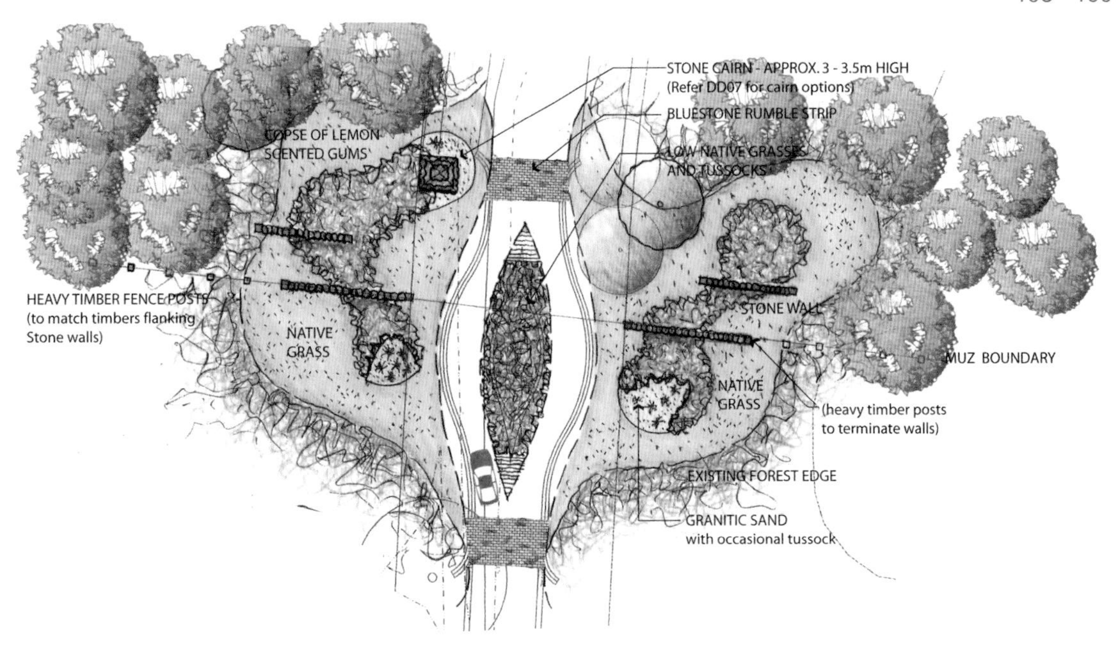
STONE CAIRN - APPROX. 3 - 3.5m HIGH
(Refer DD07 for cairn options)
BLUESTONE RUMBLE STRIP
COPSE OF LEMON SCENTED GUMS
LOW NATIVE GRASSES AND TUSSOCKS
HEAVY TIMBER FENCE POSTS (to match timbers flanking Stone walls)
NATIVE GRASS
STONE WALL
MUZ BOUNDARY
NATIVE GRASS
(heavy timber posts to terminate walls)
EXISTING FOREST EDGE
GRANITIC SAND with occasional tussock

LEGEND
Mixed Use Buffer
Town Centre
Homestead Precinct

OPEN SPACE
U6
U5
U4
U3
U2
U1
EYNESBURY GOLF COURSE
1st Tee
2nd Tee
Recreation Centre
18
9
1

EXISTING LAKE
18th GREEN
10th TEE
FUTURE STAGE (NOT PART OF THIS APPLICATION)
1st TEE
EYNESBURY GOLF COURSE
U3
U2
U1
LEGEND
Existing Trees
Native/Remnant
Heritage/Introduced (Refer to Enspec Preliminary Arboculture Tree Assessment for details of tree species and condition)
Proposed Trees
Street Trees
Planted in copse style with grass or indigenous garden bed understory.
Eucalyptus macrocapra
Angophera costata
Eucalyptus cladocalyx
Feature Heritage Trees
Species may be selected from:
Magnolia grandiflora
Grevillea robusta
Schinus molle
Jacaranda mimosifolia
Jubaea chilensis
Small Heritage Trees
Species may be selected from:
Legerstroemea indica
Malus ioensis 'plena'
Prunus 'shirotae'
Feature Eucalypts
Garden Beds/ Tussock Grass
Heritage Garden Beds
To be restored
Homestead Garden Beds
Refer to species list
Kitchen Garden
To be restored
Native Callitris Hedge
Bluestone rumble strips at Pedestrian crossings
Ha Ha Wall
Heritage Precinct Boundary
View Lines

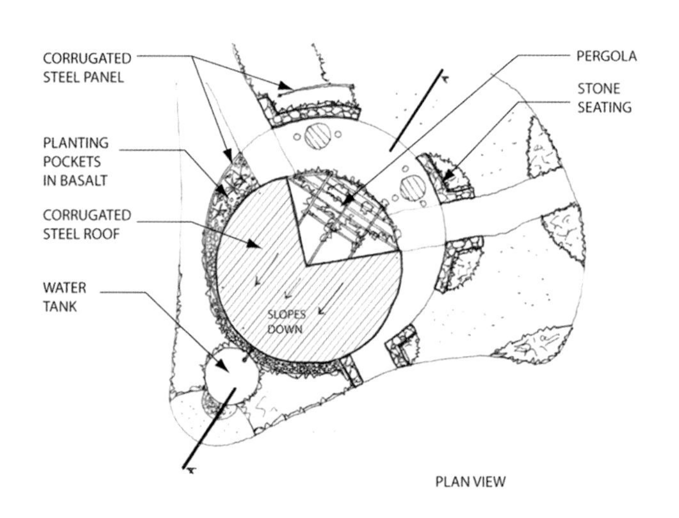

PLAN VIEW

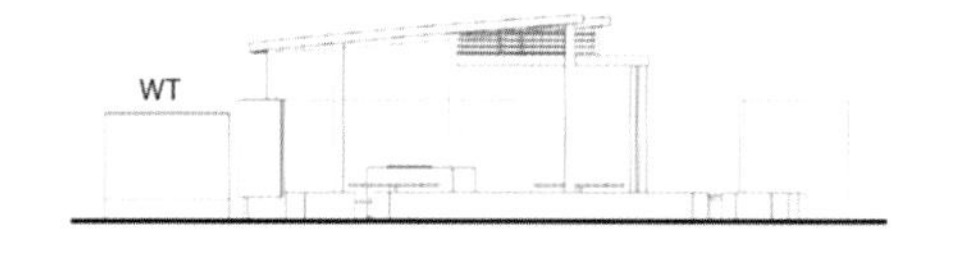

SECTION A-A

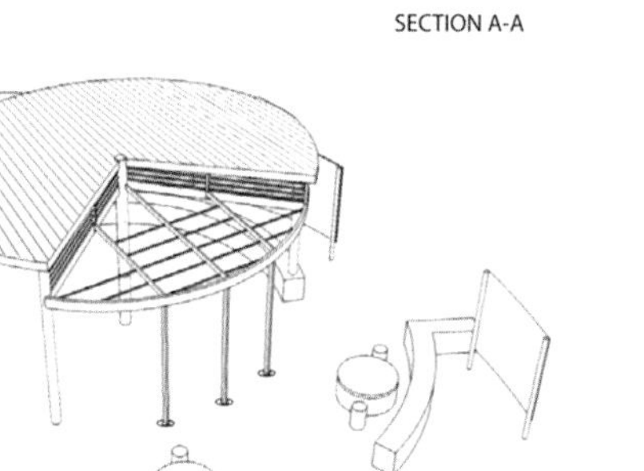

ISOMETRY

CLIMBER
ie Wisteria floribunda

VIEW 01

VIEW 02

绿意来袭

Green Invasion has a double connotation; it can be understood not only in a literal way but also in an ecological sense.

当今很多城市都普遍缺乏政策性的绿地规划。鉴于这一事实，建筑师们设计并完成了该项公共休闲景观作品，为利马这座城市增添一抹绿色和生机。

该项目的主题为“绿意来袭”，目标是对一条街道进行绿化改造。最终，这里被天然草地所覆盖，并添置了一些由橡胶和塑料等回收材料制成的都市户外设施。很难想象，之前这里一直被用作停车位，尽管是被禁止的。因此，不难看出“绿意来袭”具有字面上和生态意义上的双重内涵。

该项目旨在改善利马大都市缺乏休闲区、城市林业发展规划和景观建设的现状，其参与者包括多位建筑师、工业设计师、农艺师和雕塑家。设计中采用了塑料网、小草丘，以及多种不同的再生材料。这片绿色区域属于公共休闲设施，供所有市民无偿使用。它将服务于多样化的城市人群，并提高其生活质量。

场地的布置包括一系列小草丘和不规则分布的户外设施。这些小草丘是在公共、私人机构以及热心市民的帮助下逐渐成长起来的。此外，这项构思还可以被其他街区所效仿，因为项目的主要目标就是鼓励每位市民都能够参与其中，亲手打造一片一直被很多人忽视的环保可持续城市景观。

Location / 地点: Lima, Peru Date of Completion / 竣工时间: 2010 Area / 占地面积: 1013 m^2 Landscape / 景观设计: Denise Ampuero, Genaro Alva,Claudia Ampuero and Gloria Andrea Rojas
Photography / 摄影: Genaro Alva, Denise Ampuero and Musuk Nolte Client / 客户: Centro Abierto

家具：桌椅
植物：当地草种
其他：再生轮胎，塑料网，再生塑料瓶

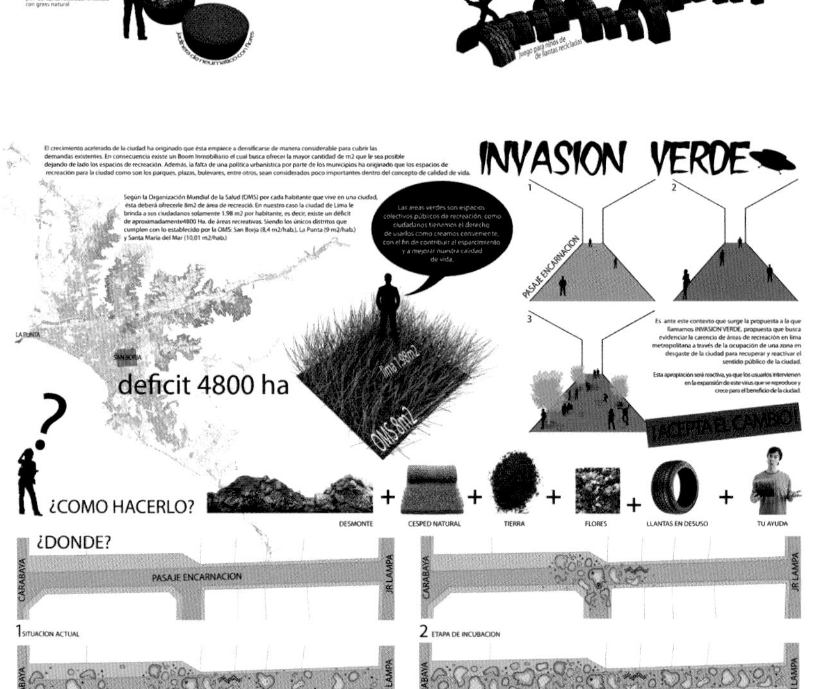
juego para niños de llantas recicladas
INVASION VERDE
El crecimiento acelerado de la ciudad ha originado que ésta empiece a densificarse de manera considerable para cubrir las demandas existentes. En consecuencia existe un Boom Inmobiliario el cual busca ofrecer la mayor cantidad de m2 que le sea posible dejando de lado los espacios de recreación. Además, la falta de una política urbanística por parte de los municipios ha originado que los espacios de recreación para la ciudad como son los parques, plazas, bulevares, entre otros, sean considerados poco importantes dentro del concepto de calidad de vida.
Según la Organización Mundial de la Salud (OMS) por cada habitante que vive en una ciudad, ésta deberá ofrecerle 8m2 de área de recreació. En nuestro caso la ciudad de Lima le brinda a sus ciudadanos solamente 1.98 m2 por habitante, es decir, existe un déficit de aproximadamente4800 Ha. de áreas recreativas. Siendo los únicos distritos que cumplen con lo establecido por la OMS: San Borja (8,4 m2/hab.), La Punta (9 m2/hab.) y Santa Maria del Mar (10,01 m2/hab.)
Las áreas verdes son espacios colectivos públicos de recreación, como ciudadanos tenemos el derecho de usarlos como creamos conveniente, con el fin de contribuir al esparcimiento y a mejorar nuestra calidad de vida.
LA PUNTA
SAN BORJA
deficit 4800 ha
lima 1.98m2
OMS 8m2
1
2
3
PASAJE ENCARNACION
Es ante este contexto que surge la propuesta a la que llamamos INVASION VERDE, propuesta que busca evidenciar la carencia de áreas de recreación en lima metropolitana a través de la ocupación de una zona en desgaste de la ciudad para recuperar y reactivar el sentido público de la ciudad.
Esta apropiación será reactiva, ya que los usuarios intervienen en la expansión de este virus que se reproduce y crece para el beneficio de la ciudad.
¡ACEPTA EL CAMBIO!
¿COMO HACERLO?
DESMONTE
CESPED NATURAL
TIERRA
FLORES
LLANTAS EN DESUSO
TU AYUDA
¿DONDE?
CARABAYA
PASAJE ENCARNACION
JR LAMPA
1 SITUACION ACTUAL
2 ETAPA DE INCUBACION
3 ETAPA DE MULTIPLIACACION
4 ETAPA DE PROPAGACION

NO
ESTACIONAR

CARABAYA
APURIMAC
3 (playa)
4 (cerrada)
5 (Telefonica)
2
(caja metropolitana)
INGRESO
PARQUE
PARQUE DE LA
DEMOCRACIA
1
(viviendas)
COLMENA

Grünewald公共果园

By planting apple and pear trees, OKRA landscape architects has attempted to create cohesion between the scattered spaces and buildings. Thus the theme of the “edible city” gives this public space its coherence.

OKRA景观事务所的设计方案力求为零散杂乱的街区带来统一的视觉形象。由于该地区缺乏一个明确的规划，OKRA景观设计团队别出心裁地将其设计成一座“城市果园”。他们种植了苹果树和梨树，从而为分散的空间和建筑增加凝聚力。由此，这块公共空间因“城市可餐”这一主题而获得了视觉风格的统一。这片城市果园由许多小果园构成，它们氛围各异，但无论在哪里，园中的水果都可供过路者采摘。

建立果园的场地是由分散的广场、通道同建筑、私人用地构成的一块网格式系统。该项目给位于Kirchberg高原的这块区域带来了醒目的地区形象，为风格单一的建筑群注入了生命，因而受到了评审委员会的高度评价。种植类型和密度的逐渐变化，形成了一条特色的纽带，将街区更加商业、都市化的较高地带同更加自然化并通向Klosengroendchen公园的南部地区衔接在一起。

设计师为果园营造不同的氛围，旨在给各个区域带来不一样的体验。同时，由街道线组成的网络给分散的公共空间带来了互动和联系。

这项城市果园的设计不仅有助于增强社会凝聚力，同时还为新的城市环境提供了生态链接。从这块新的开发场地可以一窥原先的农业地带。一系列“Kirchberg高原”的花园将城市的绿化区域同南部的自然景观联系在一起。该地区的北部采用都市化的风格，通过不同的梯度逐渐过渡到南部的观赏性果园、生产用果园，直到最后的野生果园。每个果园的植被也因主题不同而种类各异。

Location / 地点: Luxemburg, Luxemburg Date of Completion / 竣工时间: Ongoing Area / 占地面积: 28,000 m² Landscape / 景观设计: OKRA landscape architects Photography / 摄影: OKRA landscape architects Client / 客户: Fonds d'urbanisation et d'aménagement du Plateau de Kirchberg

地面：沥青，混凝土
人行道：沥青，混凝土
家具：混凝土长椅，木制长椅
照明：LED灯

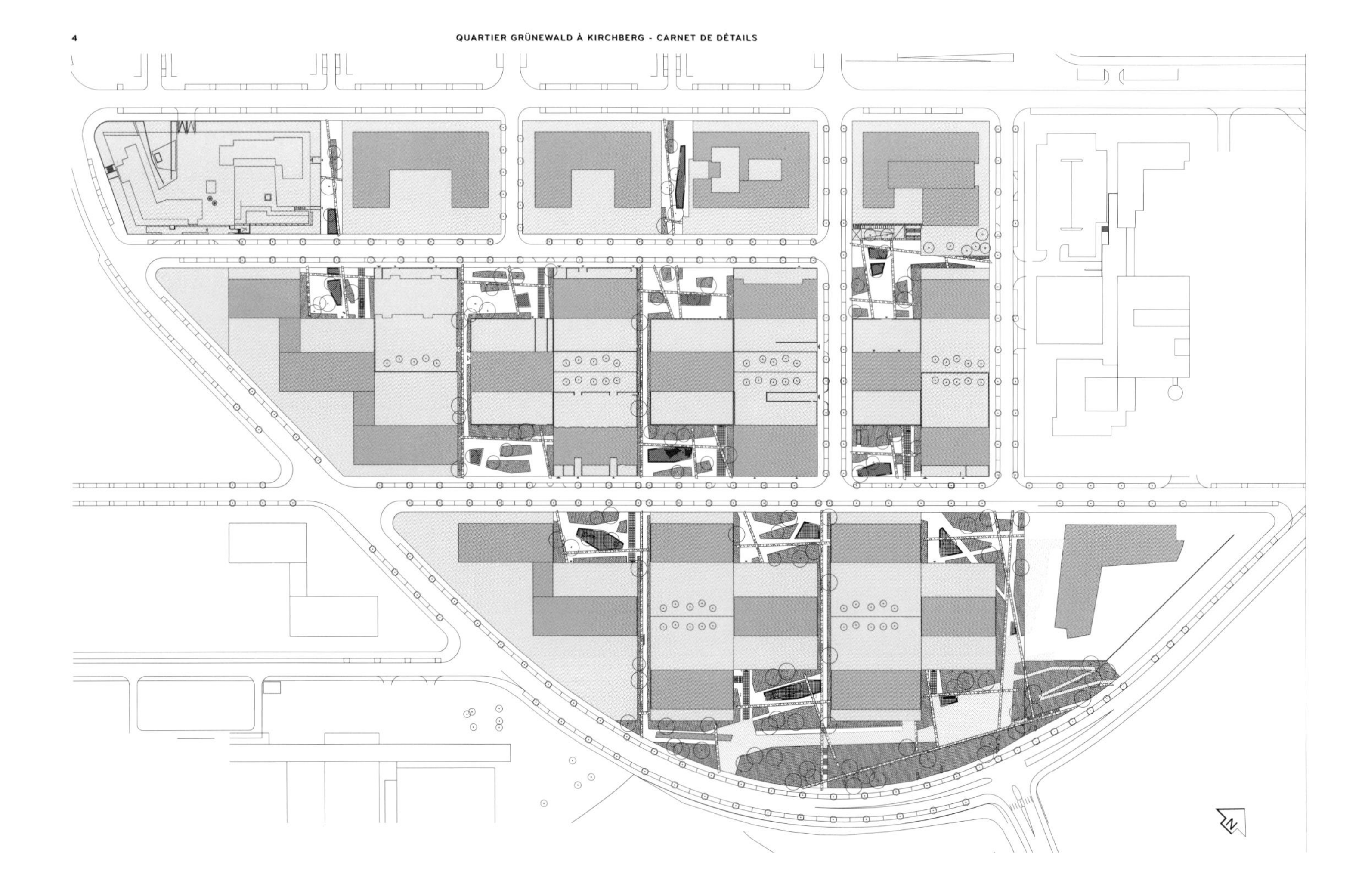
4
QUARTIER GRÜNEWALD À KIRCHBERG - CARNET DE DÉTAILS

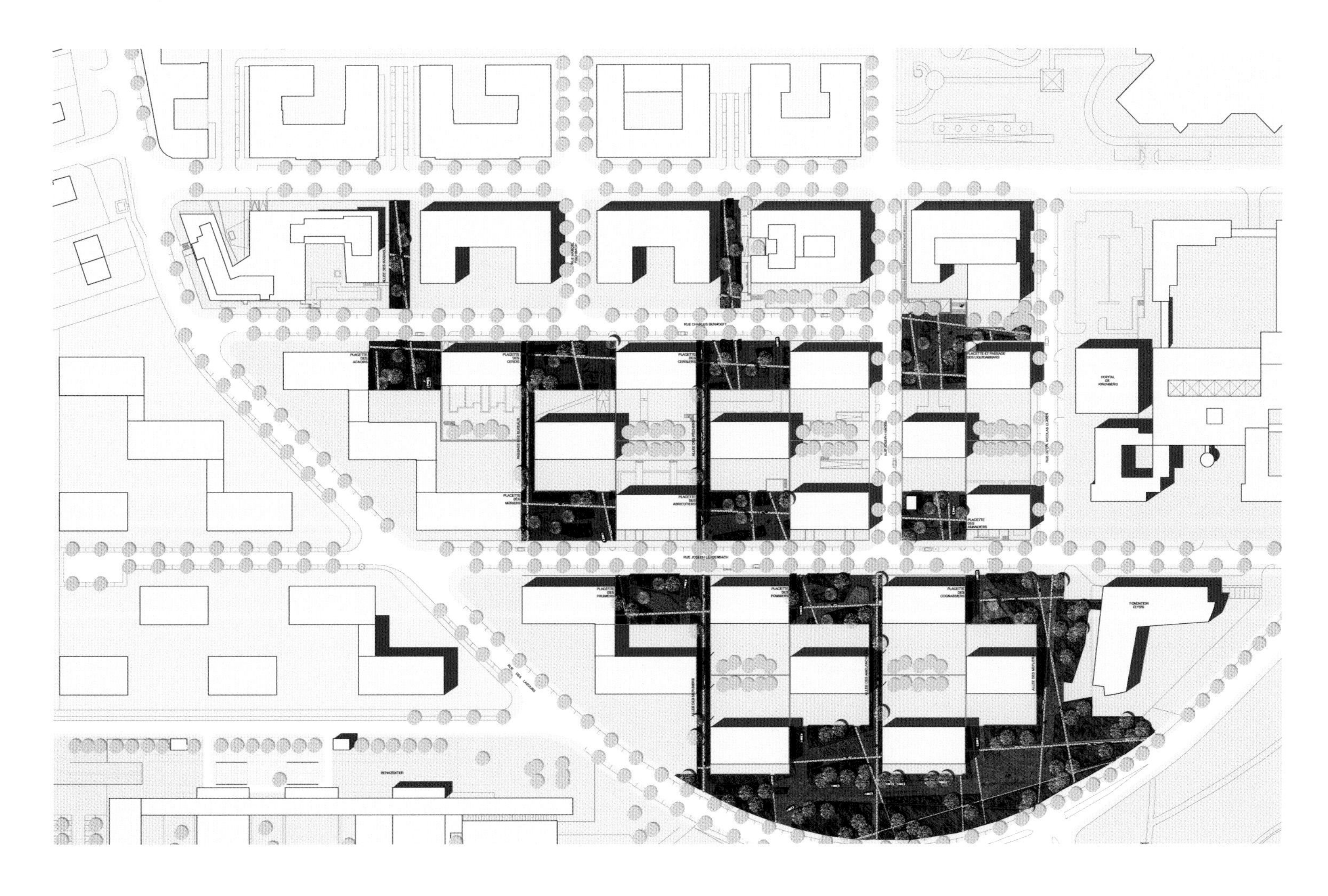

库肯霍夫街区

Piekenhoef is a district just south of Berghem, in the Dutch province of Noord-Brabant. It lies where the low river landscape merges with the high ridge of aeolian sand.

库肯霍夫联系着贝赫姆（Berghem）和周围广泛的林地。鉴于这一特征，居民区内建有5个干谷，作为雨水渗透设施。这些宽敞的干谷使居民区和远处景观之间、村庄和林地之间形成了显著的联系。

这里的主要户外场地由汽车和自行车道、雨水渗透区边缘和树木茂盛的Bospark构成。这些功能设施一起勾勒出整个街区的空间框架。这种框架可以确保街区的部分改变不会影响整体规划。

主要交通系统以东西方向运行，而雨水渗透区（即干谷）则以南北方向展开。占地约50,000m^{2}的Bospark根据周围景观的结构建设而成，是联系贝赫姆和南部森林地区的中央开放区域。

一条条住宅街道呈折线状向东西方向延伸，共同构成了一个具有强烈社区感的小区。这种蜿蜒式的外观一直延伸至干谷的排水处和谷堤。户外场地和邻接的建筑为街区的各个单元带来特定的建筑轮廓，形成了一组组独特的景观群落。

基础功能设施以最佳的性价比为标准，被分布在各个景观群落之中。唯一的例外是“自我建设”类型。沿着干谷和林地公园的地区被指定用于建筑特殊类型的住宅。他们构成并强化了南北方向开放的外观。

为了维护街区的绿地，并对抗土壤干燥化这一威胁，雨水需要直接渗入土壤中。因此，这里的水利系统成为了库肯霍夫布局和城市规划的中心起点。

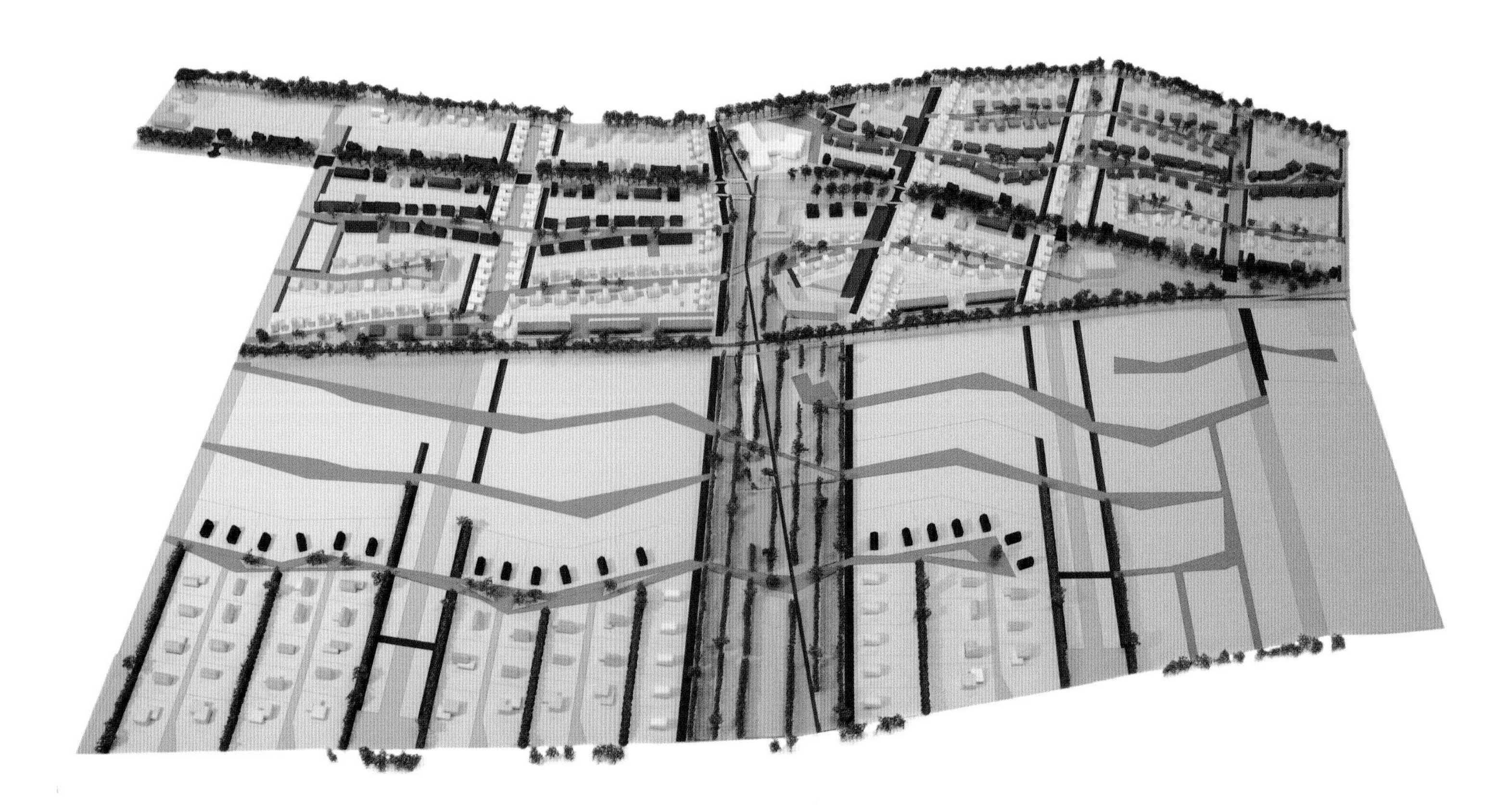

Location / 地点: Oss, the Netherlands Date of Completion / 竣工时间: 2009 Area / 占地面积: 200,000 m^2 Landscape / 景观设计: VHP s+a+l Photography / 摄影: Jeroen Musch Client / 客户: Municipality Oss

地面：混凝土，石材
人行道：木材照明：路灯
植物：当地植物

V1
UW
W
UG
UW
A1
A2
100
Bw
V2
W
Tc
UR
V2

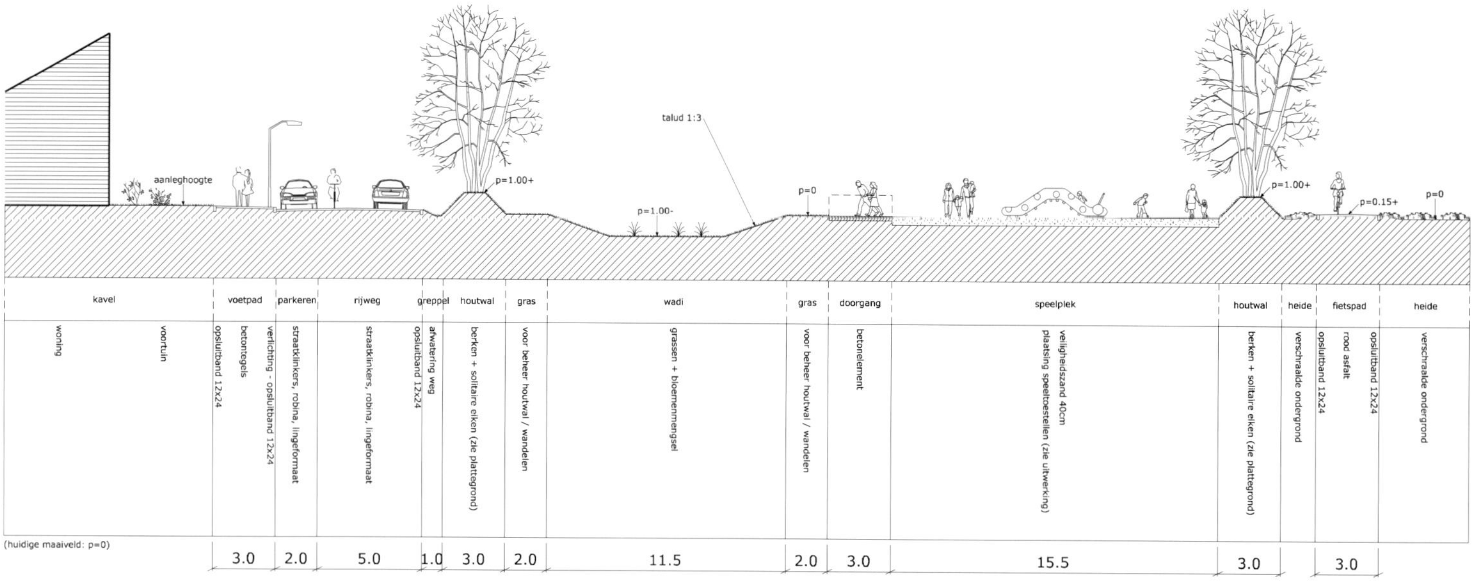

talud 1:3
aanleghoogte
p=1.00+
p=1.00-
p=0
p=1.00+
p=0.15+
p=0
kavel
voetpad
parkeren
rijweg
greppel
houtwal
gras
wadi
gras
doorgang
speelplek
houtwal
heide
fietspad
heide
woning
voortuin
opsluitband 12x24
betontegels
verlichting - opsluitband 12x24
straatklinkers, robina, lingeformaat
straatklinkers, robina, lingeformaat
opsluitband 12x24
afwatering weg
berken + solitaire eiken (zie plattegrond)
voor beheer houtwal / wandelen
grassen + bloemenmengsel
voor beheer houtwal / wandelen
betonelement
veiligheidszand 40cm
plaatsing speeltoestellen (zie uitwerking)
berken + solitaire eiken (zie plattegrond)
verschraalde ondergrond
opsluitband 12x24
rood asfalt
opsluitband 12x24
verschraalde ondergrond
(huidige maaiveld: p=0)
3.0
2.0
5.0
1.0
3.0
2.0
11.5
2.0
3.0
15.5
3.0
3.0

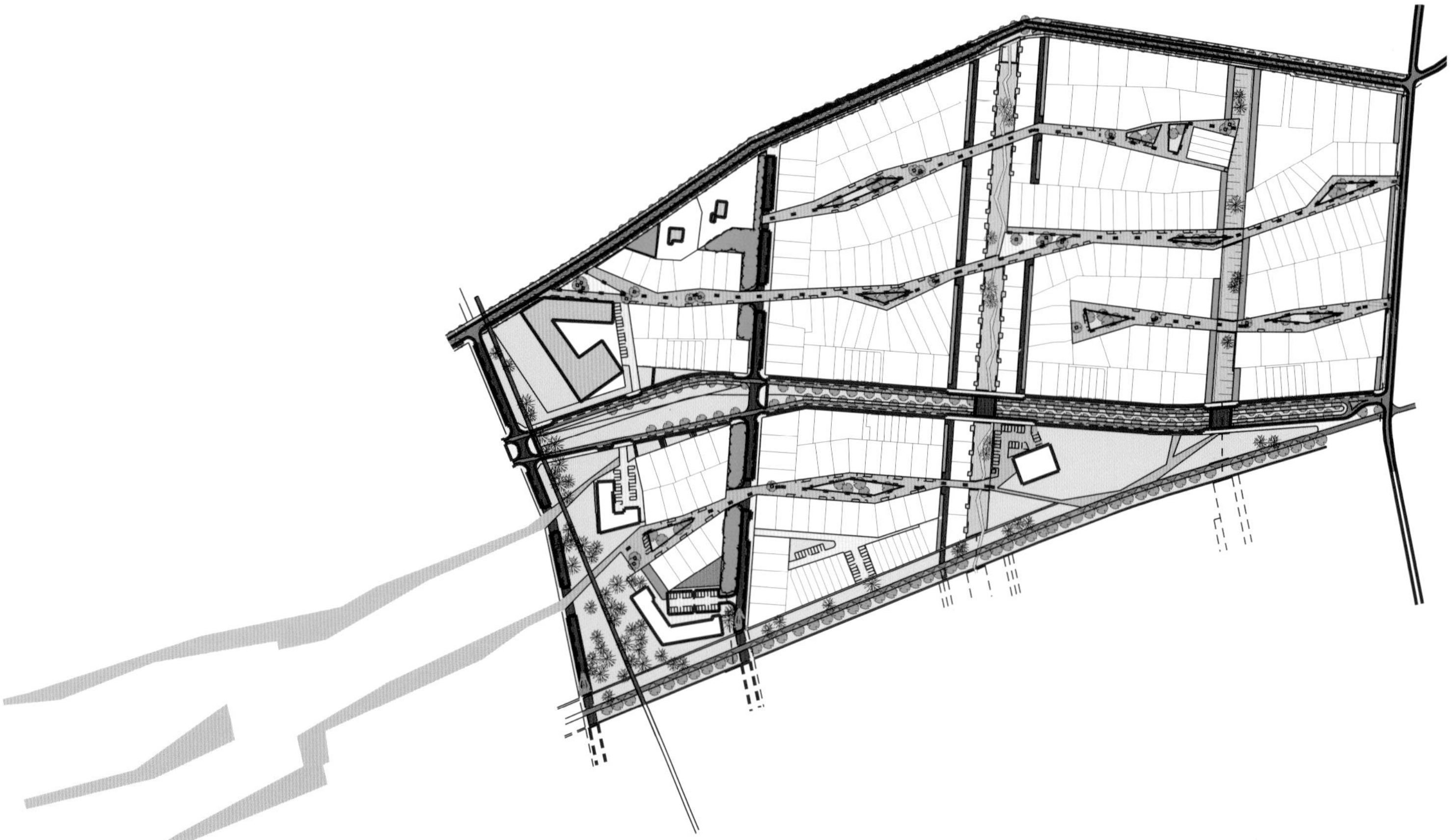

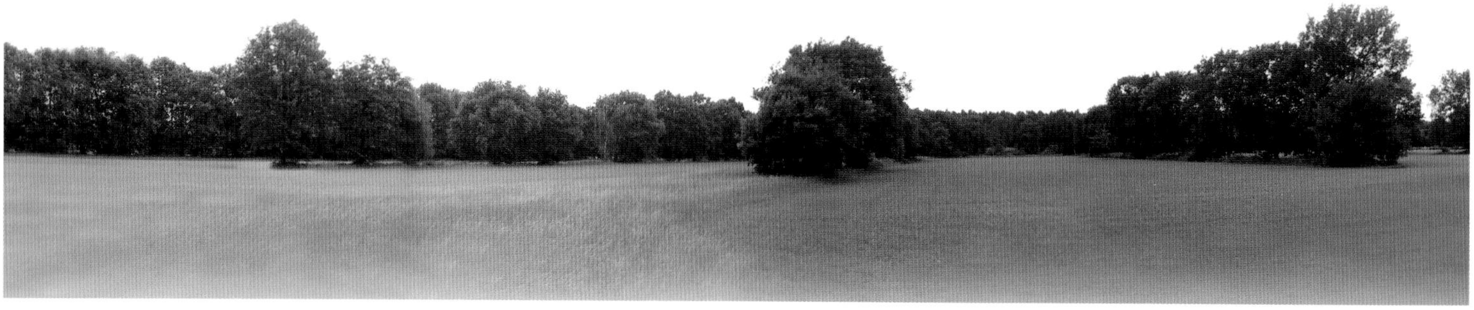

Current Review Ground Water

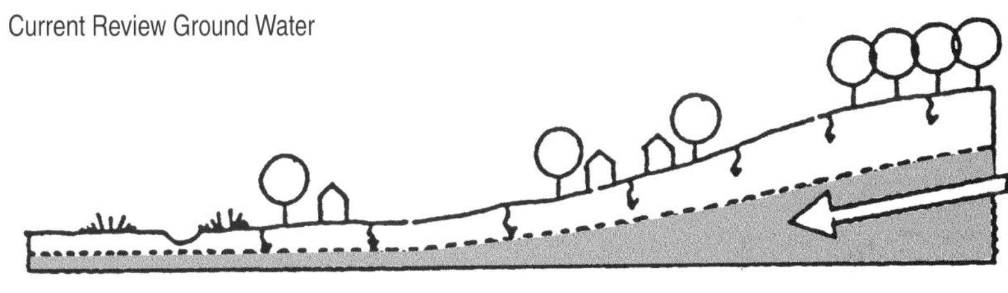

Current Sewerage System

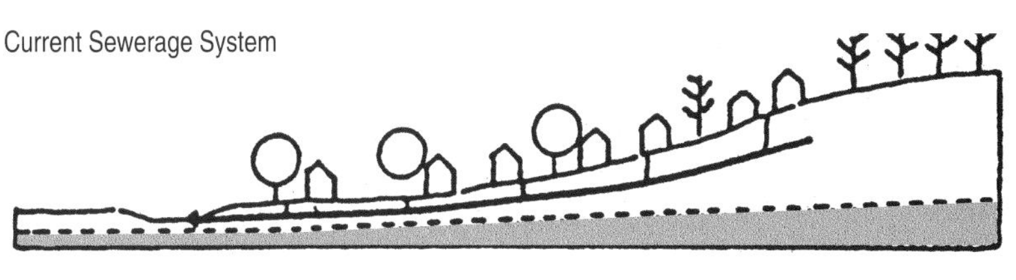

Infiltration

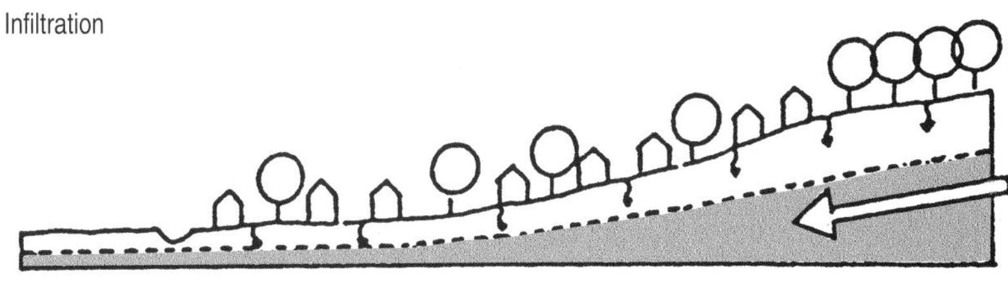

圣基尔达海滨城的交通线

The project involved not only the improvement of linkages for pedestrians, cyclists and public transport users, but the design of spaces which facilitate a flexibility of use.

Tract规划设计事务所受飞利浦海港市委托作为工程团队的首席顾问，负责两个并行且相互关联的项目：圣基尔达海滨城的交通线建设和菲茨罗伊大街的街景规划——前者是菲茨罗伊大街内许多重建项目的领头者；后者经过与社区的协作，从广义角度来看是一项服务于菲茨罗伊大街整体公共领域的高端城市景观设计。

圣基尔达海滨城的交通线建设旨在加强菲兹罗伊大街和周围更广地区的连接性。为实现这一目标，该项目整合了五大设计手法。其中，克利夫广场（Cleve Plaza）是一个联系行人、骑单车者、公共交通和汽车的多功能公用场所。它不仅融合了海滨景观，还在其中集成了WSUD（水敏感型城市设计）方案来管理雨水，另外，极具弹性的空间设计能够满足圣基尔达节等活动的需求。

该项目旨在提升用户安全、街景市容、社区建设，以及本地区长期的商业潜力，同时保持这里独特的地理和文化特征。活动和节日是圣基尔达社区不可分割的一部分，因此，广场的一项基本设计策略就是确保它能够满足这里的的多功能用途和使用弹性。克利夫广场的设计目的在于重新连接菲茨罗伊大街和海滨，这不仅意味着物理意义上沟通，还要取得景观特征和设施上的联系。连接手法反映的是当前的使用模式，而不是随着发展而逐渐走向历史的模式。

设计采用了当代设计议程，展现了设计团队对环境的敏感性。通过进一步的协作性设计，该项目不仅力求减少车辆的使用，还为场地整合了度身定制的WSUD功能设施来管理雨水，从而达到其景观目标。由于选择了坚实、独立和耐用的材料，同时辅以多浆植物和棕榈树的搭配，项目的设计传递着远处海滨景观及大街历史背景的独特魅力。

Location / 地点: Melboume, Australia **Date of Completion / 竣工时间:** Ongoing **Area / 占地面积:** 1,440,000m^2 **Landscape / 景观设计:** Tract Consultants Pty Ltd. **Photography / 摄影:** Tract Consultants Pty Ltd. **Client / 客户:** City of Port Phillip

人行道：混凝土，玄武岩
机动车道：玄武岩，花岗岩，混凝土，沥青
照明：LED灯
家具：不锈钢
植物：棕榈树，多浆灌木丛

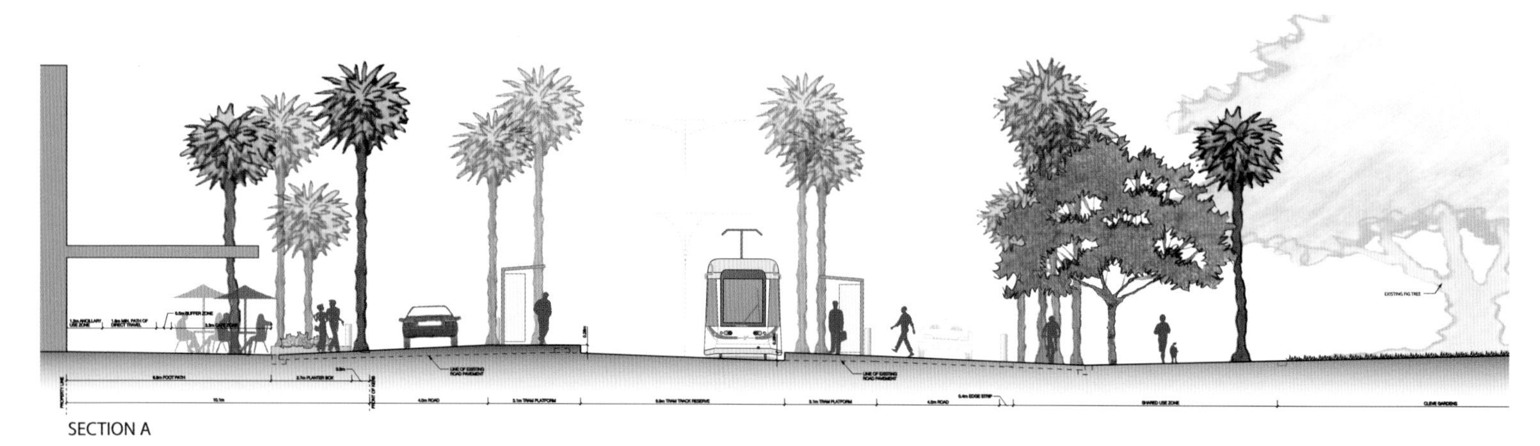

SECTION A

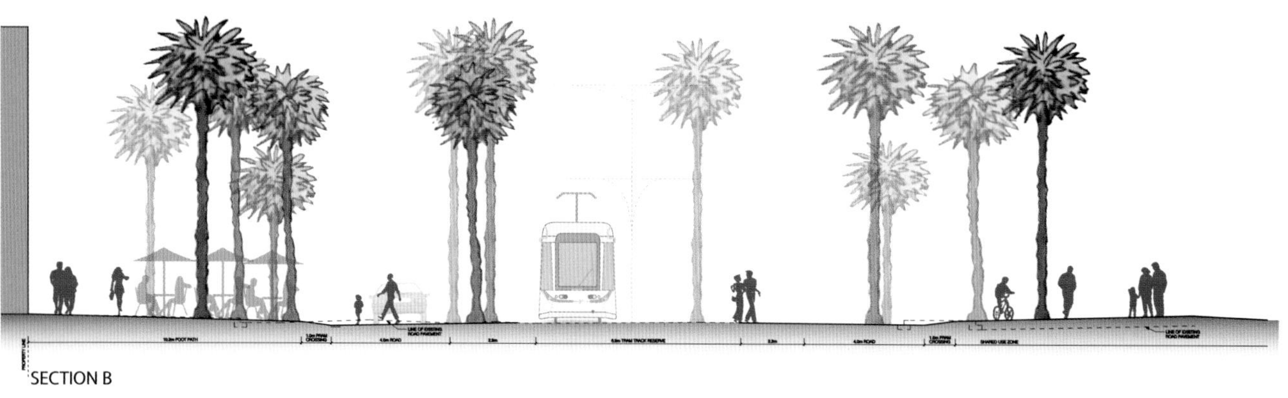

SECTION B

sapore

Laika

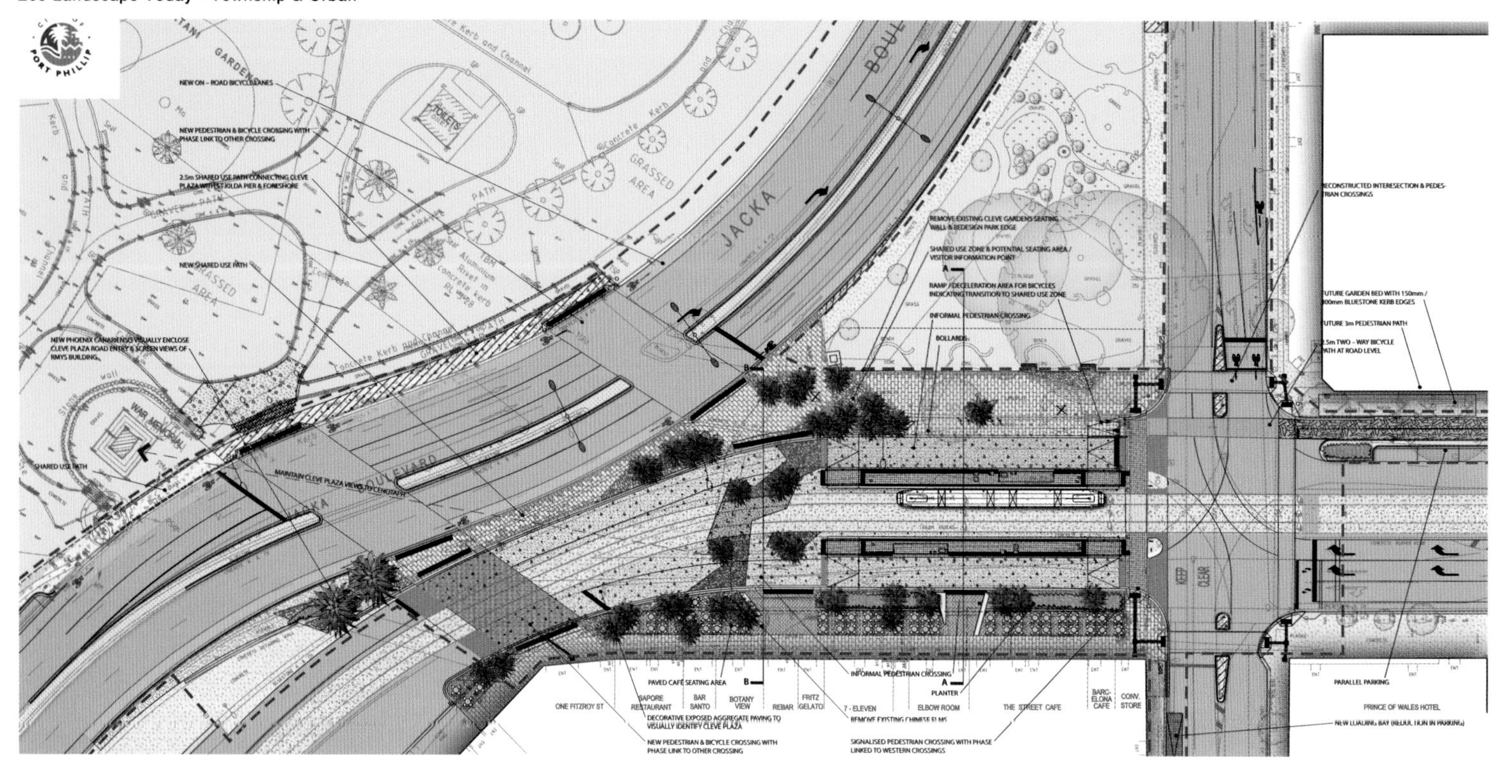
PORT PHILLIP
NEW ON – ROAD BICYCLE LANES
NEW PEDESTRIAN & BICYCLE CROSSING WITH PHASE LINK TO OTHER CROSSING
2.5m SHARED USE PATH CONNECTING CLEVE PLAZA WITH ST KILDA PIER & FORESHORE
NEW SHARED USE PATH
NEW PHOENIX CANARIENSIS VISUALLY ENCLOSE CLEVE PLAZA ROAD ENTRY & SCREEN VIEWS OF RMYS BUILDING
SHARED USE PATH
MAINTAIN CLEVE PLAZA VIEWS TO CENOTAPH
TOILETS
GRASSED AREA
WAR MEMORIAL
JACKA
BOULEVARD
REMOVE EXISTING CLEVE GARDENS SEATING WALL & REDESIGN PARK EDGE
SHARED USE ZONE & POTENTIAL SEATING AREA / VISITOR INFORMATION POINT
RAMP / DECELERATION AREA FOR BICYCLES INDICATING TRANSITION TO SHARED USE ZONE
INFORMAL PEDESTRIAN CROSSING
BOLLARDS
RECONSTRUCTED INTERESECTION & PEDESTRIAN CROSSINGS
FUTURE GARDEN BED WITH 150mm / 300mm BLUESTONE KERB EDGES
FUTURE 3m PEDESTRIAN PATH
2.5m TWO – WAY BICYCLE PATH AT ROAD LEVEL
KEEP CLEAR
PAVED CAFÉ SEATING AREA
INFORMAL PEDESTRIAN CROSSING
PLANTER
PARALLEL PARKING
ONE FITZROY ST
SAPORE RESTAURANT
BAR SANTO
BOTANY VIEW
REBAR
FRITZ GELATO
7 - ELEVEN
ELBOW ROOM
THE STREET CAFE
BARCELONA CAFE
CONV. STORE
PRINCE OF WALES HOTEL
DECORATIVE EXPOSED AGGREGATE PAVING TO VISUALLY IDENTIFY CLEVE PLAZA
REMOVE EXISTING CHINESE ELMS
NEW LOADING BAY (REDUCTION IN PARKING)
NEW PEDESTRIAN & BICYCLE CROSSING WITH PHASE LINK TO OTHER CROSSING
SIGNALISED PEDESTRIAN CROSSING WITH PHASE LINKED TO WESTERN CROSSINGS

ELECTRICITY

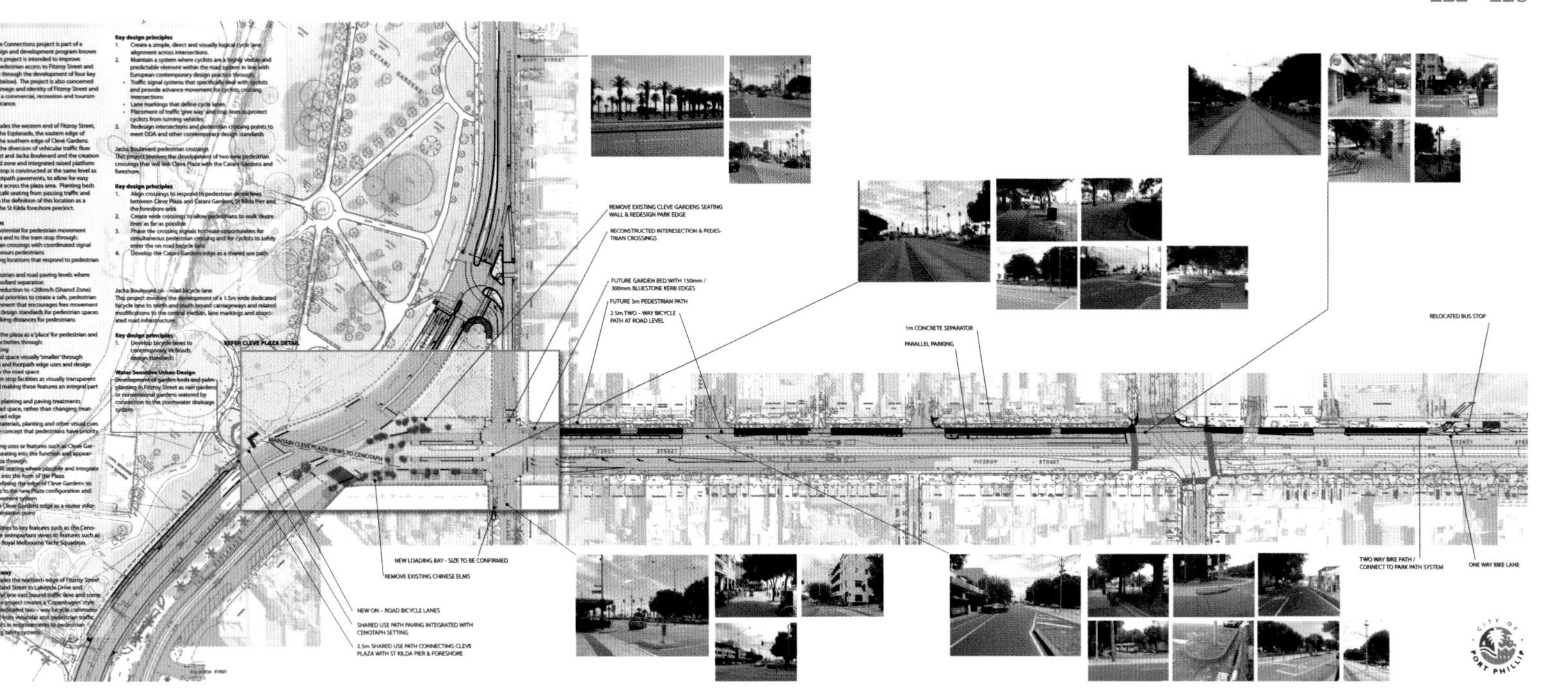
REMOVE EXISTING CLEVE GARDENS SEATING WALL & REDESIGN PARK EDGE
RECONSTRUCTED INTERESECTION & PEDESTRIAN CROSSINGS
FUTURE GARDEN BED WITH 150mm / 300mm BLUESTONE KERB EDGES
FUTURE 3m PEDESTRIAN PATH
2.5m TWO – WAY BICYCLE PATH AT ROAD LEVEL
1m CONCRETE SEPARATOR
PARALLEL PARKING
RELOCATED BUS STOP
NEW LOADING BAY - SIZE TO BE CONFIRMED
REMOVE EXISTING CHINESE ELMS
NEW ON – ROAD BICYCLE LANES
SHARED USE PATH PAVING INTEGRATED WITH CENOTAPH SETTING
2.5m SHARED USE PATH CONNECTING CLEVE PLAZA WITH ST KILDA PIER & FORESHORE
TWO WAY BIKE PATH / CONNECT TO PARK PATH SYSTEM
ONE WAY BIKE LANE
CITY OF PORT PHILLIP

蒙锥克公园的新缆车车站

The renewal of the cable car kept its original track, trying to minimize the impact over the sustainable vegetation and the protected existent landscape.

原来的蒙锥克缆车设施自1969年就已存在。随着时间的推移，其结构逐渐老化并呈现荒废的趋势。因此，在2004年，巴塞罗那交通局（TMB）决定更新这项设施，以适应新的城市需求。

电缆车系统的重建工作与全局性的蒙锥克山庄工程紧密联系，从而使新移动系统的部分结构与山体有更好的衔接，因此，两个项目都能够实现性能、实用性及安全性的提升。

重建后的缆车沿用了原来的轨道，并力求减少对可持续植被以及受保护景观的影响。缆车的位置针对公园的新路线做了适应性规划：这既为新的游客带来通畅、舒适的感觉，又满足了新系统的技术要求。

此外，新的缆车站规模更大，从而可以应用更先进的技术，并适应上一代缆车的机械设备，它们拥有更大、更快的车厢，以及更高的安全性。该设计试图让景观渗透到车站内，使车站与周围环境融合的同时，将技术性设施设置在隐蔽的位置。

三个缆车站的建设采用一致的标准和材料：基底为装饰和模压混凝土，外部为轻质锌金属封闭组织和金属结构。其他使用的材料还包括再生木材和玻璃，为整个空间带来透明感和颇具特色的外观。

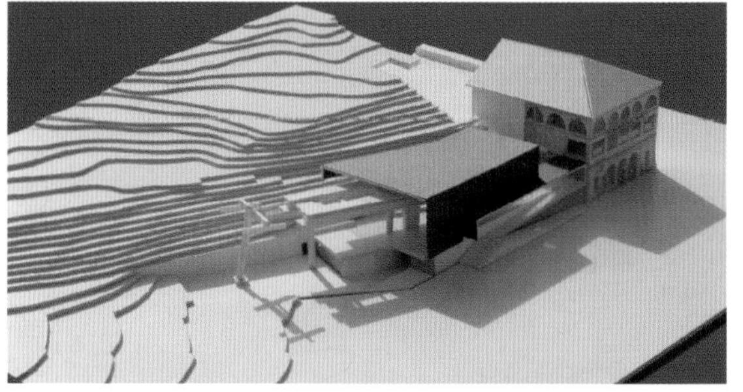

Location / 地点: Barcelona, Spain Date of Completion / 竣工时间: 2007 Area / 占地面积: 4800 m^2 Landscape / 景观设计: FORGAS ARQUITECTES S.L.P Photography / 摄影: FORGAS ARQUITECTES, Filippo Poli, Chris Tak Client / 客户: Transports Metropolitans de Barcelona (TMB)

材料：木材，玻璃，混凝土，金属，当地植物

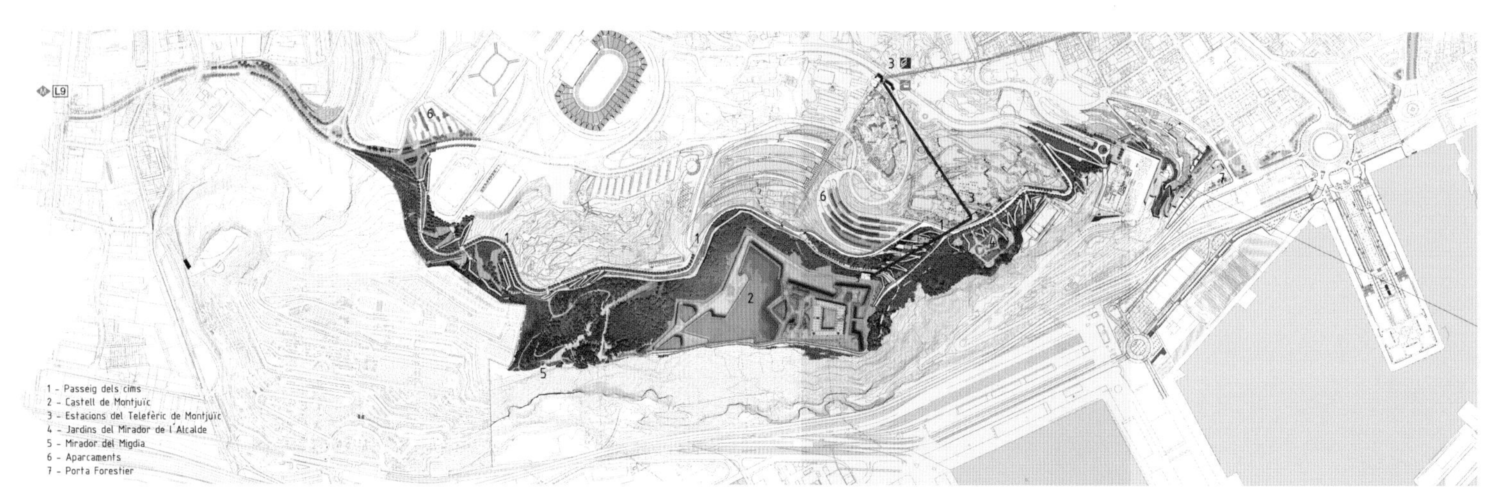
1 - Passeig dels cims
2 - Castell de Montjuïc
3 - Estacions del Telefèric de Montjuïc
4 - Jardins del Mirador de l´Alcalde
5 - Mirador del Migdia
6 - Aparcaments
7 - Porta Forestier

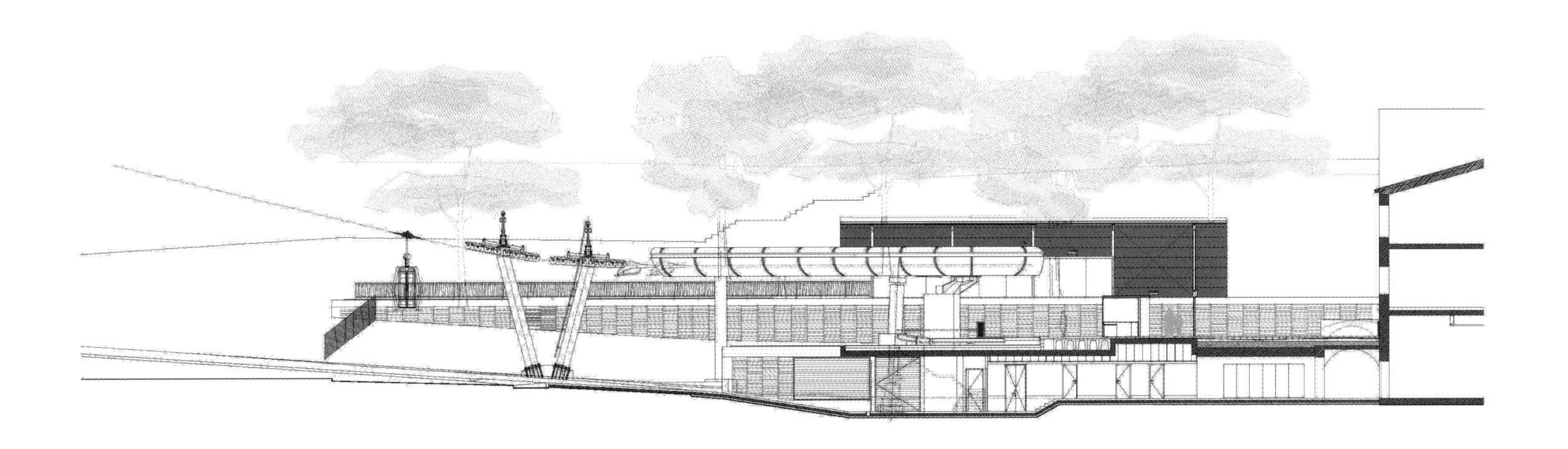

230-295
未来景观
Future
ECO LANDSCAPE TODAY
Copyright © 2012 Dopress Books

布拉迪斯拉发Culenova新城中心

The designers see the project as an extension of the old city of Bratislava characterized by its public squares, promenades, and parks spaces. Culenova will now become the next green park in the City.

设计师们尝试在布拉迪斯拉发建造新城市中心的同时，需要考虑到布拉迪斯拉发乃至斯洛伐克全国的居民、历史和社会特点。布拉迪斯拉发的塔楼一个很常见的形象就是战后苏联或社会主义的住房建筑。

设计师们力图打破这一形象，通过设计一些有新意的塔楼凝聚布拉迪斯拉发当前的社会元素，并创建一个全新的、充满活力的城市中心：它都将包含城市生活的各个层面，不与生活环境相脱离，而是以崭新的类型学诠释“密度并不意味着孤立”。

住在全新的布拉迪斯拉发将被大众所向往并被视为质量生活的典范。通过整合一套完整的社会架构，他们可以打破斯洛伐克现有建筑所呈现的旧面貌。布拉迪斯拉发崭新的繁华景象会吸引人们涌入充满活力的Culenova新城来生活和工作。

布拉迪斯拉发老城以其公共广场、散步场所和公园为特色，设计师认为这项工程是对老城特色的一次延伸。Culenova现在将成为城市中另一座绿色公园。

设计师们在新的Culenova中心建立了生态健康和充满吸引力的景观。屋顶上将根据新建筑的结构模式种植多种植被。可持续性是这个绿色花园的核心设计理念。建筑的基础设施和景观都被融入在新城发展的综合性交互生态环境中。

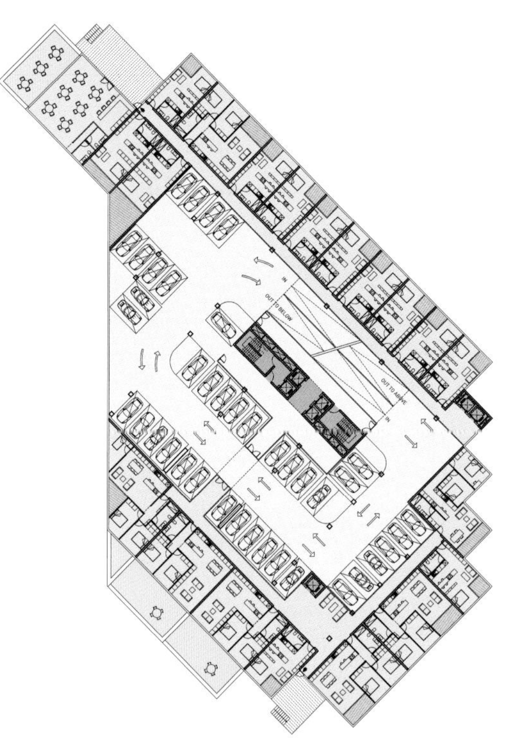

Location / 地点: Bratislava, Republic of Slovakia Area / 占地面积: 150,000 m^2 Landscape / 景观设计: JDS Architects Photography / 摄影: JDS Architects

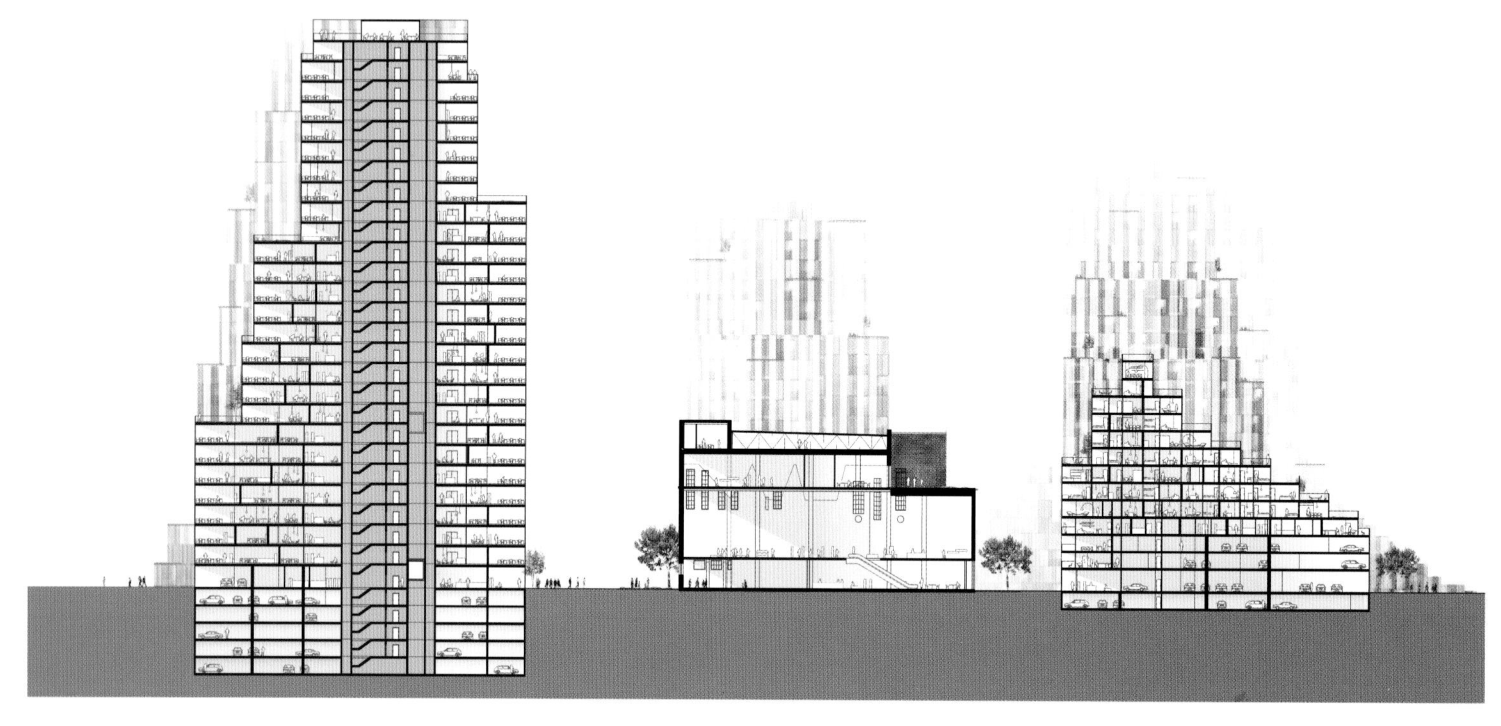

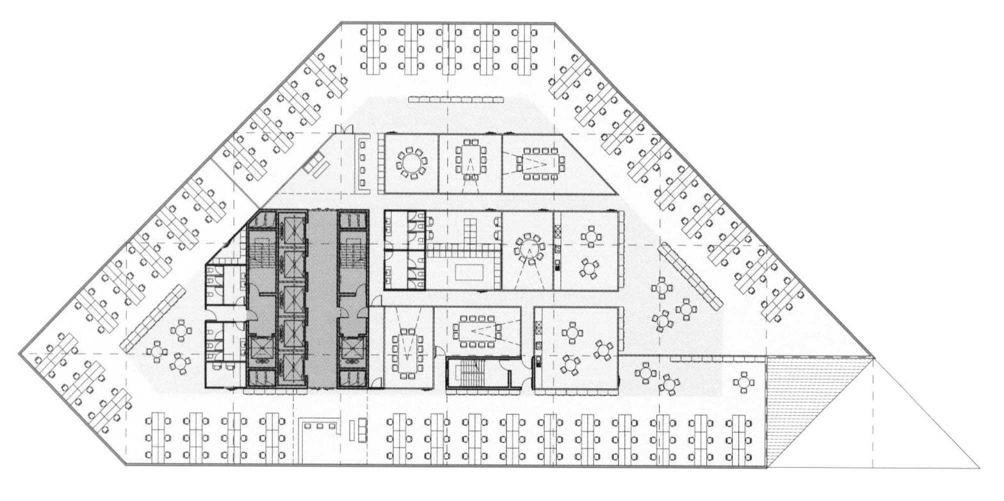

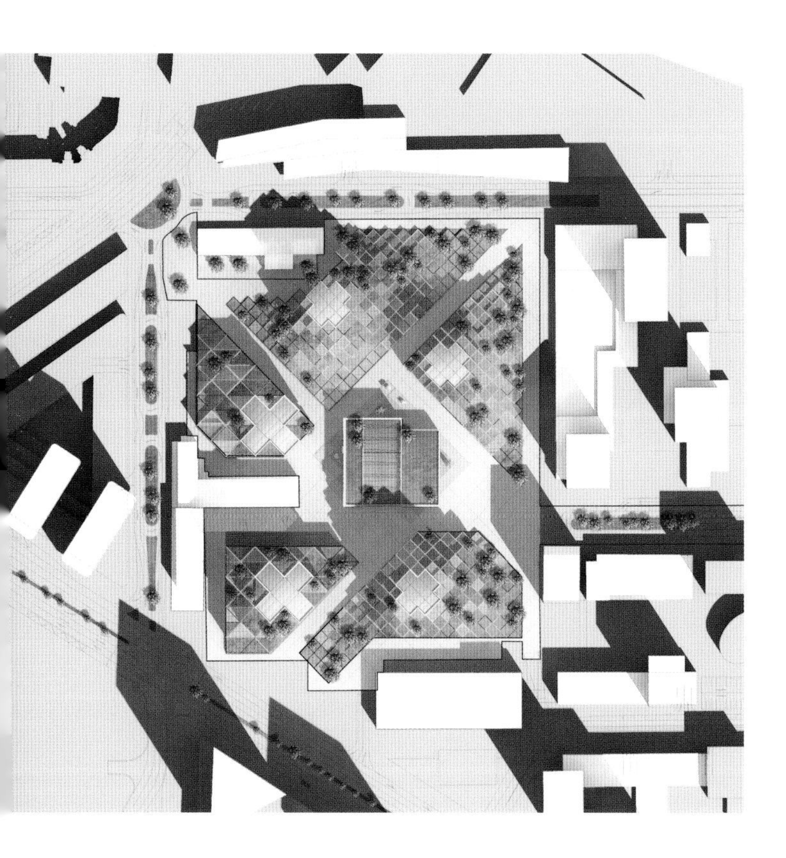

荷鲁斯之眼环保建筑

A model home from the environmental point of view, completely environmentally friendly and seamlessly integrated with nature.

这个项目是“30 BIP VIP（30个VIP的生日礼物）”的研究项目之一，该项目旨在研究可持续性建筑，负责运行的是两家非盈利性机构，分别是ANAS（可持续建筑协会）和IFSA。30 BIP VIP的参与者包括70个建筑师、工程师和建筑专业人士，此外还有来自世界各国的研究生。 30 BIP VIP项目的目标如下。

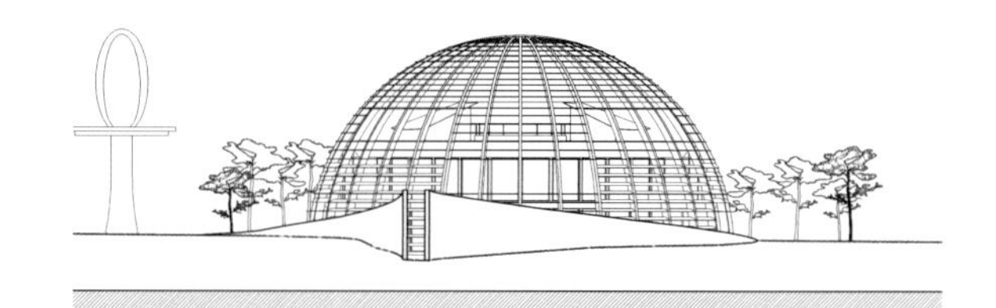

第一，鼓励未来社会将利他主义、可持续发展、工作、敏感和幸福作为衡量满意度的要素。他们希望创造出帮助人们反思并改变社会价值观的先进作品。第二，开发新的建筑风格，完美结合自然又不乏愉悦性。建筑还要100％环保，保证能源、水和某些情况下的食物能自给自足。第三，为子孙后代留下一种社会指示和一项建筑、环境遗产。这30幢建筑所采用的理念基础和设计过程可以作为未来社会和建筑的模型，并促进自我价值和社会价值的变化。最后，促进社会网络在形成公众舆论过程中的全球性地位，改变人类和社会的价值体系。

该项目欲设计出理想、定制化的房屋，其灵感来自于纳奥米・坎贝尔的个性、愿望、具体特点和社会象征。这是对她理想家园的一次实现计划，满足她在物质、情感、社会和职业方面的需求；这个梦想之屋将成为后代的参考点和遗产。从环境角度来看，房屋的模型完全环保，与大自然无缝集成。项目可以在任何时间实现，因为它符合建筑上所有的法律和技术要求。

该项目定于2011年5月动工，预计在2012年10月完工。建成后将举行公众展览，相关费用预计由项目涉及到的一些人士资助。

Location / 地点: Istanbul, Turkey Date of Completion / 竣工时间: 2012 Landscape / 景观设计: Luis De Garrido

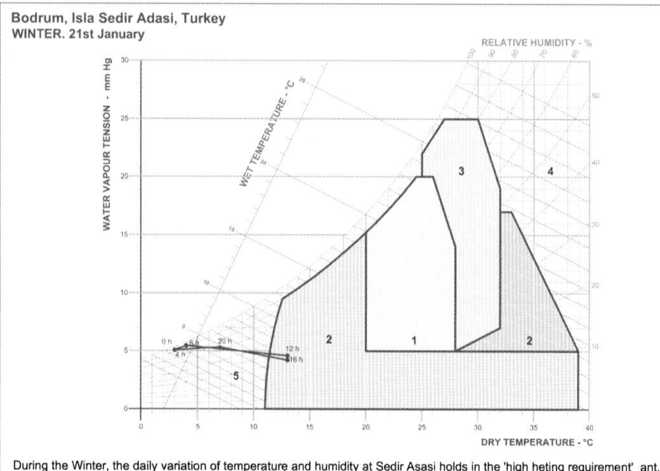

During the Winter, the daily variation of temperature and humidity at Sedir Asasi holds in the 'high heting requirement' ant, therefore the Buildings should be equiped with the right south orientation, high isolation, a high termic inertia y bioclimatic mechanisms for heat generation. This way we can reduce to mínimum levels the heating required and guarantee the wellbeing of the inhabitnats of the house.

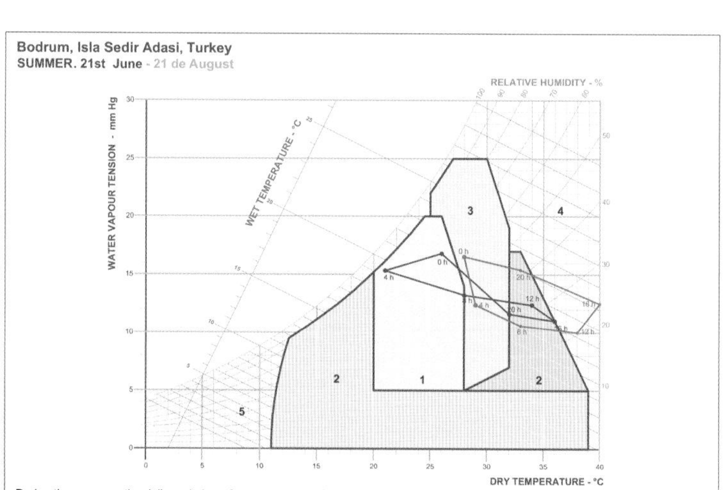

During the summer, the daily variation of temperature and humidity at Sedir Adasi extends from the 'Comfort' and 'Ventilation required' zones to the 'Termic nertia required' and ' Extreme heat' zones. That is the reason why the Buildings should be south oriented and shall be equiped with very efficient solar protection mechanisms, tranpiring shells with poretic materials, with certain termic inertia and be given refreshing arquitechtonic gadgets. With this the wellbeing of its inhabitants is guaranteed without air condinioning equipment.

High level of humidity

SUMMER

The coverings protect the house from direct solar radiation

Therefore the house is cooled as the air heats and rises

Solar radiation heats the glass louver, while at the same time heat the close air, which rises, escapes between the louvers of glass, and creates a natural air current in the interior of the glass dome

The hot air rises through the house and escapes, by means of the chimney effect, through the upper windows of the central patio. This way the hot air is extracted from the house creating a air current in the centre of the house

The glass dome creates a shaded area and a cool microclimate in the upper garden of the house

Solar photovoltaic are integrated into the glass coverings

The cool air from the basement flows throughout the house cooling it in its path

The upper windows can be opened so hot air escapes from the interior of the house

Indirect illumination from the north

The shaded building create and maintains a cool air pocket to the north of the housing

Air from the outside enters through the basement and cooling the house, while at the same time it transfers its heat to the ground

The reinforced concrete walls absorb the coolness from the ground and continually transfer it to the house

A 100 m deep well is drilled for use of the geothermic heating system

The house cools at night due to its high thermal inertia, and remains cool throughout the entirety of the following day, without consuming energy

High level of humidity

WINTER

The housing is self-sufficient when it comes to energy given that the housing uses a combination of geothermic and photovoltaic energy

The glass dome creates a warm microclimate on top of the house's garden by means of the greenhouse effect

Direct solar radiation penetrates into every interior part of the house, lighting and heating it in a natural way

Garden roof of high thermal inertia

The upper windows of the central patio close which avoid the loss of hot air from the centre of the housing

Due to the materials selected, the walls breathe naturally and continually allowing natural ventilation with out energy loss

The glass flooring allows solar radiation to reach the interior of the basement

Indirect illumination from the north

The interior vent can be closed to avoid cool air from entering the interior of the house. The vent is controlled to allow the circulation of air when it is necessary

The heat generated by means of the greenhouse effect and by underfloor heating is stored up in the frames and load-bearing walls, which are have a high thermal inertia and maintain the house warm during night and day with minimal of energy consumption

The housing is heat by solar radiation the greenhouse effect and by means of the underfloor heating, which is feed by an underground geothermal pump

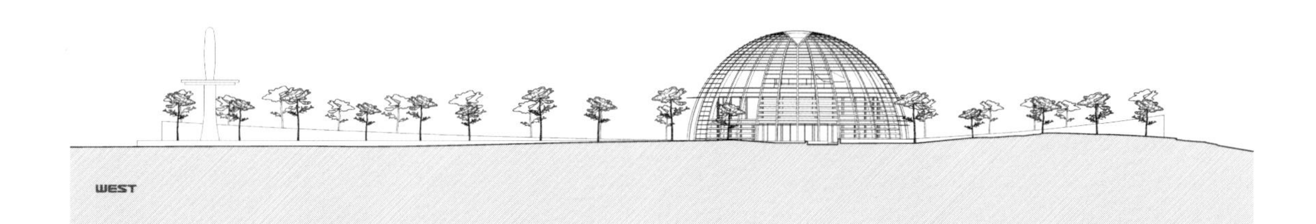

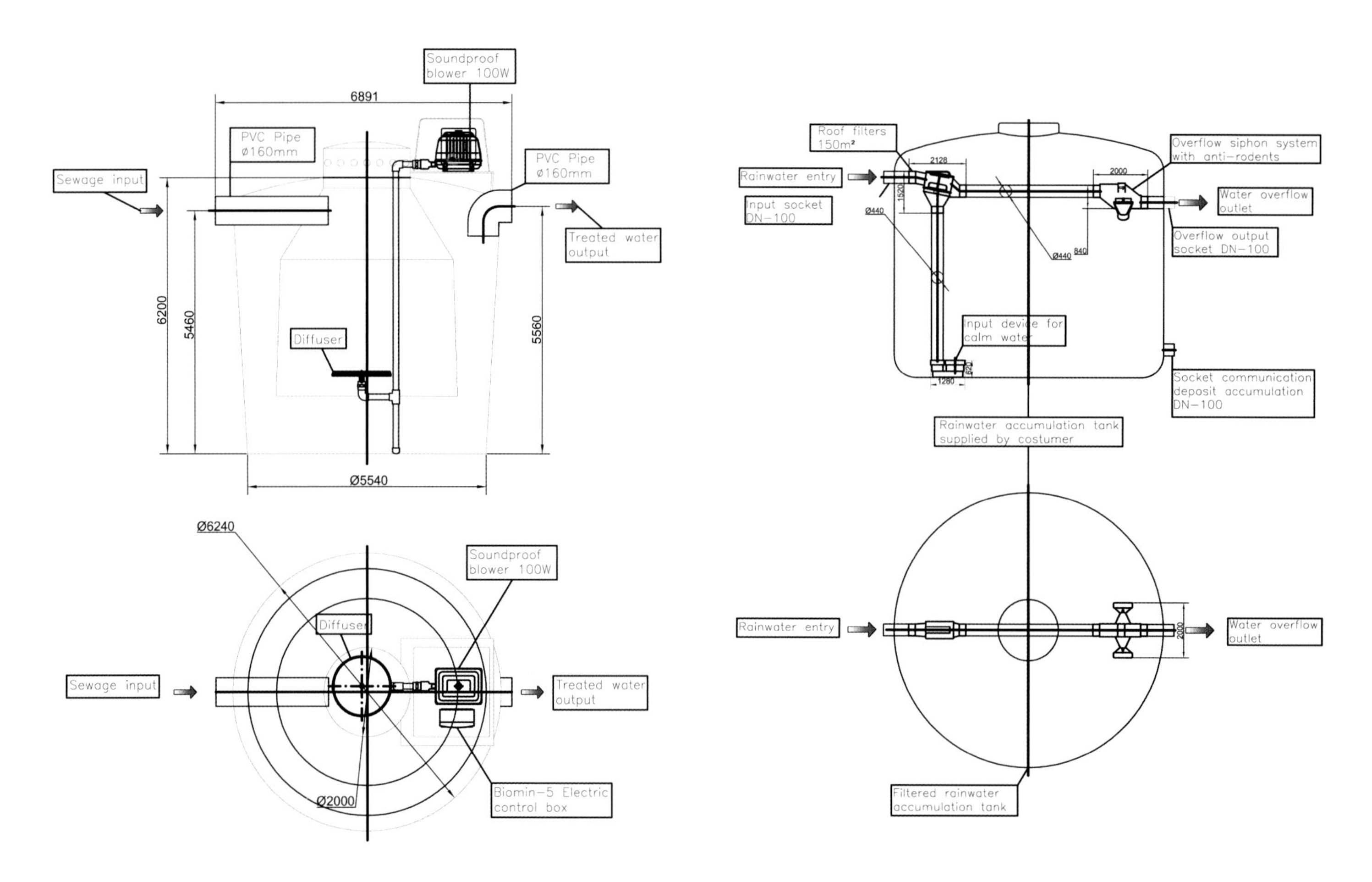

Soundproof blower 100W
6891
PVC Pipe ø160mm
Sewage input
PVC Pipe ø160mm
Treated water output
6200
5460
Diffuser
5560
Ø5540
Ø6240
Soundproof blower 100W
Diffuser
Sewage input
Treated water output
Ø2000
Biomin-5 Electric control box
Roof filters 150m²
Rainwater entry
Input socket DN-100
Overflow siphon system with anti-rodents
Water overflow outlet
Overflow output socket DN-100
Input device for calm water
Socket communication deposit accumulation DN-100
Rainwater accumulation tank supplied by costumer
Rainwater entry
Water overflow outlet
Filtered rainwater accumulation tank

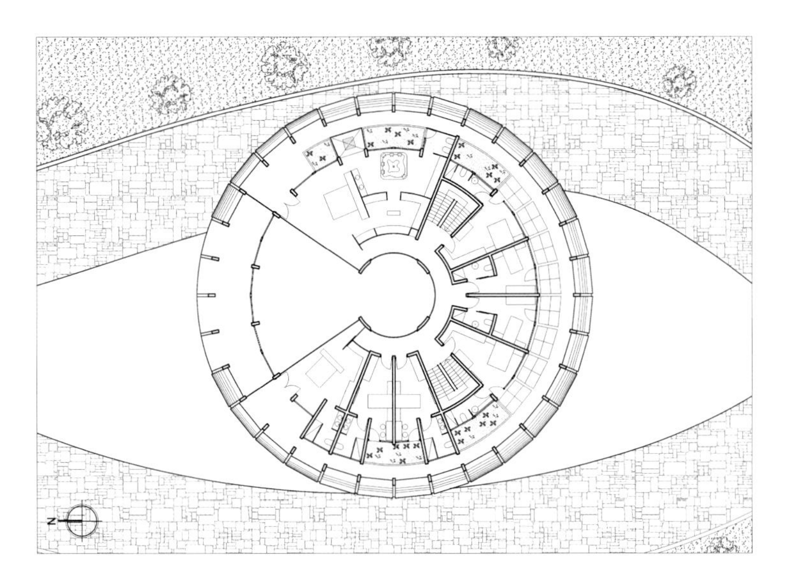

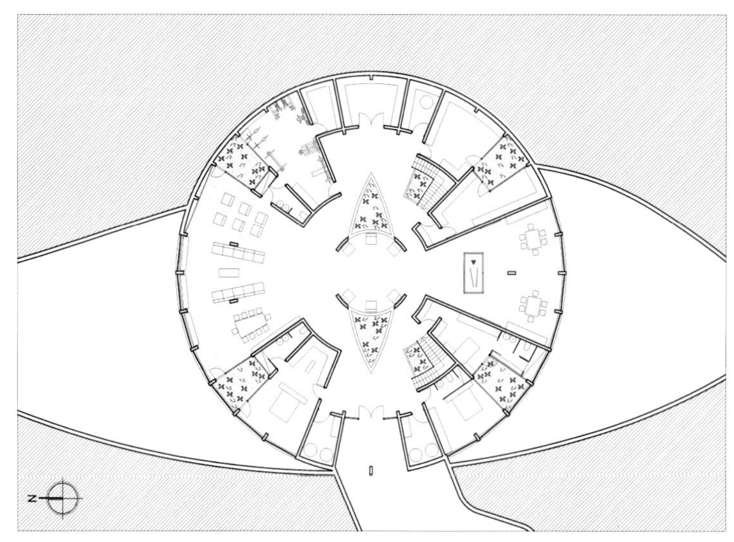

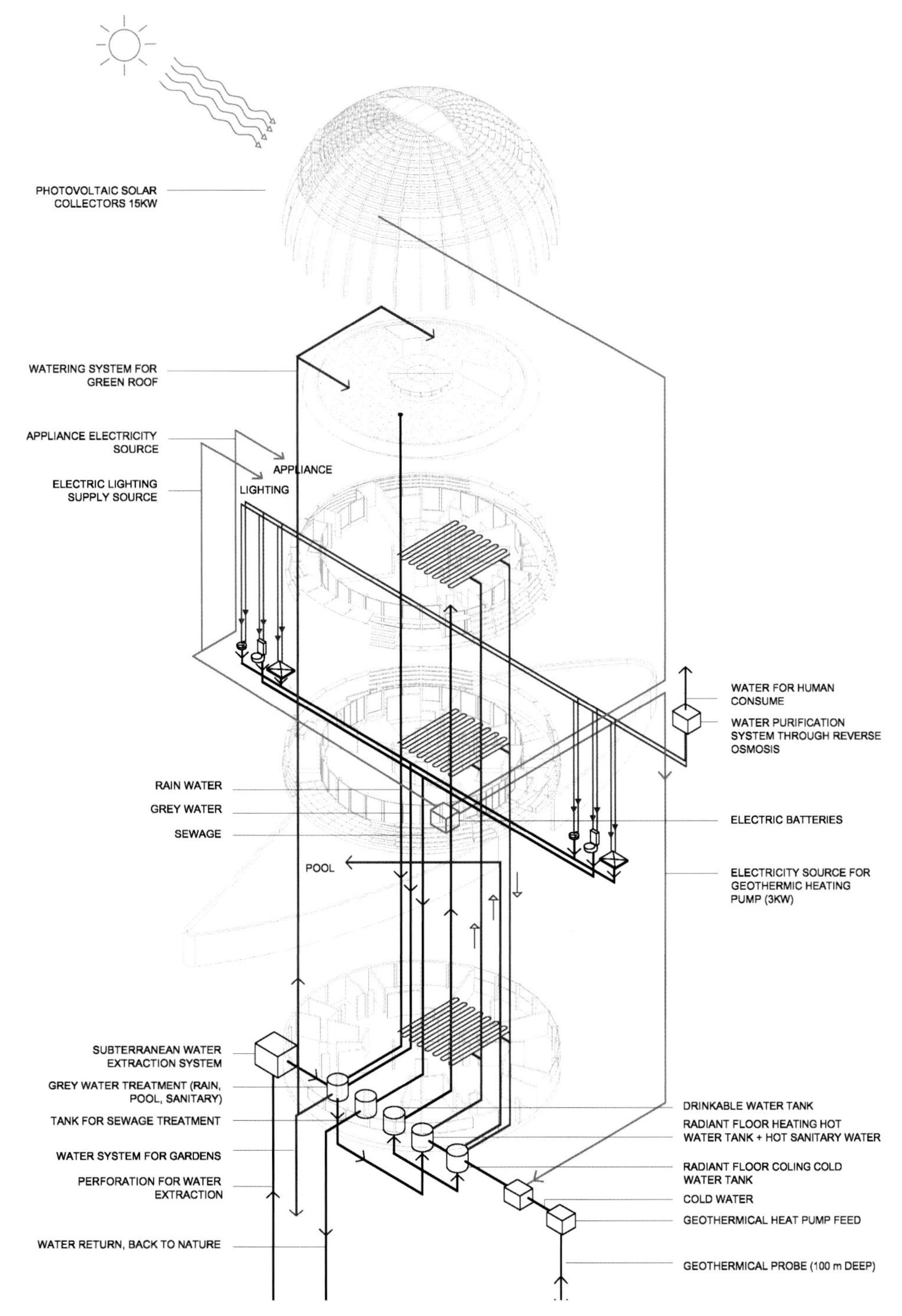
PHOTOVOLTAIC SOLAR COLLECTORS 15KW
WATERING SYSTEM FOR GREEN ROOF
APPLIANCE ELECTRICITY SOURCE
ELECTRIC LIGHTING SUPPLY SOURCE
APPLIANCE
LIGHTING
WATER FOR HUMAN CONSUME
WATER PURIFICATION SYSTEM THROUGH REVERSE OSMOSIS
RAIN WATER
GREY WATER
SEWAGE
ELECTRIC BATTERIES
POOL
ELECTRICITY SOURCE FOR GEOTHERMIC HEATING PUMP (3KW)
SUBTERRANEAN WATER EXTRACTION SYSTEM
GREY WATER TREATMENT (RAIN, POOL, SANITARY)
TANK FOR SEWAGE TREATMENT
WATER SYSTEM FOR GARDENS
PERFORATION FOR WATER EXTRACTION
WATER RETURN, BACK TO NATURE
DRINKABLE WATER TANK
RADIANT FLOOR HEATING HOT WATER TANK + HOT SANITARY WATER
RADIANT FLOOR COLING COLD WATER TANK
COLD WATER
GEOTHERMICAL HEAT PUMP FEED
GEOTHERMICAL PROBE (100 m DEEP)

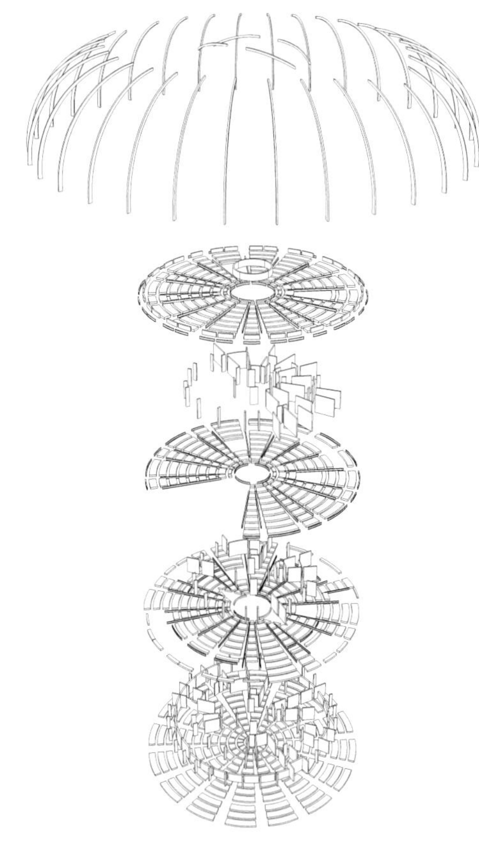

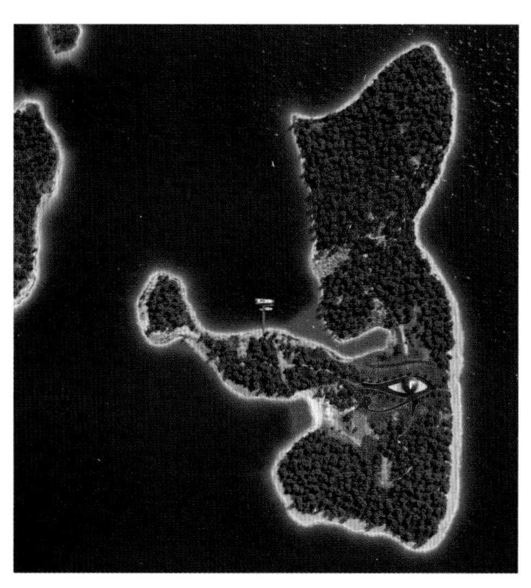

莫斯科Green River项目

OKRA's view on revitalizing the city by creating a green-blue network in Brateevo offers new perspectives for Moscow .

莫斯科是一座建筑物稠密的大型城市，如何保持和发展健康、绿色的城市及城郊环境是一项重大挑战。改善现有公共场所和城市景观的质量、发展可持续发展新领域，将有助于提高生活质量，创造新的经济、社会和环境价值。

该项目的构想是将Brateevo——这个位于莫斯科河畔的苏联高层建筑物街区——转变为城市中一个充满活力和绿色的部分，具体方案是将绿色和蓝色的设施与城市组织结构有机结合，并激活公共领域。同时，要赋予这些地区更强的区域特征，打造出一片活跃的滨水领域。项目鼓励通过水路运输及渡轮与周围地区联系。创造有吸引力的联运将是公共领域网络迈向升级的第一步。地铁的接入以及人行道、自行车道的铺设将会改变缓慢和快速交通群体之间的平衡。

区域核心与河流的连接将会搭建一个绿色——蓝色的脊梁，成为人们通往莫斯科河及其河岸或到戈罗德尼亚河及其绿地的通道。成功的关键在于改造中央地带。这一地带某些建筑群质量较差，造成市区结构冲突，这些状况将会在重建后得到改善。重建所包含的地铁通道会成为城市转型的催化剂。

从宏观上来看，绿化地带为新生的娱乐设施和生态结构提供了潜力。改造边缘区域将强化绿化带。在宽阔的街道旁种植树木，能建设城市绿地结构，还将为绿色休闲区提供更好的接入口。改善与周围绿地和水路的联运为莫斯科河岸和戈罗德尼亚河绿地提供了升级的契机，这将使它们融入更大的系统之中，并成为该地带的重要生态组成部分。戈罗德尼亚河绿地南部目前已经是一个的生趣盎然的鸟类自然保护区，但却因为地铁终点不能到达而受到影响。增建一个带有观鸟设施的屋顶公园将会在这块自然绿地中建立一条绿色纽带。这些自然区域将设有通畅的入口和游客导航设施。

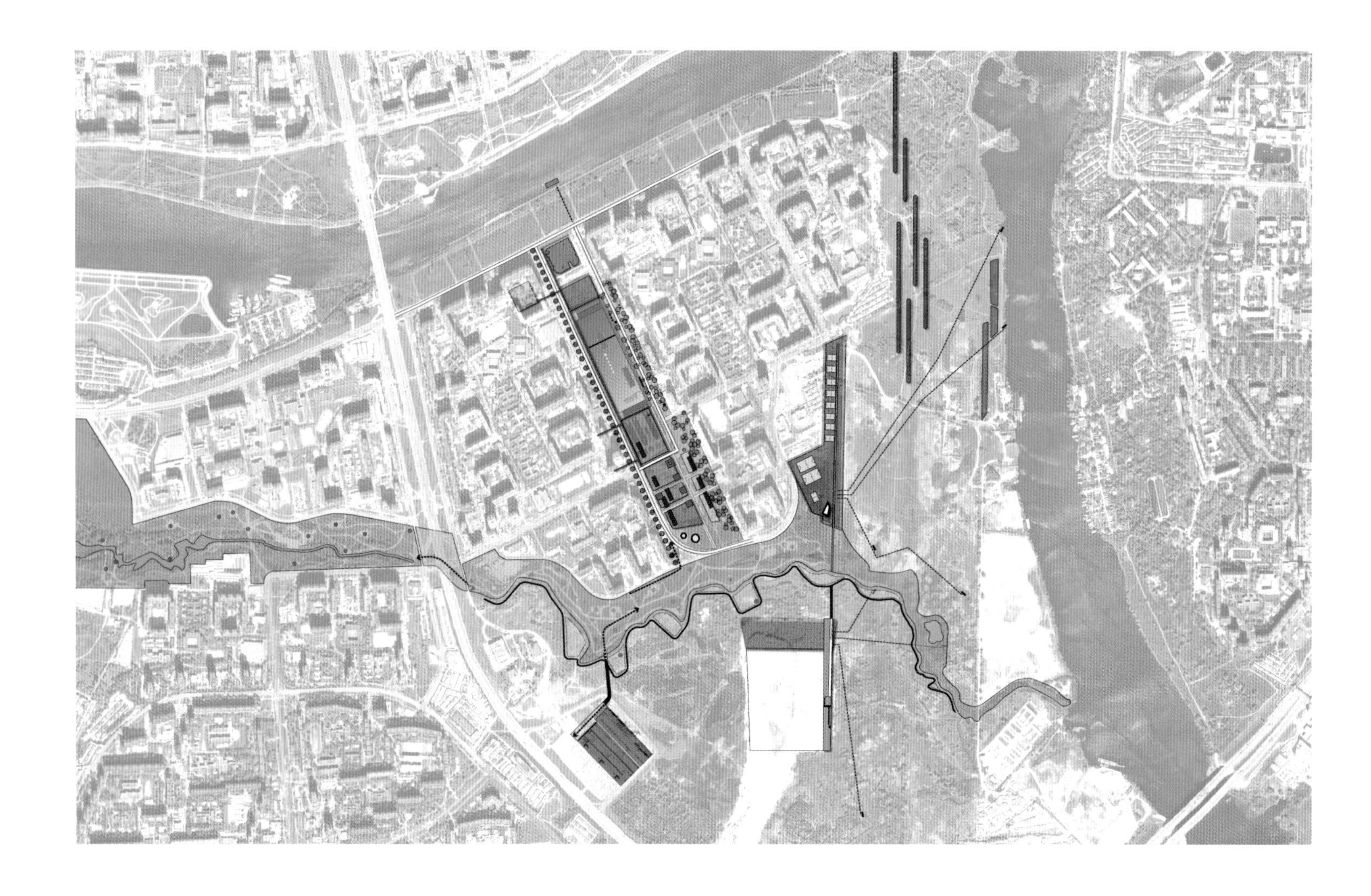

Location / 地点: Moscow, Russia **Area / 占地面积:** 5,200,000 m² **Landscape / 景观设计:** OKRA landscape architects i.c.w. Ampir **Photography / 摄影:** N.A. **Client / 客户:** Moscow Government - Department Natural Resource Management and Environmental Protection i.c.w, Dutch Government - Service for Land and Water Management (DLG)

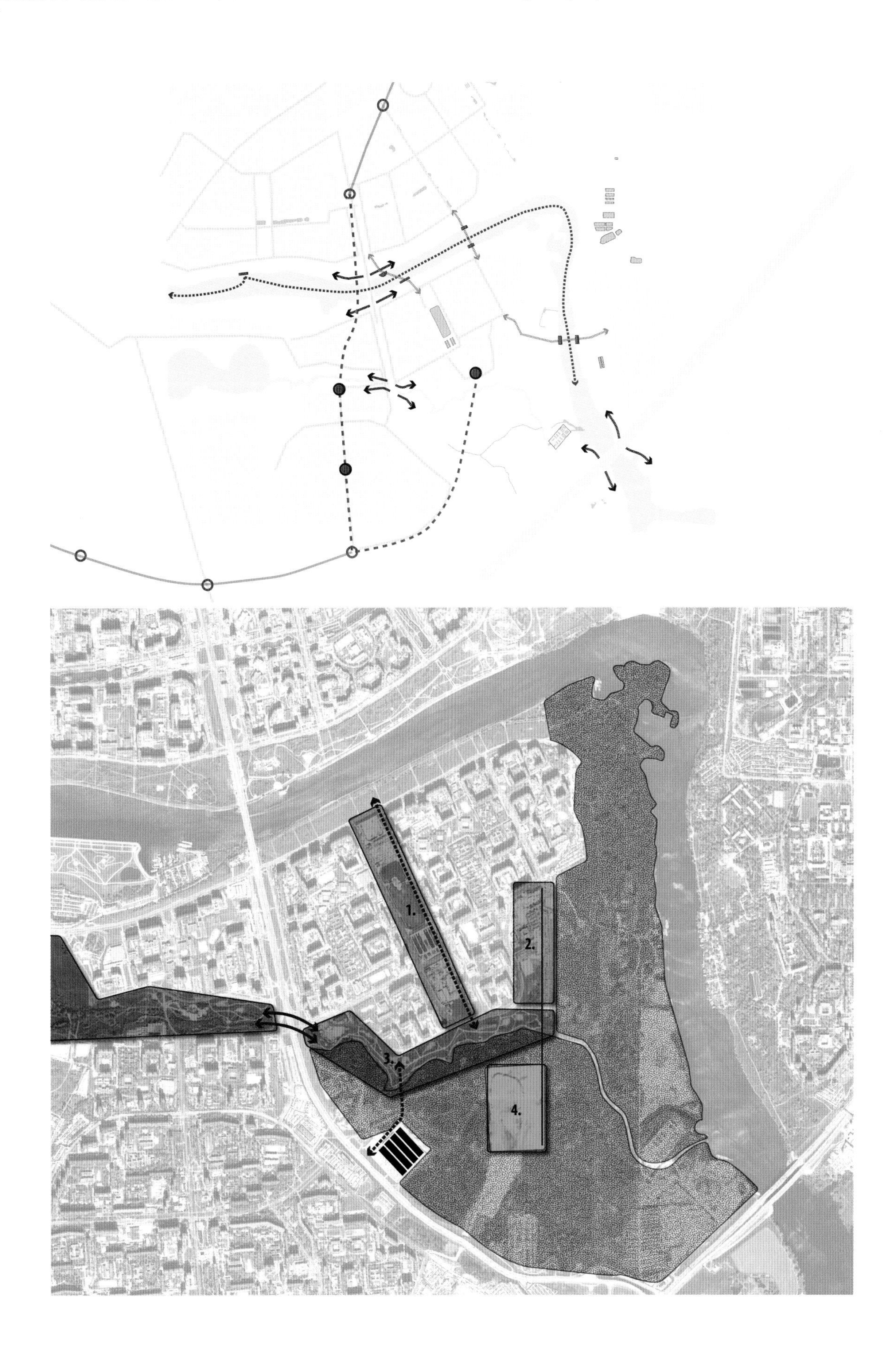

地面：沥青
照明：节能灯
植物：当地树种，草

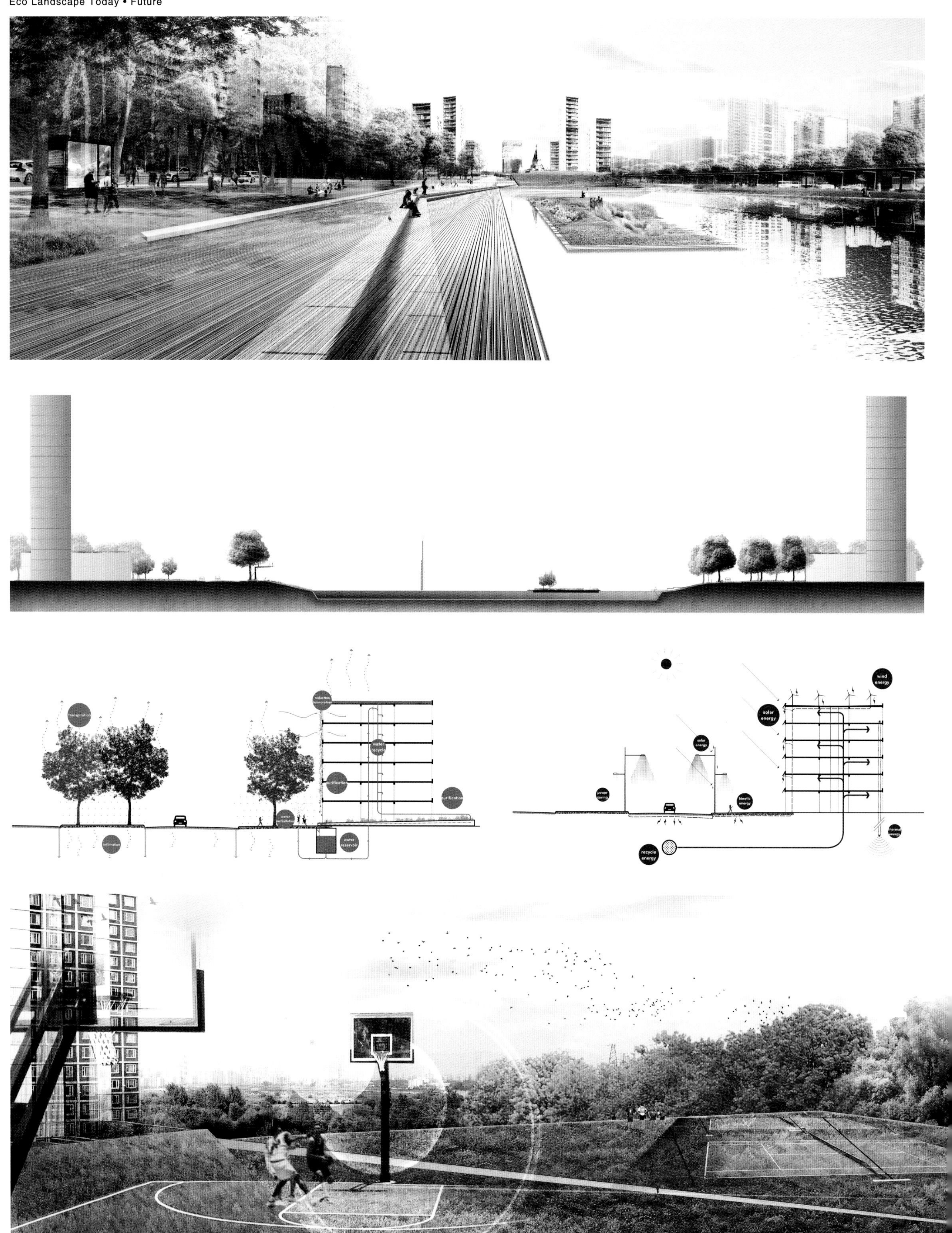
transpiration
infiltration
water reservoir
wind energy
solar energy
solar energy
power saving
kinetic energy
recycle energy

O2
CO2
clean
-2°C
purify
-3°C
vapor

Spiretec空中花园

The design proposed explores the converging of urban and natural landscapes.

印度的都市化革命正在全国各地静静地展开。在全球经济中扮演新角色的印度已经展现了从农村到城市的巨大变迁，一个新的城市形态初露头角。

Influx_Studio的设计方案讲求的是自然景观的传承性，并将其运用于印度新都市风格的建筑当中。问题的关键在于如何将城市与自然二者的价值紧密整合又柔和过渡，展现当地景观特色的同时，为大诺伊达这个战略性建筑塑造出标志性的特征。

可持续发展的设计原则在这里得到了充分的运用，项目采用了气候调节的主战略，通过良好的手段节省能源消耗并减少二氧化碳排放量。因此，这项基于生物气候被动战略的工程达到了高效节能的解决方案。

建筑师们提议将行人结构建立在IT建筑群、筹划中心和中小企业之中，使之形成一个生态街网络，承载各种服务和商业计划。

一块固定顶篷立于场地上方，形成了一个大型公园。IT大楼俯视着这块广阔的公共空间，这里就像一个行人集散的绿色轴心，致力于社会和人文的互动交流。此处是综合设施的神经中枢，承担着气候调节的功能，它能够根据温度的年度变化而作出反应。人工塑造的地形将有助纾缓景观、水池、树丛和小型植被，带来清新的空气，并维护生物的多样性。

空中花园（Sky Campus）高于公园15m，内部为机构设施（研究院和健康护理中心），它的人工顶篷具有生物气候功能，在风天和雨天可以保护建筑的公用空间，在夏天能提供遮荫。农业园是屋顶的一个设想方案。

顶篷和公园之间形成大规模空隙，增强了IT建筑群之间的联系，同时在亚穆纳高速公路和亚穆纳河景观之间形成了一条视觉通道。

该项目的设计尝试将城市景观和自然景观相融合。Sky Campus上方的塔楼被用于酒店和公寓。两座建筑之间是一个绿色、垂直的生态花园，这一特征使它成为城市的标志性建筑。

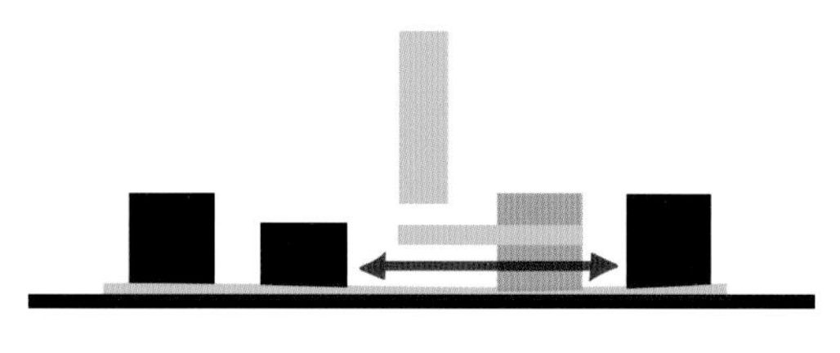

SKY PARK evolution

Standard situation, ordinary urbanism

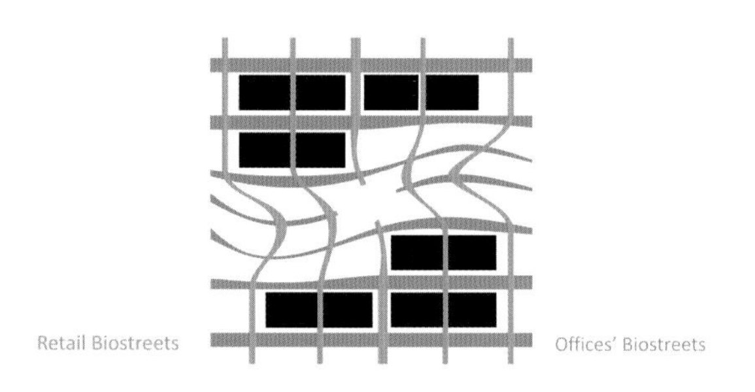

Location / 地点: New Dehli, India Date of Completion / 竣工时间: On Going Area / 占地面积: 65,000 m² Landscape / 景观设计: Influx_Studio Client / 客户: SpireTec

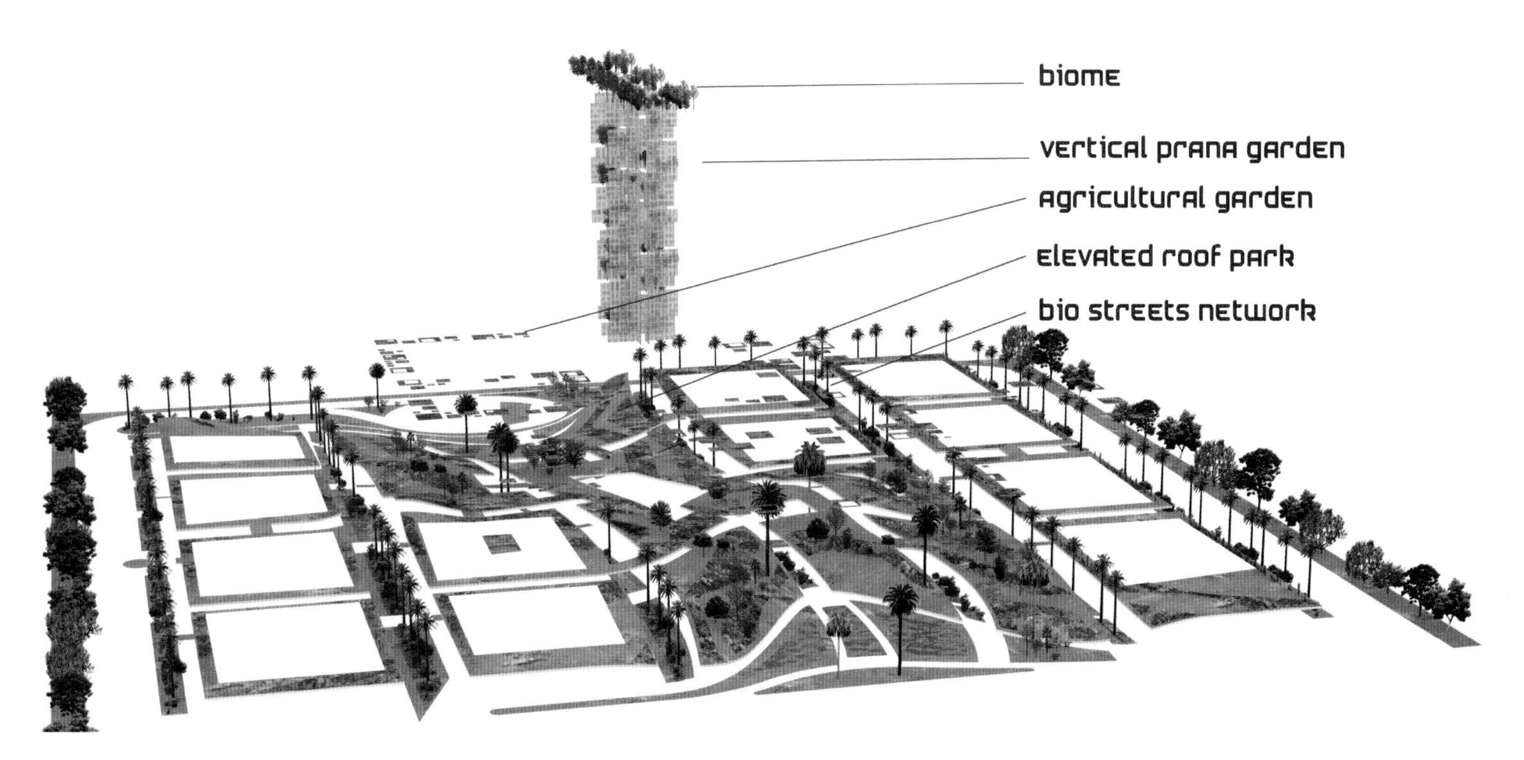
biome
vertical prana garden
agricultural garden
elevated roof park
bio streets network

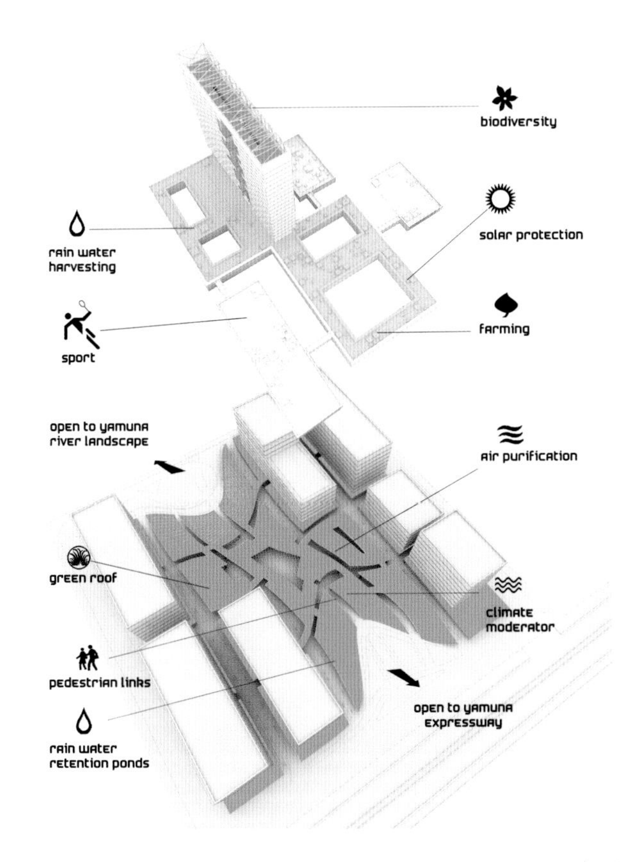
biodiversity
rain water harvesting
solar protection
sport
farming
open to yamuna river landscape
air purification
green roof
climate moderator
pedestrian links
open to yamuna expressway
rain water retention ponds

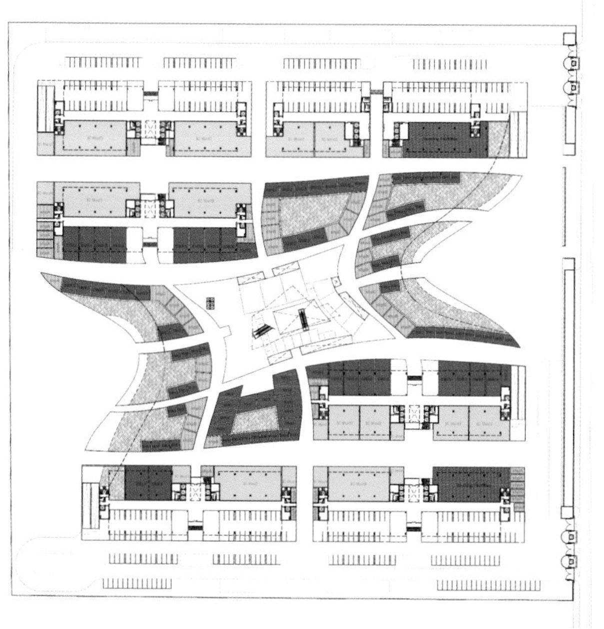

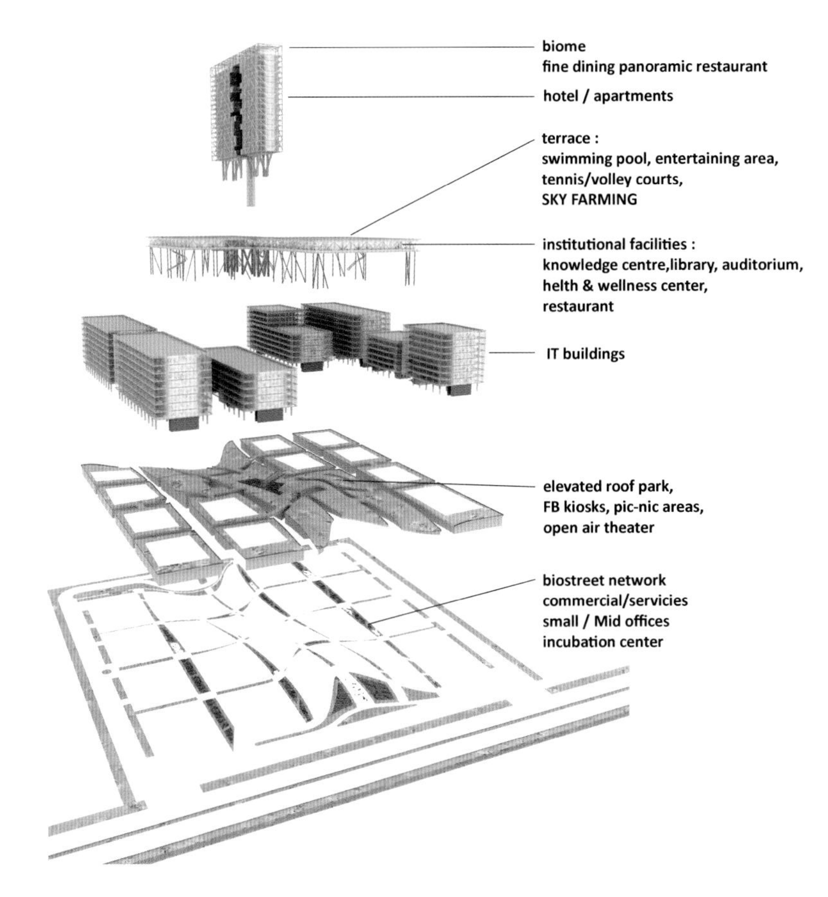
biome
fine dining panoramic restaurant
hotel / apartments
terrace :
swimming pool, entertaining area,
tennis/volley courts,
SKY FARMING
institutional facilities :
knowledge centre,library, auditorium,
helth & wellness center,
restaurant
IT buildings
elevated roof park,
FB kiosks, pic-nic areas,
open air theater
biostreet network
commercial/servicies
small / Mid offices
incubation center

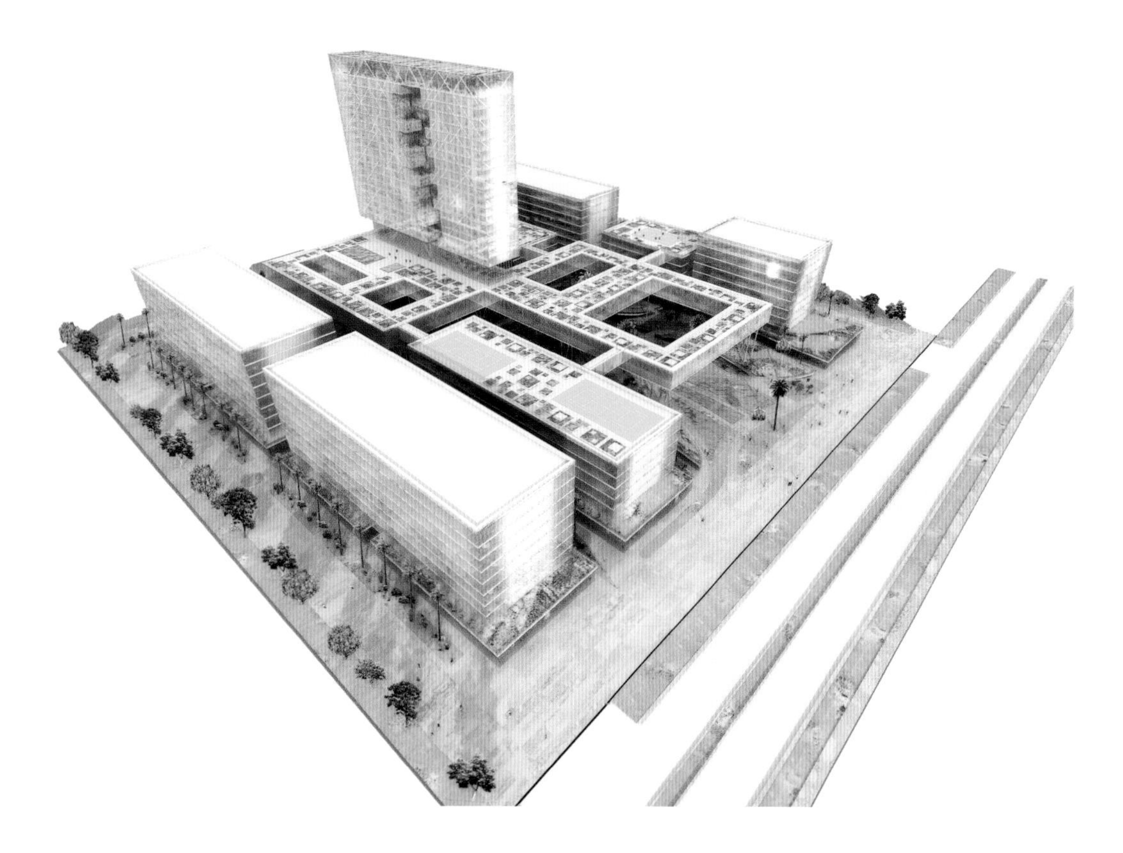

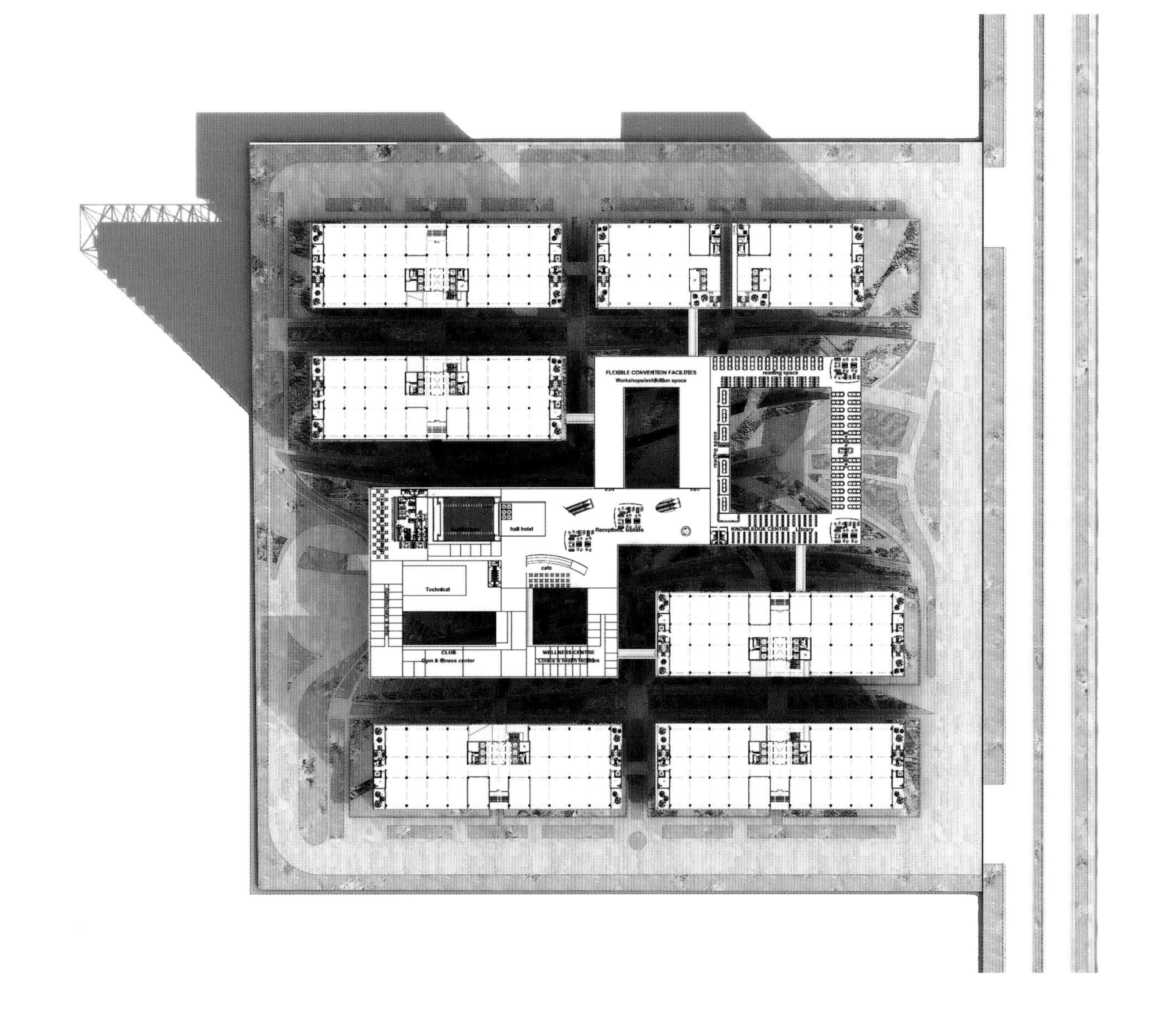
FLEXIBLE CONVENTION FACILITIES
Workshops/exhibition space
reading space
hall hotel
Receptions, lobbies
KNOWLEDGE CENTRE
Library
cafe
Technical
CLUB
Gym & fitness center
WELLNESS CENTRE

让·穆兰高中

The site is a huge and undulating landscape shaped in the meanders of the Meuse, a landscape with feminine curves, that broad and stretches far.

设计师们亲临现场时，广阔的丘陵地貌随即映入他们的眼帘：场地沿着一条河流景观蜿蜒而去，形成了辽阔而悠远的景色，是一处可以呼吸清晨的新鲜空气和体验季节变化的好地方。

这块场地面积巨大、地势起伏，具有优美的曲线，由宽广、绵长的默兹河流蜿蜒塑造而成。建筑师利用本次工程重建了一所独特的学校，使其静静地偎依在这片独特地形和群山之中。

倾斜的地势是新环境面临的主要问题。为了使建筑恰当地坐落在周围的环境中，交通空间的构架也采用倾斜的样式，从斜坡一侧到另一侧与地形的坡度相匹配，并成为各功能区之间的桥梁。

设计师因地制宜，将屋顶下的主要场地通过轻微的坡道和垂直的捷径结合成一体，形成了一个市场式的空间。这种梯田式构造还能确保每个区域都直接面向山谷，周围群山美景尽收眼底。因此，该方案中的每项元素都是从最低一层开始，并向上逐步展开。

周围的环境为这所新建的高中带来强大的伪装效果：建筑的表面在屋顶的外观和上面可持续性植被的掩映下似乎消失不见了。这样看来，与其说它是一项建筑，倒不如说那是扎根在山地上的一部分。

这个项目其实是一坐大型校园，而不仅仅是一个高中。除了集成学习设备外，这里还设有运动场、健身房、职工住宅、酒店管理学习中心和一所寄宿学校。

Location / 地点: Revin, France Date of Completion / 竣工时间: 2012 Landscape / 景观设计: OFF Architecture Client / 客户: RA©gion Champagne Ardenne

地面：混凝土
人行道：混凝土
家具：木香
照明：教室里的荧光灯

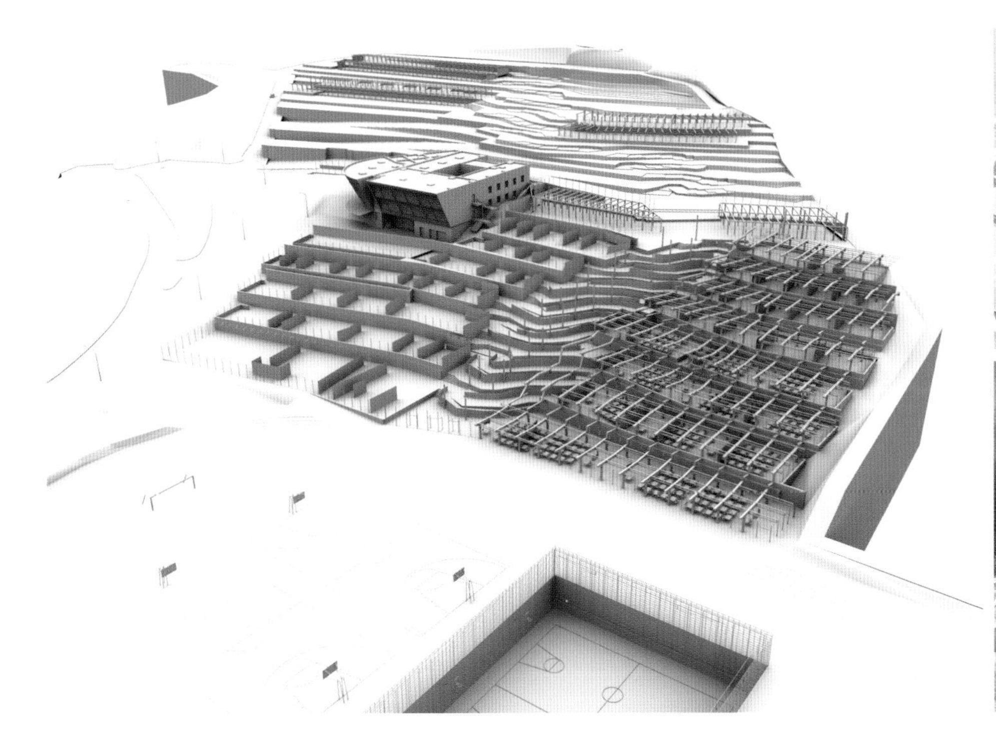

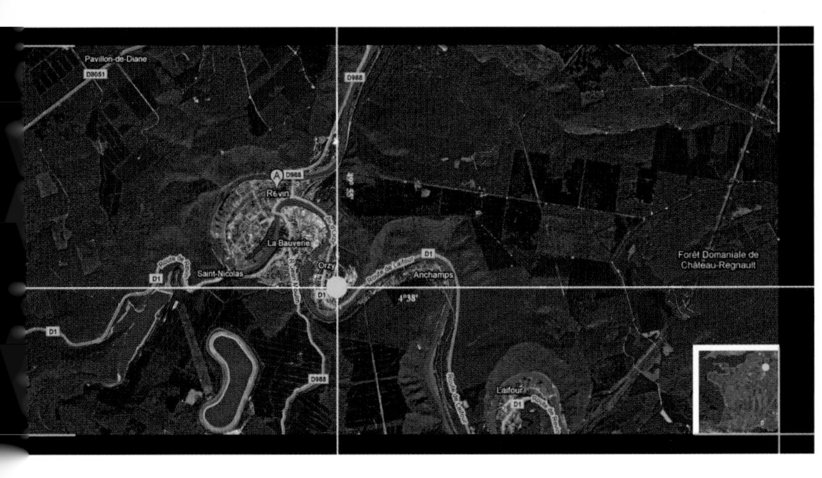
Pavillon-de-Diane
D8051
D988
Revin
La Bauverie
Saint-Nicolas
Orzy
D1
Anchamps
Route de Laifour
Forêt Domaniale de
Château-Regnault
4°38'
Laifour

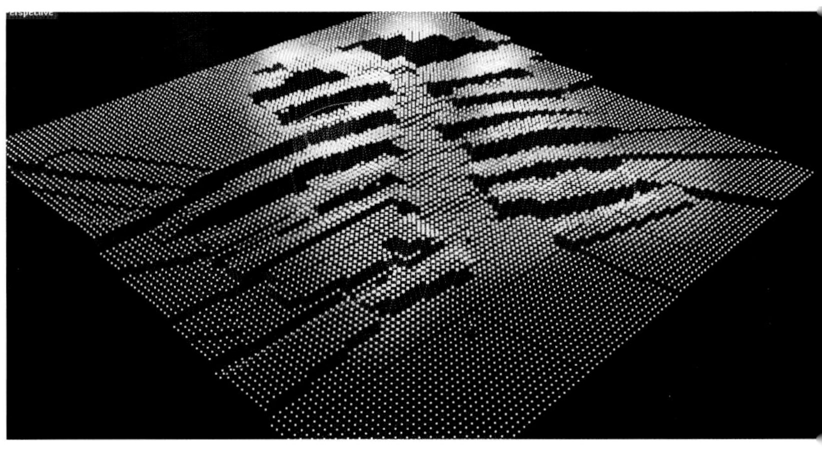

韦尔斯利大道和公园路

The assignment is to reshape the monstrous main road, splitting the centre in two, into a lively and liveable centre.

OKRA景观设计团队在倍受欢迎的伦敦“韦尔斯利大道和公园路国际城市设计比赛”中获胜。这项比赛是伦敦南部克罗伊登市重建规划的一部分。克罗伊登市欲成为继威斯敏斯特和伦敦金融城之后的伦敦“第三城”。这一目标是建筑师威尔・艾尔索普与克罗伊登居民合作商讨后在第三城市展望中所提出的。韦尔斯利大道和公园路横跨克罗伊登市中心，对于它的改造是该市的重点项目之一。这条拥堵的主干道将市中心一分为二，经改造后将成为一个活泼、适宜居住的地方。

OKRA景观设计团队的计划是将韦尔斯利大道和公园路转化成市区的绿色核心，既容易穿越，又与周围的绿色都市空间相连。汽车的交通空间被大幅缩减，保证行人和骑自行车的人更加方便。高速公路的出口位于南侧，和东西交通线相连，停车场集中分布在北侧和南侧。项目轮廓经改造后将在道路两侧设有宽敞的行人带，西端设立汽车接入口，道路中央铺设绿色的分隔带供人们骑自行车、步行和轮滑使用，东侧设立公共交通车道。

行人区将通过一系列振兴项目一改现有建筑外围沉闷的状态，并使其和后面多元化的半绿色公共场所相连。这项“蝶蛹”计划为这座孤寂的城市如何破茧成蝶展开了一幅战略蓝图。通过短期的临时程序和快速干预，这一大型改造项目已经开始，并从南到北逐步执行。城市空间和建筑物外围也将慢慢改善。简单的规则和公私伙伴关系将带来街区预期的提升。

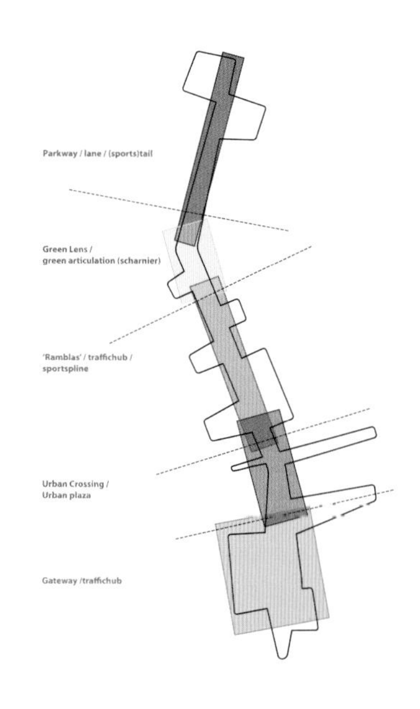

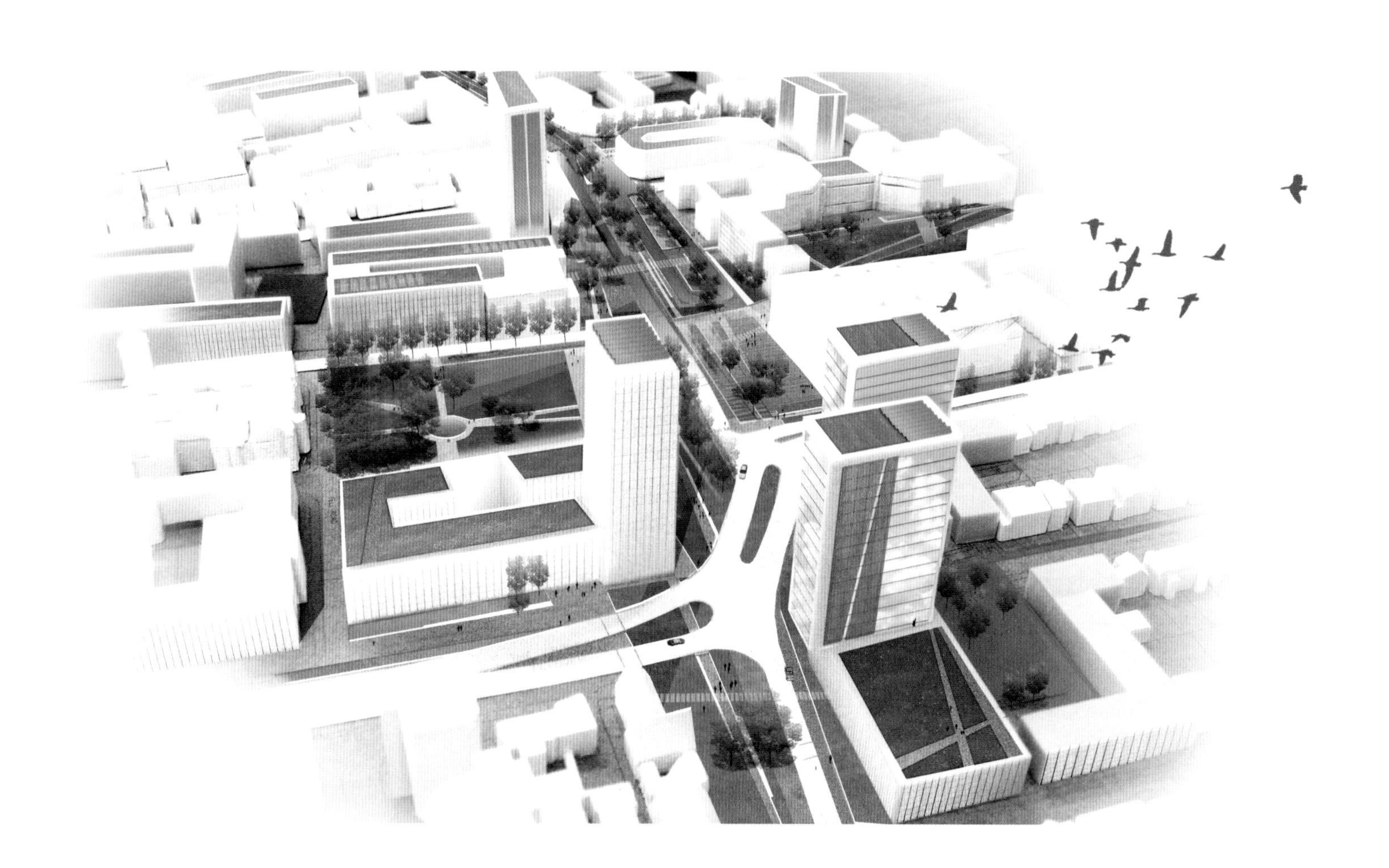

Location / 地点: London, UK **Date of Completion / 竣工时间:** 2015 **Area / 占地面积:** 130,000m^2 **Landscape / 景观设计:** OKRA landscape architects **Client / 客户:** London Borough of Croydon

地面：黑色沥青
人行道：当地石材，花岗岩，黏土，砖石
家具：钢材，木材
照明：LED灯植物：草，树

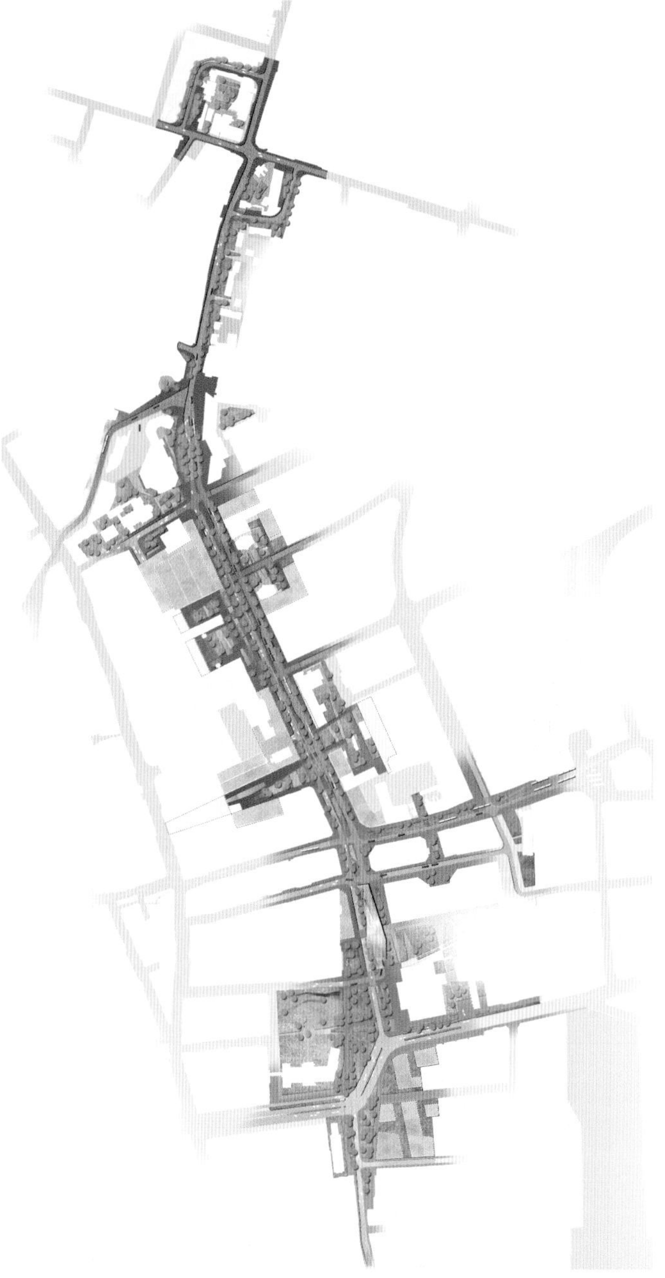

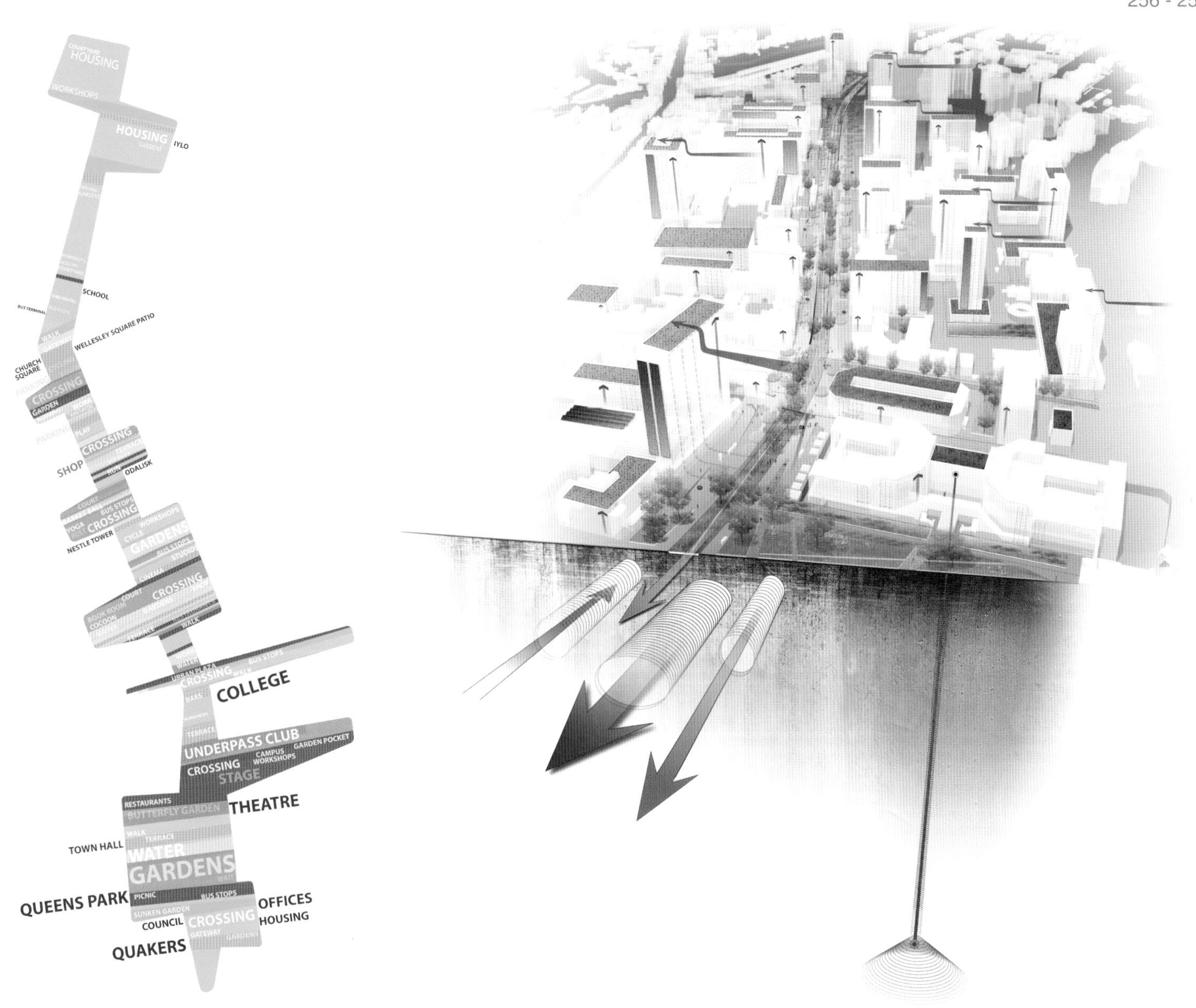
HOUSING
WORKSHOPS
HOUSING
TYLO
SCHOOL
WELLESLEY SQUARE PATIO
CHURCH SQUARE
CROSSING
SHOP
CROSSING
ODALISK
BUS STOPS
CROSSING
NESTLE TOWER
GARDENS
CROSSING
BUS STOPS
CROSSING
COLLEGE
UNDERPASS CLUB
CAMPUS WORKSHOPS
GARDEN POCKET
CROSSING
STAGE
RESTAURANTS
BUTTERFLY GARDEN
THEATRE
TOWN HALL
WATER
GARDENS
QUEENS PARK
PICNIC
BUS STOPS
OFFICES
HOUSING
COUNCIL
CROSSING
QUAKERS

San Francisco el Grande公园

Hybridizing landscape and architecture, a brand new public space is rising up into Madrid's historic core.

这个位于马德里的San Francisco el Grande公园项目是一个特别复杂的挑战，其中包括诸多关键的制约因素，需要用一个合适的解决方案来平衡。复杂的地形、如何在历史悠久的地方兴修公共和私人建筑以及来自各个群体（城市、教会、土地所有者和公民）不一致的要求都是这个项目所面临的难题。

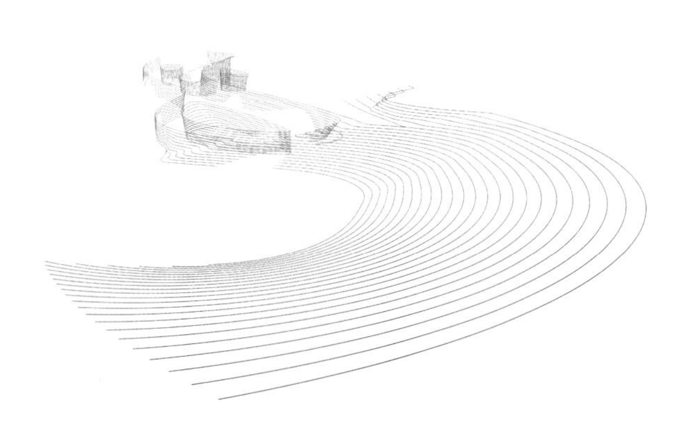

该设计深受生物领域启发，开发了一项特殊的插入型规划，并称其为共生融合。这两个概念间的协同作用为都市计划提供了新的解决方案，此外，它还为如何在城市环境中达到更高的建筑密度找到了真正答案，以缓解日常和法律中土地紧张的局面。

共生融合的思想包含三个主要战略：建筑景观的设计、新型链接网络的创建、以优化设施及其共生关系为目的对各元素未来互动的研究，这一思想能够融化建筑与景观、公共与私人空间之间的界限。该项目的设计将减少30,000m²空间所带来的的视觉冲击，并强化具有高度历史特征的元素，使其继续作为马德里的身份标志。

Influx_Studio旨在从立体的角度理解城市空间，通过一项彻底的工程完善不完整的结构。这一规划将重新定义内部和外部空间的聚合点，以适应将公园从形态学角度融合到城市中的需求。Influx_Studio提议改造最初的设施，为公园注入新的功能。通过结合新的活动和都市习俗来产生融合与协同的效果。

Location / 地点: Madrid, Spain **Date of Completion / 竣工时间:** 2011 **Area / 占地面积:** 30,000 m² **Landscape / 景观设计:** Influx_Studio **Photography / 摄影:** Influx_Studio **Client / 客户:** Europan, Ayuntamiento de Madrid

人行道：黏土，混凝土，石材
建筑物：白色纤维，混凝土
植物：橡树，枫树，樱桃树，柳树
家具：长椅，室外运动设施，卫生间
照明：LED灯，低压灯

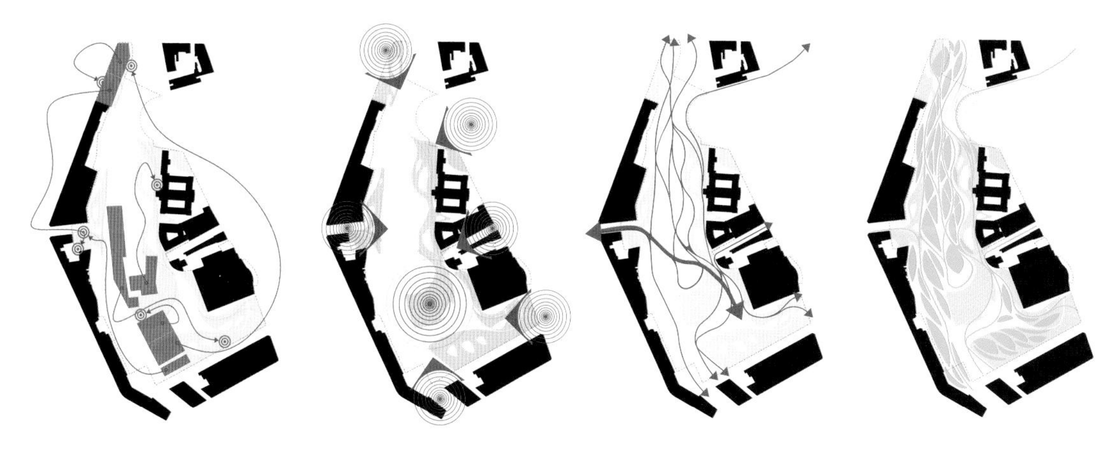

购物中心总体规划

The classic idea of Masterplan Shopping Centre, designed for leisure time activities, is enriched by a new agro-energetic component inspired by the traditions of the area even if it proposes a new and contemporary interpretation of subjects such as the use of natural resources and the production of energy.

帕尔马城区占地167,624m²，该项目是受Sviluppi Immobiliari Parmensi有限公司的委托而建造。购物中心的顶棚面积达115,900m²，其设计意图在于保持连续性，同时脱离周围景观，以用于各种主动和被动利用太阳能的规划之中。

在构思方面，设计师增加了一项新型的农业能源组件，促使这块土地的典型传统与对土地的培养、适当利用相结合，重新诠释了现代化的资源利用和能源开发。功能性建筑包括帕尔马贸易中心附近的一个大型购物商场，它主要被用于本地食品生产的销售和宣传，帕尔马市与其生产系统早已闻名遐迩。

在外观方面，该项目提供了一个水系统，增加了工程的空间范围，并使其以涟漪状打破景观的连续性。其中的水流经周围的农田，为整体景观增加了一系列裂缝状风格特征。

新建筑将容纳一个大型购物中心、一家超市和一家餐厅，同时与周围的景观融为一体。该设计还包括一系列主动和被动利用太阳能的策略规划。

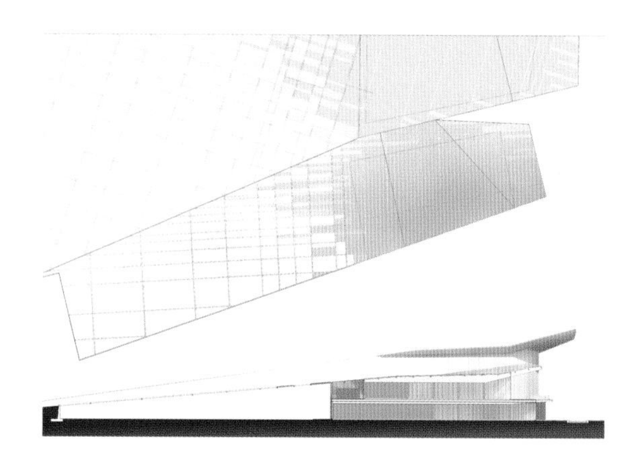

Location / 地点: Prama, Italy Area / 占地面积: 115,900 m² Landscape / 景观设计: Mario Cucinella Architects srl Client / 客户: Sviluppi Immobiliari Parmensi

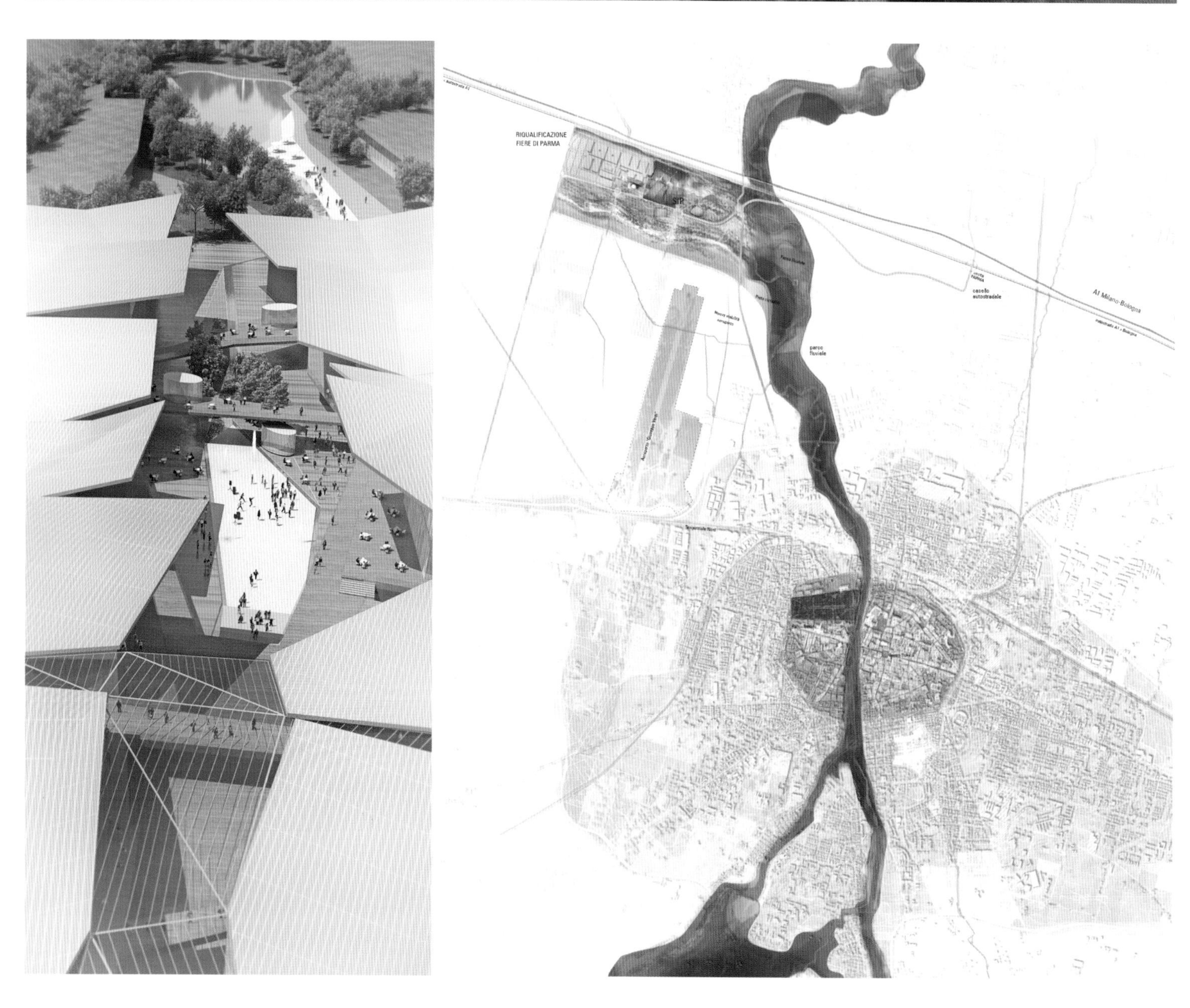
RIQUALIFICAZIONE
FIERE DI PARMA
SIP
caselo
autostradale
A1 Milano-Bologna
parco
fluviale

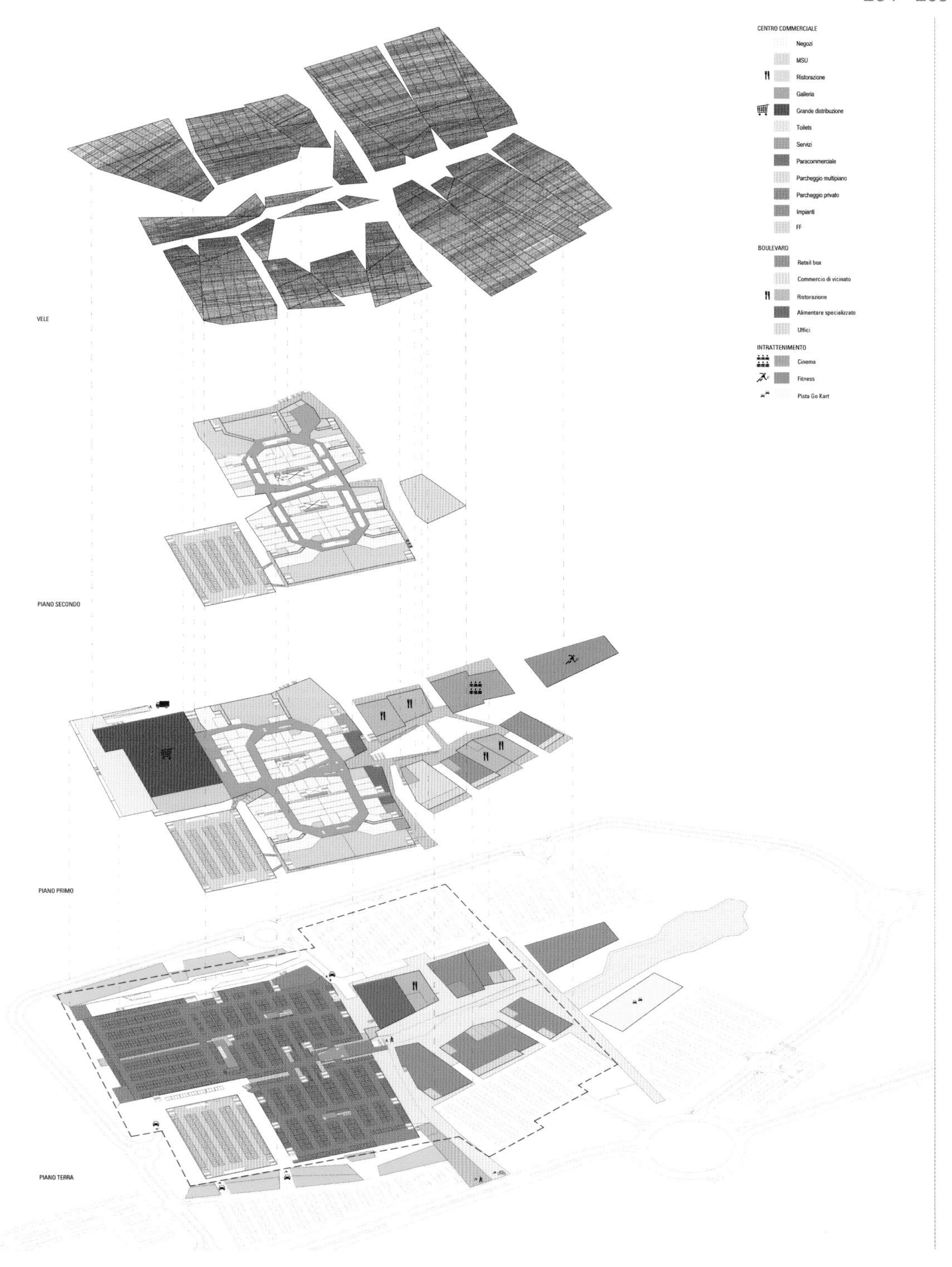
CENTRO COMMERCIALE
Negozi
MSU
Ristorazione
Galleria
Grande distribuzione
Toilets
Servizi
Paracommerciale
Parcheggio multipiano
Parcheggio privato
Impianti
FF
BOULEVARD
Retail box
Commercio di vicinato
Ristorazione
Alimentare specializzato
Uffici
INTRATTENIMENTO
Cinema
Fitness
Pista Go Kart
VELE
PIANO SECONDO
PIANO PRIMO
PIANO TERRA

米尔沃尔码头的水上花园

The floating gardens will eventually provide a valuable environmental and social resource for London itself.

FoRM Associates的建筑规划旨在纠正20世纪80年代初产生的再生周期失衡。在随后的几十年里，人们一直在专注于建设高密度建筑。码头历史悠久，现在建筑师认为这是让码头的水域恢复生机的好机会。“迁移性绿色城市主义”预示着后工业时代一次激进的绿色城市化，这好比工业化时期在我们的城市里建设新的公园。

“迁移性绿色城市主义”倡导让可持续发展的自然生态系统与被动或主动的休闲方式逐步渗入空置的水域中，为这个被遗忘的社会资源带来生机和活力。这种介入的结构可以促使水域和周围的建筑环境产生新的联系，强化与现有公共领域的连通，增加集成绿色基础设施的潜力。码头东部末端那片被遗忘的空间里即将孕育出一个充满活力、绿蓝搭配的公共领域，以全新而截然不同的姿态出现在人们眼前。这项可持续发展的水上设计将全天候对公众开放，同时也将成为节能和碳平衡的先锋。

逐步建立这种内部相连的水上栖息地将形成一个由米尔沃尔码头内部延伸至西印度码头的线形公园。贝形种植河岸的实验性运用可能会起到净化水体、进一步提升生物多样性和降低藻华浓度等作用。新生的线形公园所提供的扩展功能，将能够满足人们在这块新建都市中的生活和工作需求。

项目的布局安排将确保方便船只的通行，同时维持水上体育运动的要求。此外，浮桥将连接在一起，使人可以灵活地移动，以促进水上和码头间的交流。我们的方案不仅仅是为了给被遗忘的空间带来生机，也是为了满足周围居民的需求。

Location / 地点: London, UK Date of Completion / 竣工时间: Ongoing Area / 占地面积: 40,000 m² Landscape / 景观设计: FoRM Associates Photography / 摄影: FoRM Associates Client / 客户: Royal Institute of British Architects

1. elevated walkway
2. floating gardens island
3. floating reed bed island
4. plunge pools
5. wind turbine / photovoltaics
6. fish refuge cage
7. anchor cables / island positioning
8. rigid plastic floatation

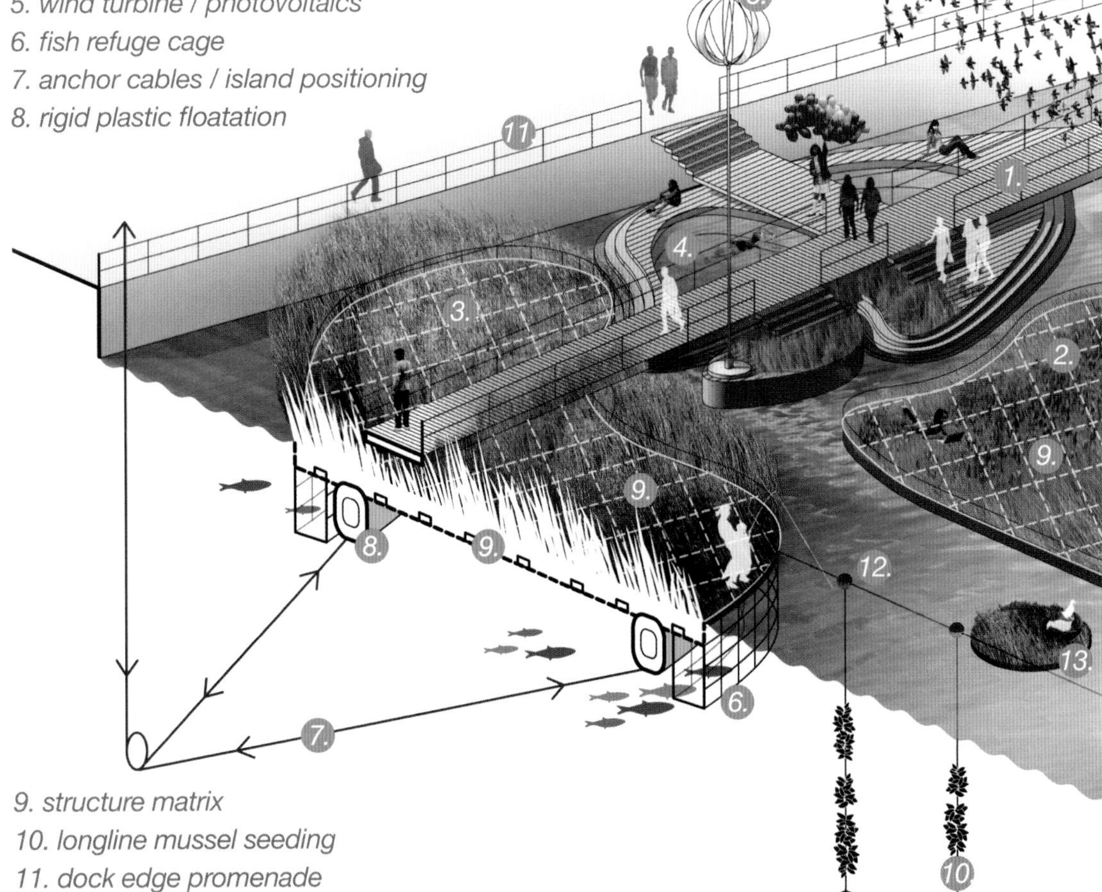

9. structure matrix
10. longline mussel seeding
11. dock edge promenade
12. mini floats / photovoltaic lighting
13. nesting platform

人行道：不锈钢甲板，木制甲板
家具：木制长椅
照明：LED灯，太阳能灯
植物：芦苇其他：藻类控制系统，水处理系统

3.
Heron Quays
West In
Millwall Inner Dock
7.
Millwall Outer Dock

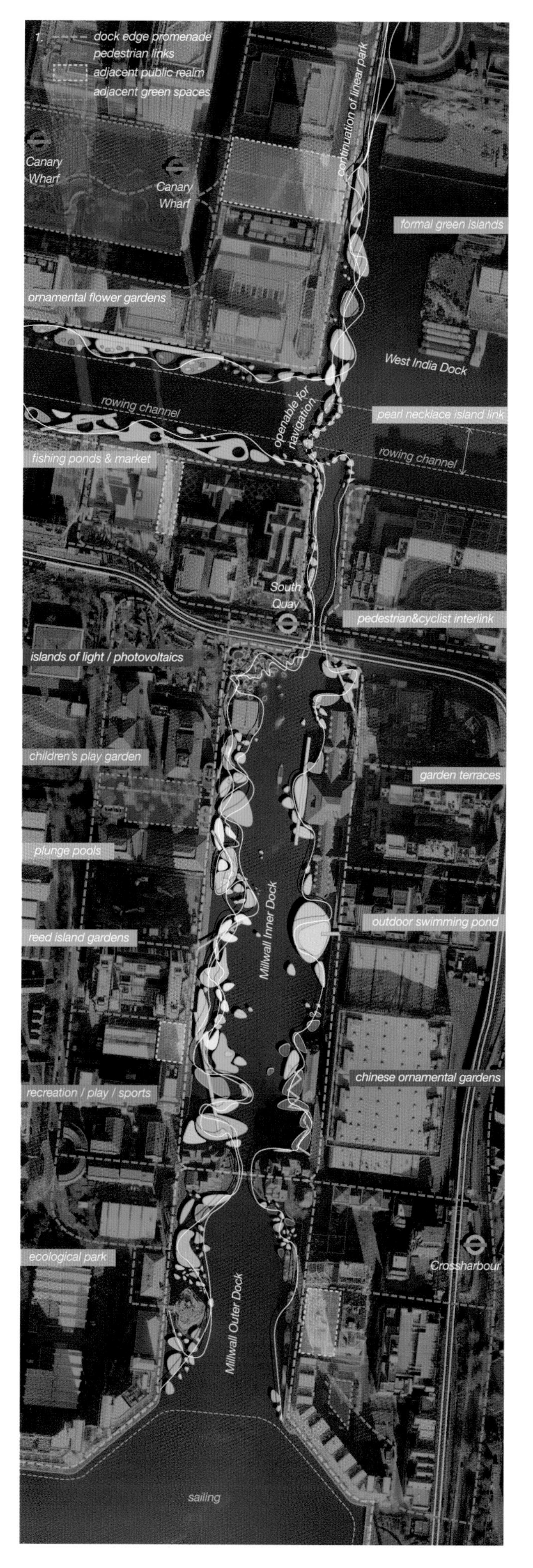
1.
dock edge promenade
pedestrian links
adjacent public realm
adjacent green spaces
Canary Wharf
Canary Wharf
continuation of linear park
formal green islands
ornamental flower gardens
West India Dock
rowing channel
openable for navigation
pearl necklace island link
fishing ponds & market
rowing channel
South Quay
pedestrian&cyclist interlink
islands of light / photovoltaics
children's play garden
garden terraces
plunge pools
Millwall Inner Dock
outdoor swimming pond
reed island gardens
chinese ornamental gardens
recreation / play / sports
ecological park
Crossharbour
Millwall Outer Dock
sailing

Migratory Urbanism - Flexibility of Island Configurations

compact

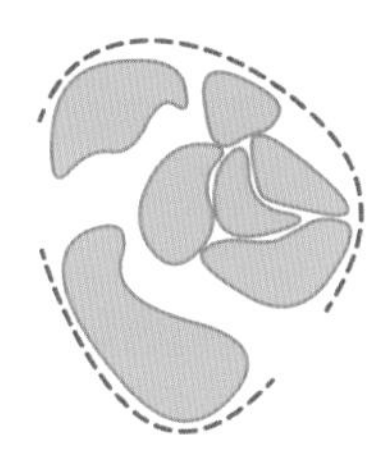

migration

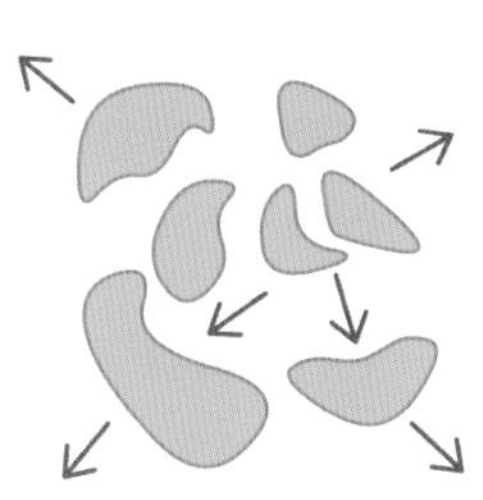

detached

individual rotation

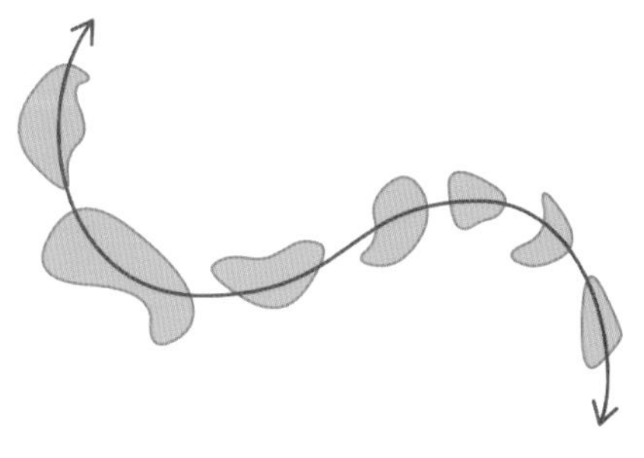

connective ribbon walkway

Douyna公园

Winner of an International Competition, the keystone to this development is a 4,046,856m^2 urban regional park that will be the first of its kind in Algeria.

本项目是一次国际比赛的冠军作品，其基本原则是建设一座4,046,856m^{2}的城市区域公园，并成为阿尔及利亚的同类首创。建筑师与政府机构和环境工程师共同协作，构思出多种项目元素，努力将可持续性集成在广阔的公园景观之中。

该公园位于阿尔及尔南部郊区，一条路优雅地通向并穿越公园。路的旁边规划了一些分支点和公园远景，如同柏柏尔项链垂下的珠宝一般。这些分支点被新的种植林所环绕，可以一览草地和水边洼地的景致，同时也成为了小径的起点和游玩、野餐的场所。公园为大众提供多项服务设施，还包括一个娱乐中心、马术中心、公园苗圃和种子库、供远足、慢跑和骑自行车用的小路、水库观察所以及将公园和新的60,000住户连接的市内人行道。

公园的一大亮点是可持续发展中心和植物园，其中包括花卉园、药用园、感官园、示范园、社区菜园、静养园和雕塑园。与可持续发展中心毗邻的是一个可容纳5000人的露天剧场，成为城市一个独特的文化设施。Dounya公园为使可持续发展方面的最新技术在有效范围内的实施提供了一个难得的机会。由于公园会受到来自南边撒哈拉沙漠暴风的影响，设计师根据地形建设了景观类建筑元素（林地、原生草地、果园和洼地绿洲），它们起到遮挡暴风的作用并优化了水收集系统。

项目的每个环节都将水视为最宝贵的资源。旧式和现代的方法都被运用进来，以尽可能地采集水分。为发展地中海松、栓皮栎和海岸栎等本地树种，公园建立起一片迅速成长的接替性森林，成为原生动植物的栖息地。这片森林还能够为整体景观带来水分调节、减轻风蚀作用、降低地表水蒸发及抑制沙漠化的作用。所有建筑物和硬性景观的雨水管理系统都将被转向生态调节沟和阶地“溪谷”。由石头铺成的阶地能够将淤泥和转移来的水积聚在渗透池、蓄水池和输水管中。当雨季到来时，这些水将被通过渗透来提高地下水位，在旱季则成为灌溉的水源。

Location / 地点: Algiers, Algeria Area / 占地面积: 4,046,856 m^2 Landscape / 景观设计: Meyer + Silberberg Client / 客户: Emirates International Investment Company

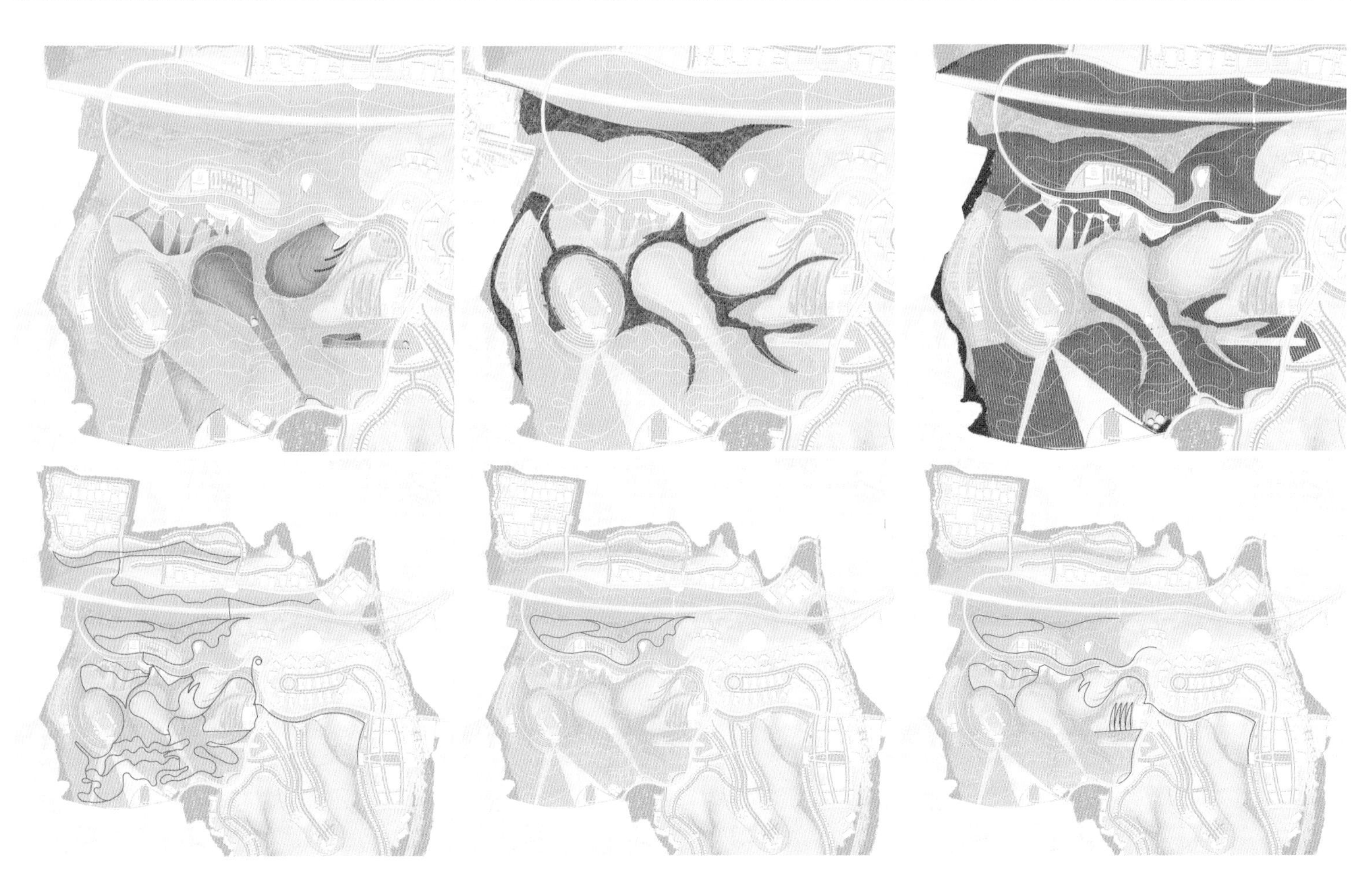

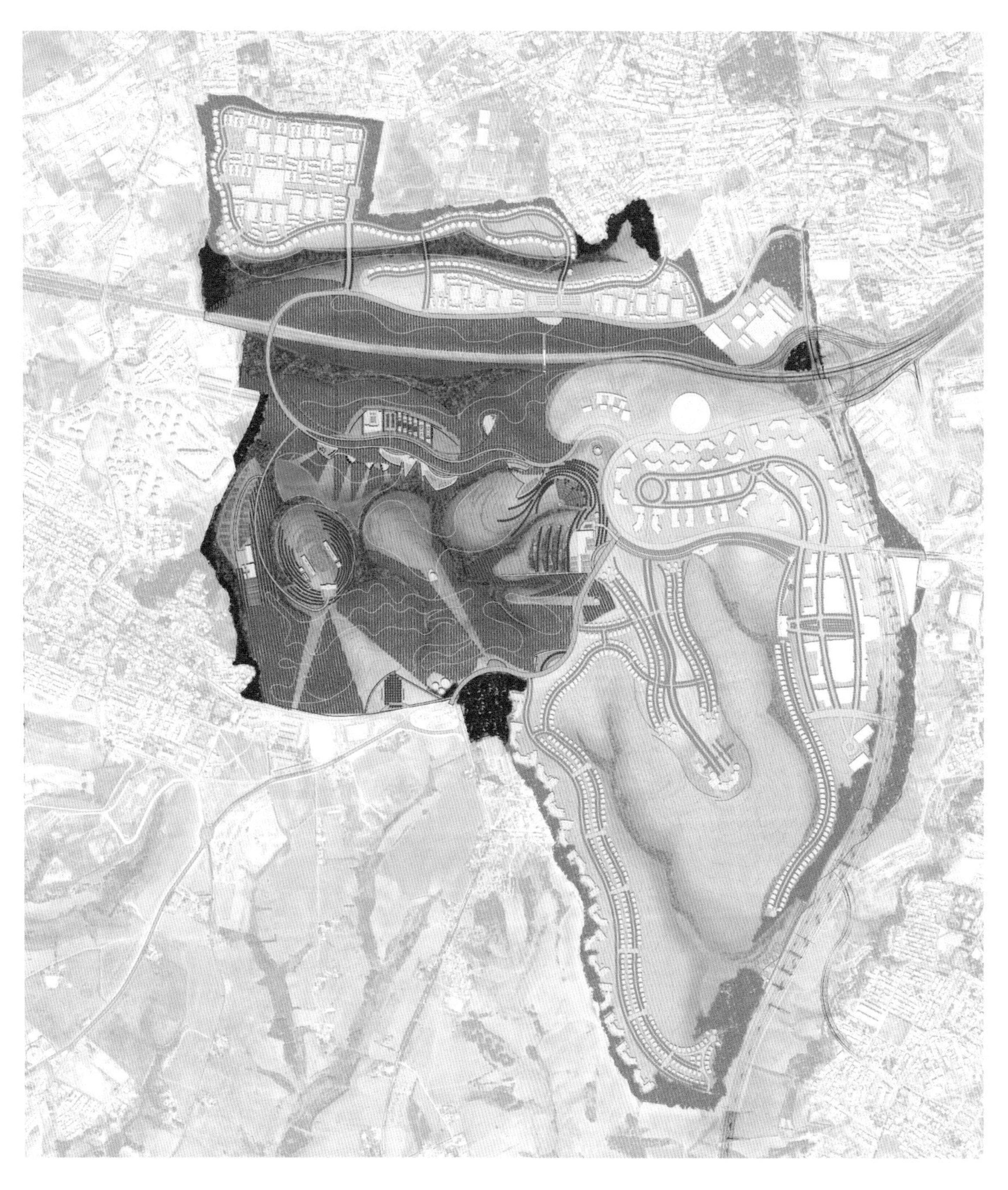

前卷烟厂场重建

Naples transforms Former Tobacco Factory to a new urban districtwith businesses, residences and public spaces for social gathering.

房地产商Fintecna请MCA重建Manifattura Tabacchi（卷烟厂）旧址，这块场地位于那不勒斯市中心东部。项目占地面积约170,000m^2，算上对现有建筑物的修复、新的住宅、商业和服务设施的建设，共计600,000m^{3}的空间。

那不勒斯将通过用于社交聚会的商业、住宅和公共区域将前卷烟厂转换为一个全新的市区。受到Fintecna委托，该项目由Mario Cucinella Architects事务所负责，已经于最近几天亮相。

本案旨在留下对Manifattura Tabacchi的回忆，保留其标志性建筑和更高质量的绿化区，建立一个新的城市结构。因此，这块原先仅用于生产活动的区域将会在城市中扮演新的角色。

直线形的楼群俯瞰这块宽广的公共场所，并为行人建造一条绿色的轴心。这里设有公共利益办事处、商店和邮局，被耸立在四周的住宅俯视着。经过对场地及其气候特征的仔细分析，项目最大限度地完成了主动和被动式节能措施的整合，以实现高效节能和降低对环境影响的目标。

Location / 地点: Naples, Italy **Area /** 占地面积: 170,000 m^2 **Landscape /** 景观设计: Mario Cucinella Architects srl **Client /** 客户: Fintecna Immobiliare S.r.l

slow

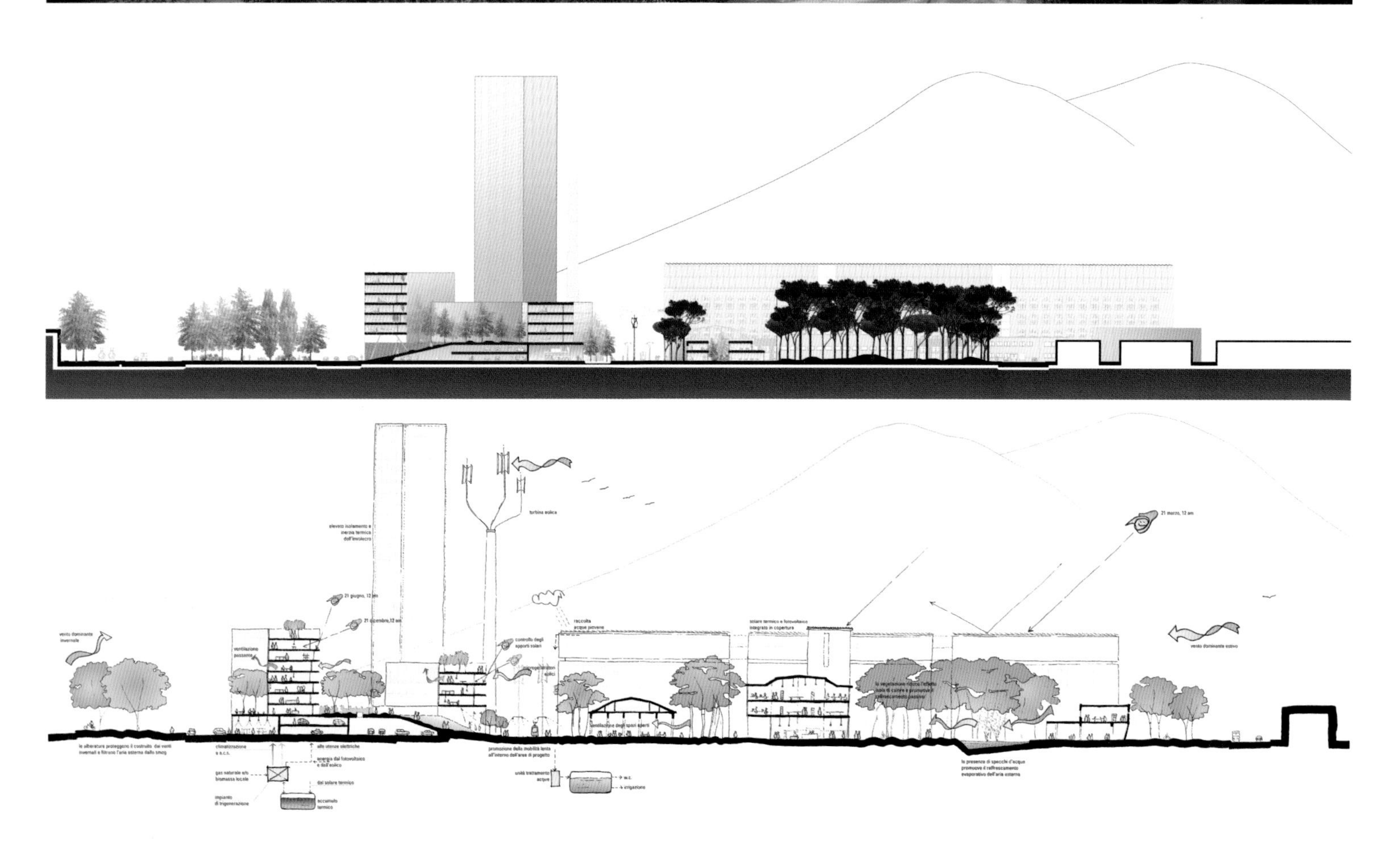
elevato isolamento e
inerzia termica
dell'involucro
turbina eolica
21 giugno, 12 am
21 dicembre, 12 am
vento dominante
invernale
ventilazione
passante
controllo degli
apporti solari
microgeneratori
eolici
raccolta
acque piovane
solare termico e fotovoltaico
integrato in copertura
21 marzo, 12 am
vento dominante estivo
ventilazione degli spazi aperti
la vegetazione riduce l'effetto
isola di calore e promuove il
raffrescamento passivo
le alberature proteggono il costruito dai venti
invernali e filtrano l'aria esterna dallo smog
climatizzazione
e a.c.s.
alle utenze elettriche
energia dal fotovoltaico
e dall'eolico
gas naturale e/o
biomassa locale
dal solare termico
impianto
di trigenerazione
accumulo
termico
promozione della mobilità lenta
all'interno dell'area di progetto
unità trattamento
acque
w.c.
irrigazione
la presenza di specchi d'acqua
promuove il raffrescamento
evaporativo dell'aria esterna

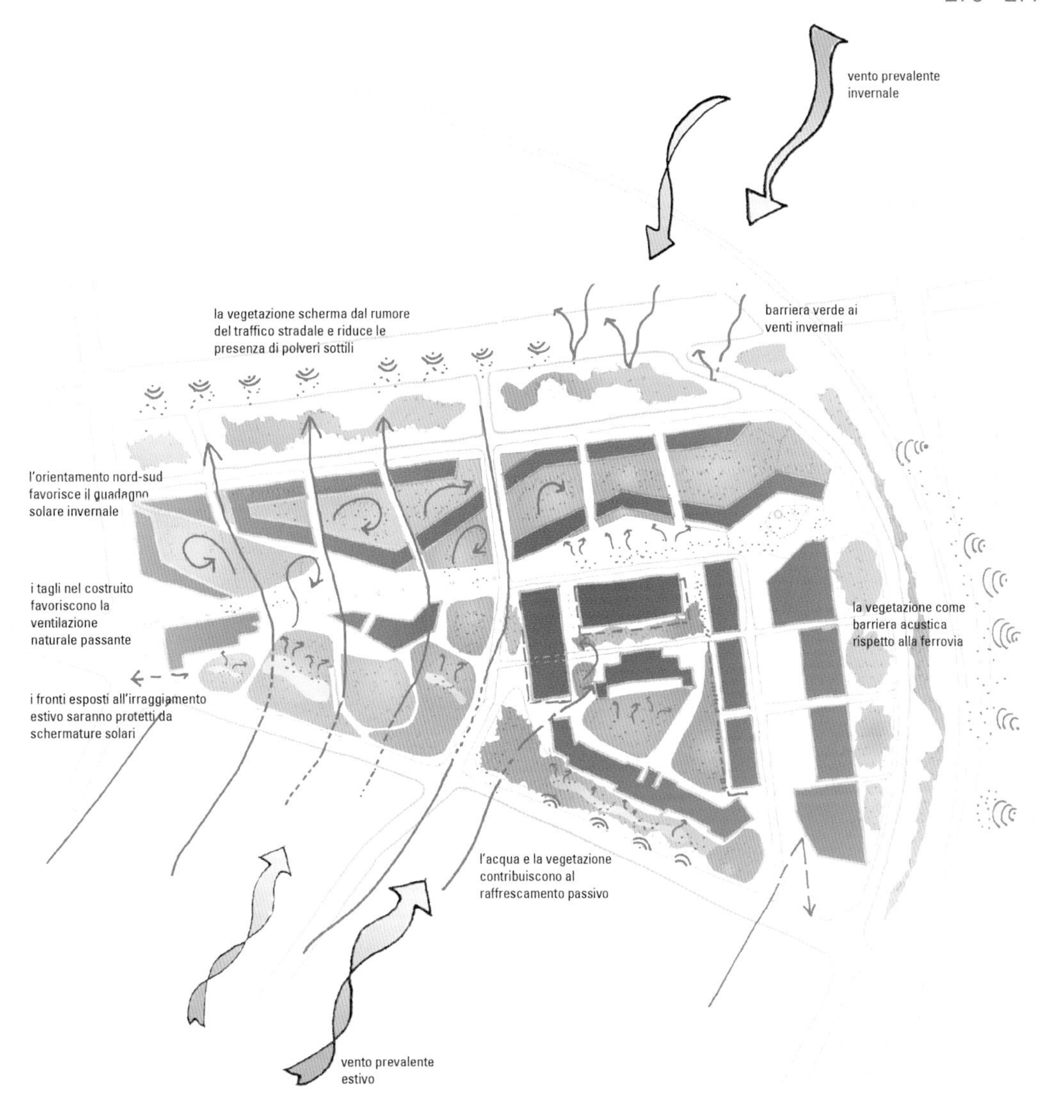
vento prevalente invernale
la vegetazione scherma dal rumore del traffico stradale e riduce le presenza di polveri sottili
barriera verde ai venti invernali
l'orientamento nord-sud favorisce il guadagno solare invernale
i tagli nel costruito favoriscono la ventilazione naturale passante
la vegetazione come barriera acustica rispetto alla ferrovia
i fronti esposti all'irraggiamento estivo saranno protetti da schermature solari
l'acqua e la vegetazione contribuiscono al raffrescamento passivo
vento prevalente estivo

"斯德哥尔摩球体"总体规划

Marketing intself and being a part of people's conscious is an important part of the City of Stockholm's ambitions. The aim of Stockholm is to become the capital of Scandinavia.

交界路口"Hjulsta"被计划建在斯德哥尔摩北部E18和E4公路交界的地方。这两条道路将场地划分为四个部分，既影响出行又影响外观。

"斯德哥尔摩球体"将通过一个环形结构连接这四个部分。具体方案是沿公共建筑铺设一条连续式环型自行车道和人行道，不通过分层式结构就使各个区域重新连接。中央谷地将变成一个拥有多种自然元素的饼图式公园。各区块不同的元素使人在内部或周围移动时能获得多元化的体验。

Hjulsta还包括在当前建筑结构的基础上融入新的建筑。重点是在这片中等大小的区域内增加小型和大型公寓。Järvaby和Barkaby都朝环路伸展开来。

门，即是穿越所经过的一个点。该项目把这个点构想为一个反射四周、位置悬空的球像，它影射着斯德哥尔摩新旧区域的景观，成为一个随时更新，不断变化的标志性建筑。球像表面的30％被朝向太阳的光伏薄膜覆盖，为保持球体漂浮提供足够的能源，并为周围235家住户提供电力。

Location / 地点: Stockholm, Sweden **Area / 占地面积:** 580,000 m^2 **Landscape / 景观设计:** BIG **Photography / 摄影:** BIG&Glessner **Client / 客户:** The City of The Stockholm, The Swedish Transport Administration

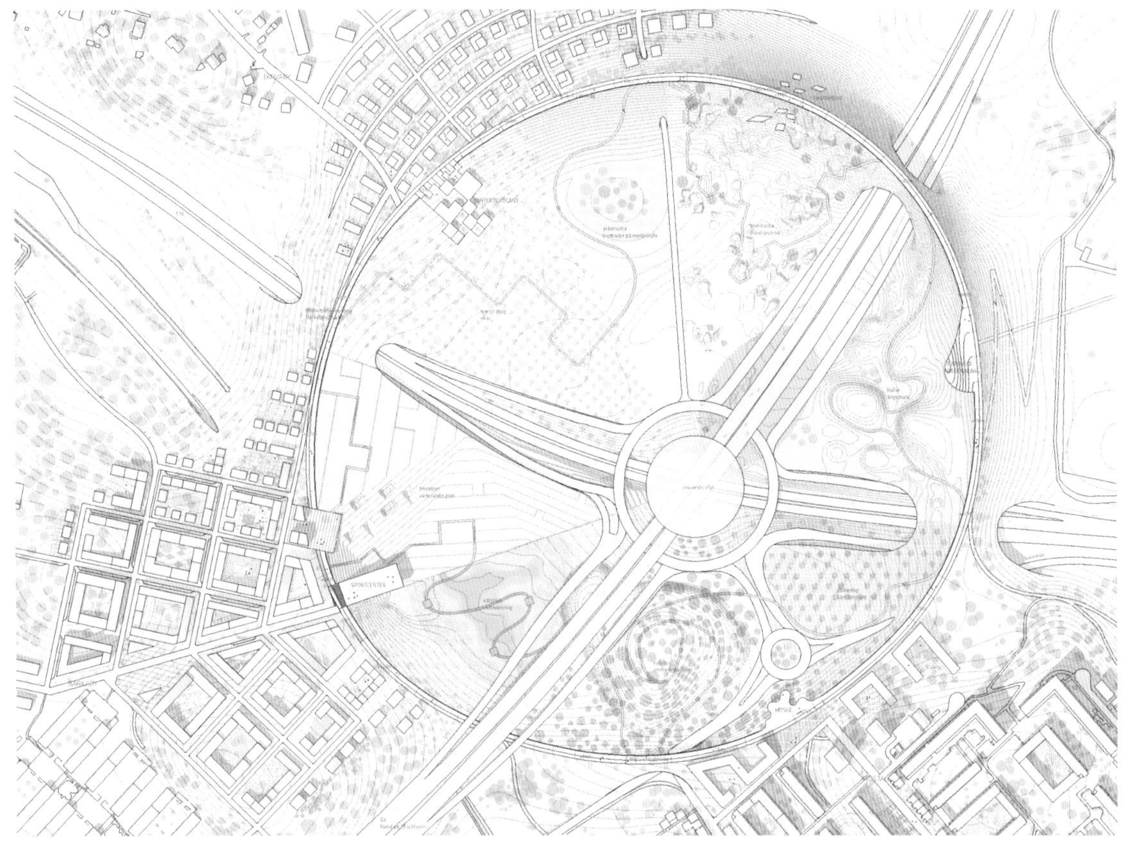

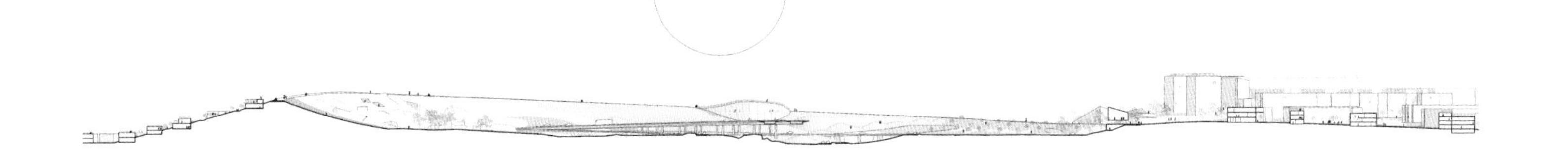

宽容之城

The inherent wishes for proximity to water, sustainability in both the social and the physical sense of the word, meeting places and diversity have been staple requirements in the preparation of this project.

设计师的目标是将该项目通过一个灵活、有益的规划方案建立在H+区域。设计的出发点是赫尔辛堡独有的特色、景观、水土、历史和目前运作良好的活动项目。

该项目在准备过程中将临近水源、可持续性的社会和自然效益、聚会场所功能和多样性作为基本要求。其结构规划将时间作为第四维度，意在观察宽容之城如何随时间的推进逐步成长、完全形成，并延续它进步、转变、宁静而不乏味的风格。这项结构计划有意为赫尔辛堡和艾尔西诺搭建一条链接，但不会将此作为先决条件。

建筑的构架拥有明确的目标和准则，可通过多种手段来完成。这种刚柔并济的设计配合了一系列要素，共同将这一项目变成了一个强大的规划工具。一个不断变化、高度适应的规划过程在很大程度上维持了“可持续发展”的特性。宽容之城的规划不仅涉及到该地区的物理结构，还考虑了它的环境、文化和功能内涵。不同的街区得以面向更多样化的人群和未知的未来的生活，从精神和物质上与赫尔辛堡的其他部分相交融。

城市广场和休闲区服务于一个多样化的群体，不分年龄、种族和性别，激发并挑战个人观点，生活方式和价值观。项目将以多样、繁荣的设计融合大小建筑，在规模和外观上表现出活泼与张力。宽容之城的建筑元素不会凭空消失也不会无中生有，可见性和学习性的方案设计将引起城市的周期和流程意识。城市被使用的同时又被建设，活力长存、生生不息。

Location / 地点: Helsingborg, Sweden Area / 占地面积: 973,000 m² Landscape / 景观设计: ADEPT, Schonherr Landscape Photography / 摄影: ADEPT, Schonherr Landscape Client / 客户: City of Helsingborg, H+ delegation

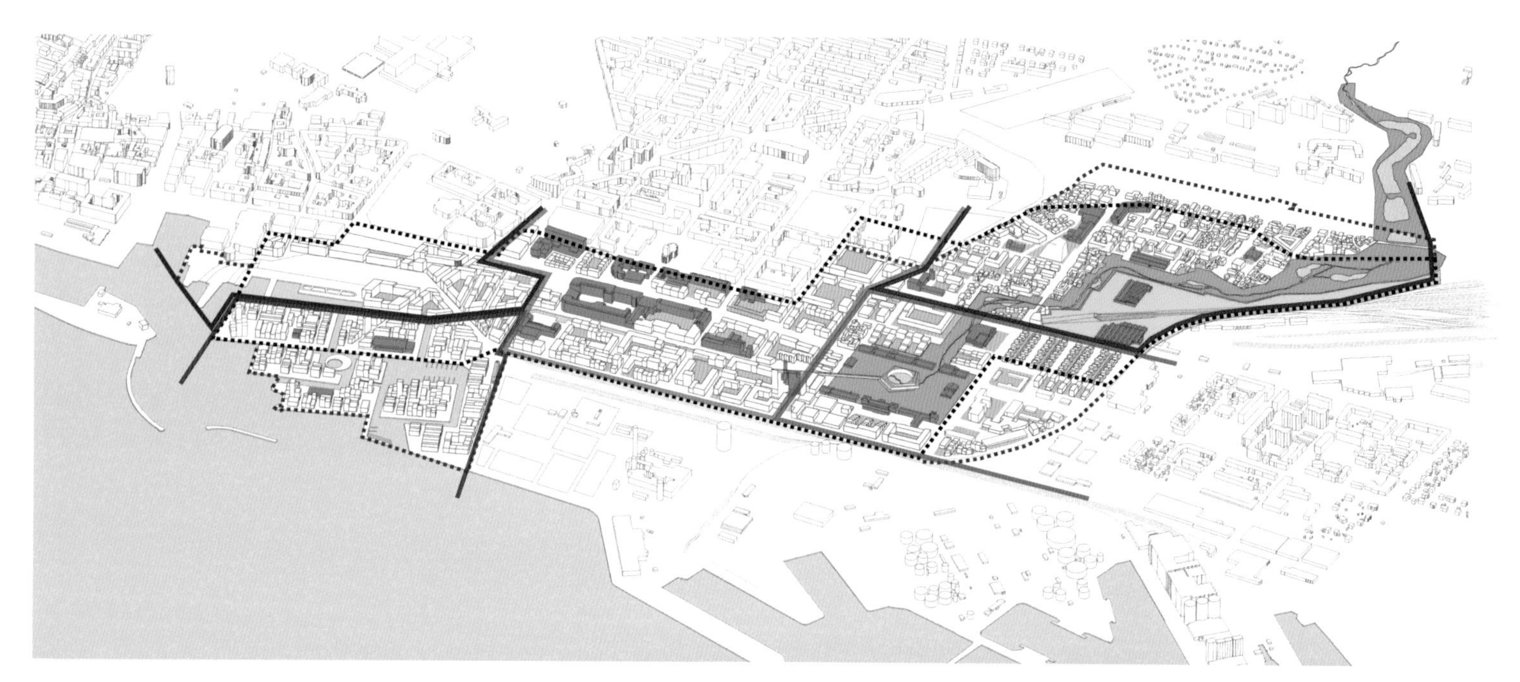

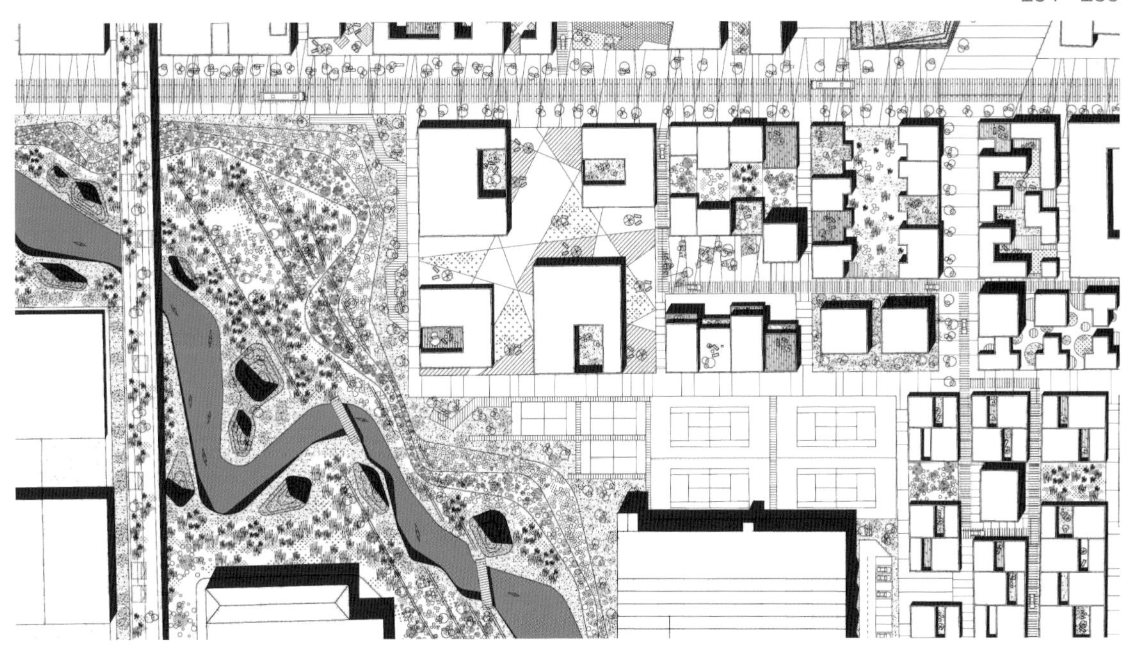

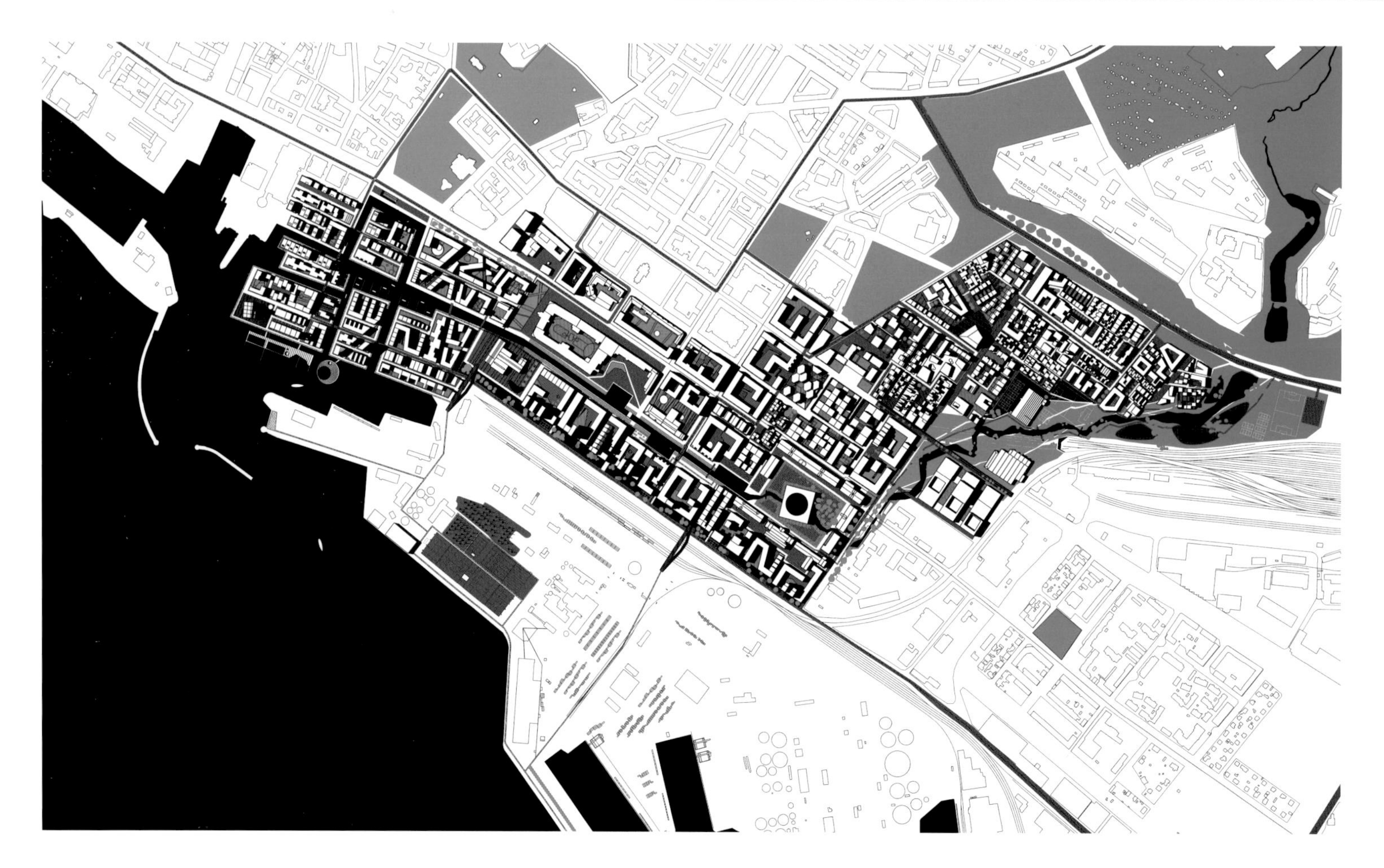

威廉斯堡滨水演出会场

Site is a hotbed of urban revitalization renowned for its vibrant artist community and historic industrial character.

本项目作为国际思想竞争的平台，于纽约市东河沿岸的一块前工业用地上重建，占地28,328m²，负责设计的HM White Site建筑工作室主张将其建设成一个可进行滨水休闲活动兼用于表演、欣赏戏剧的“演出公园”。

公园的设计考虑到场地的工业传统，以铁路交通结构为灵感，使城市景观延伸至公园内部，并与可持续河流生态景观区域相连。

此项设计提倡以雕塑式设计装饰平坦的地势，将道路、平台、结构设施整合成一个网络，强化河滨体验、展现城市景观，并促进表演和艺术设施潜能的发挥。

一个人行道网络交织于逐渐变化的景观之中，并将街景、河流和公园内部编织在一起。架设在河面上方的环形桥为水上出租车运输服务提供了便利的通道，更可让人近距离欣赏湿地边缘的景色，另一侧的眺望码头则成为了一个幽静的赏光长廊。

覆盖植被的山脊状外环柔和地渗入到公园内部，为游客带来沉浸式体验。隆起的护堤种植了岸栖草坪，和耸立的树丛搭配，一直延伸到街景之中，在公园和周围的高层建筑之间建立起一层视觉屏障。

一条潮汐汊道的设计将河畔引入至公园内部，通过一系列串联的池塘点缀这块前工业场地。沿河边种植的湿地草坪，恢复了这里的半咸水湿地生态系统，并为公园建立了一个雨水采集和矫正区域。

Location / 地点: New York, USA Landscape / 景观设计: HM White Photography / 摄影: N/A Client / 客户: SuckerPunch Competition

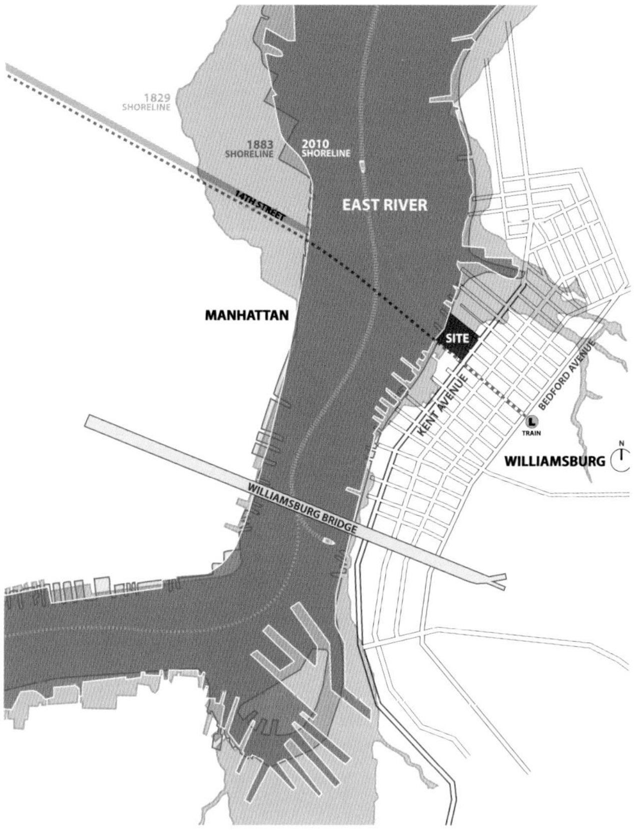

1829 SHORELINE
1883 SHORELINE
2010 SHORELINE
14TH STREET
EAST RIVER
MANHATTAN
SITE
KENT AVENUE
BEDFORD AVENUE
TRAIN
WILLIAMSBURG
WILLIAMSBURG BRIDGE

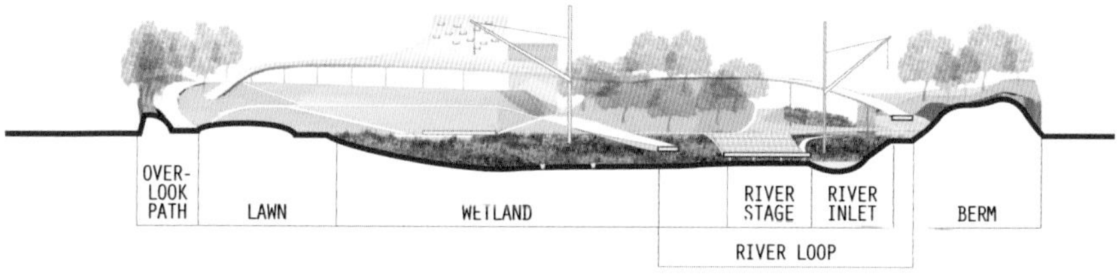

OVER-LOOK PATH
LAWN
WETLAND
RIVER STAGE
RIVER INLET
BERM
RIVER LOOP

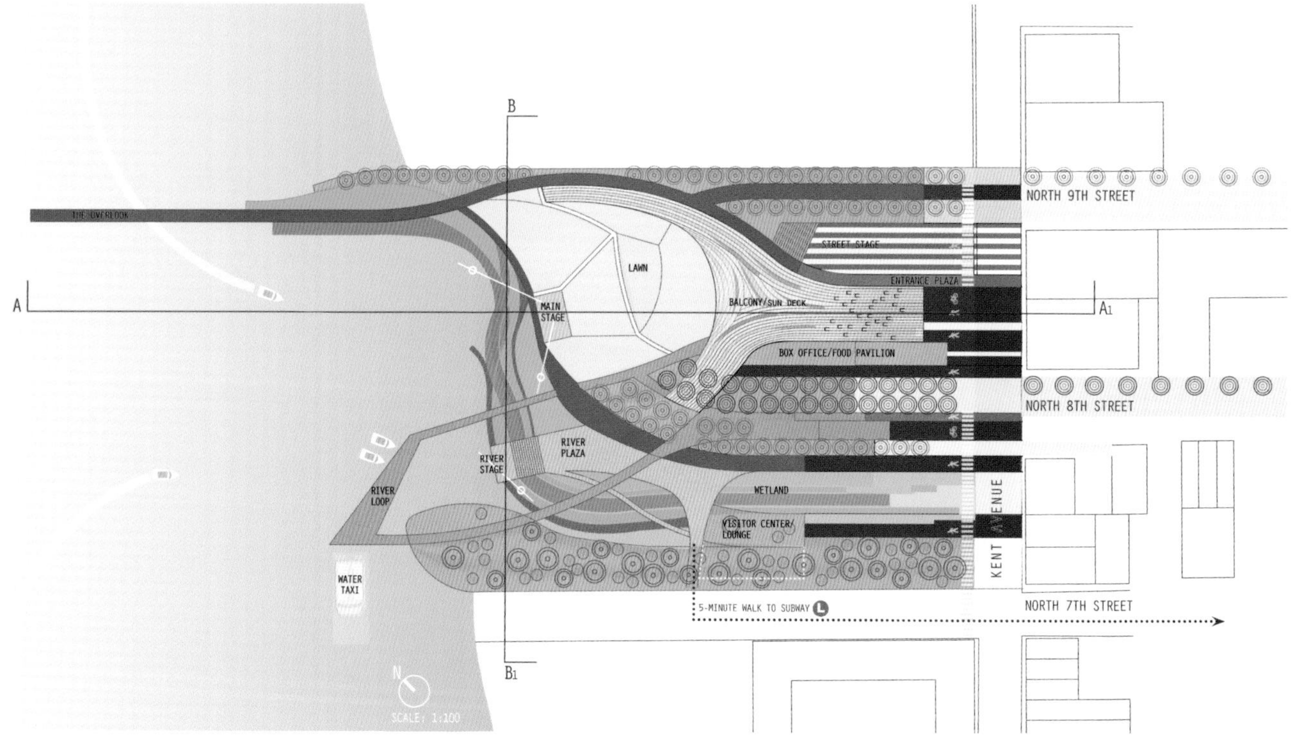

B
A
A1
B1
THE OVERLOOK
LAWN
MAIN STAGE
STREET STAGE
ENTRANCE PLAZA
BALCONY/SUN DECK
BOX OFFICE/FOOD PAVILION
NORTH 9TH STREET
NORTH 8TH STREET
NORTH 7TH STREET
RIVER PLAZA
RIVER STAGE
RIVER LOOP
WETLAND
VISITOR CENTER/LOUNGE
KENT AVENUE
WATER TAXI
5-MINUTE WALK TO SUBWAY
SCALE: 1:100

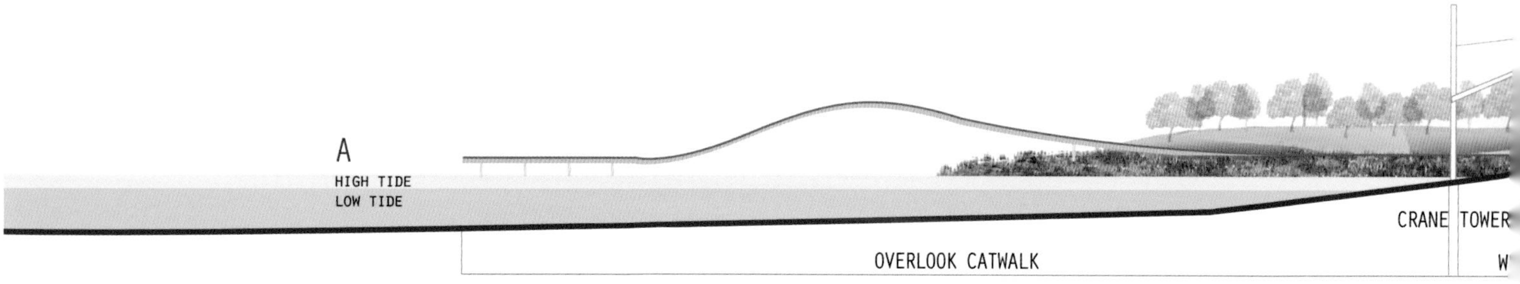

A
HIGH TIDE
LOW TIDE
CRANE TOWER
OVERLOOK CATWALK

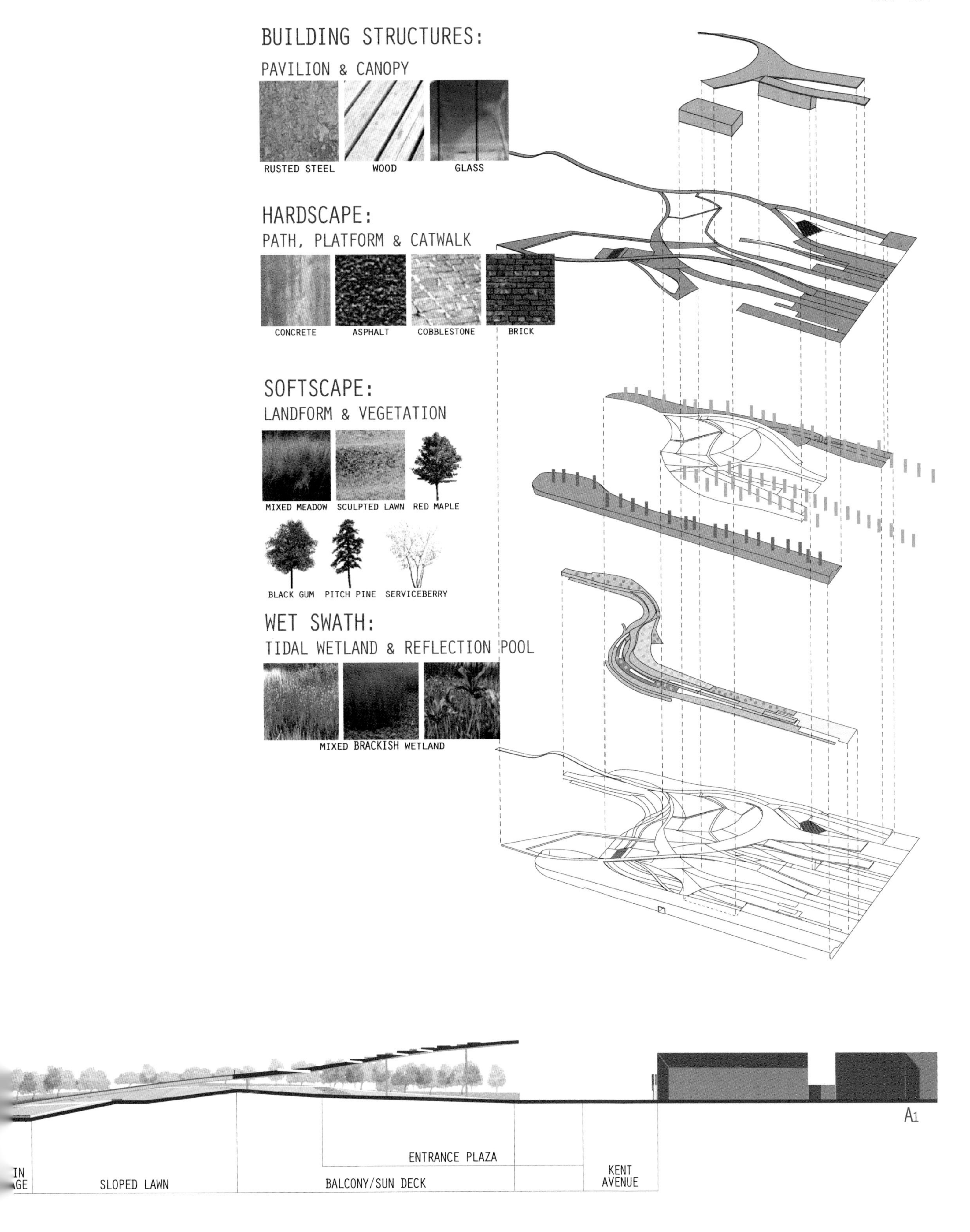

BUILDING STRUCTURES:
PAVILION & CANOPY
RUSTED STEEL
WOOD
GLASS
HARDSCAPE:
PATH, PLATFORM & CATWALK
CONCRETE
ASPHALT
COBBLESTONE
BRICK
SOFTSCAPE:
LANDFORM & VEGETATION
MIXED MEADOW
SCULPTED LAWN
RED MAPLE
BLACK GUM
PITCH PINE
SERVICEBERRY
WET SWATH:
TIDAL WETLAND & REFLECTION POOL
MIXED BRACKISH WETLAND
A1
ENTRANCE PLAZA
SLOPED LAWN
BALCONY/SUN DECK
KENT
AVENUE

小岛上的Zoorea动物园

The diverse programs on Dochodo Zoological Island influence and become increasingly dependent on one another; architecture, infrastructure, and landscape integrated into a comprehensive ecology of exchange.

这个设计项目是在韩国西南海岸一座相对欠发达的岛屿上建立起的一座新的动物园，对于负责该项目的设计师来说，这是一次战略性地重新定义整块区域的良机。

所有的基础性设施，包括交通、能源、水源、废物处理和建筑系统，都被限制在开发地带之内，形成一个“基础设施绿化带”。这片由城市移植到自然的绿化带作为一个可持续性基础设施，起到加强周围环境生态健康的作用。

项目将采用贯通式交通和服务传递，岛内的所有交通运输将达到零碳排放。使用的能量仅通过小岛尽可能多地采集获得。这些能量都来自可再生资源：太阳能、风能、波浪能、生物废物。发电装置将被植入小岛的发展建设中，以减少能源在长距离传输过程中造成的损失。

雨水将被收集并存储起来，在建设过程中加以利用。在动物园的禁猎区和自然保护区内，开发前的自然水文系统特征将尽可能地被保留下来。产生的废物会在其他环节得到利用。所有由植物、人类和动物产生的废物将被作为混合肥料或生物燃料重新利用。

开发带将成为一个有效的培养边界，保护并促进岛上动植物生态系统的生物多样性。Dochodo动植物小岛的各个项目相互影响，同时也越来越相互依存。建筑、基础设施和景观将被整合在一起，形成一个交互式的综合性生态家园。

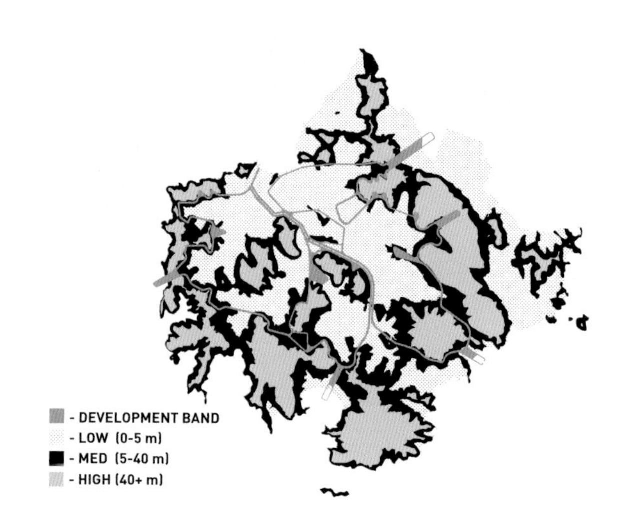

Location / 地点: Jeonnam, Korea Area / 占地面积: 43,587,000 m^2 Landscape / 景观设计: JDS Architects Photography / 摄影: JDS Architects Client / 客户: Commune of Jeonnam

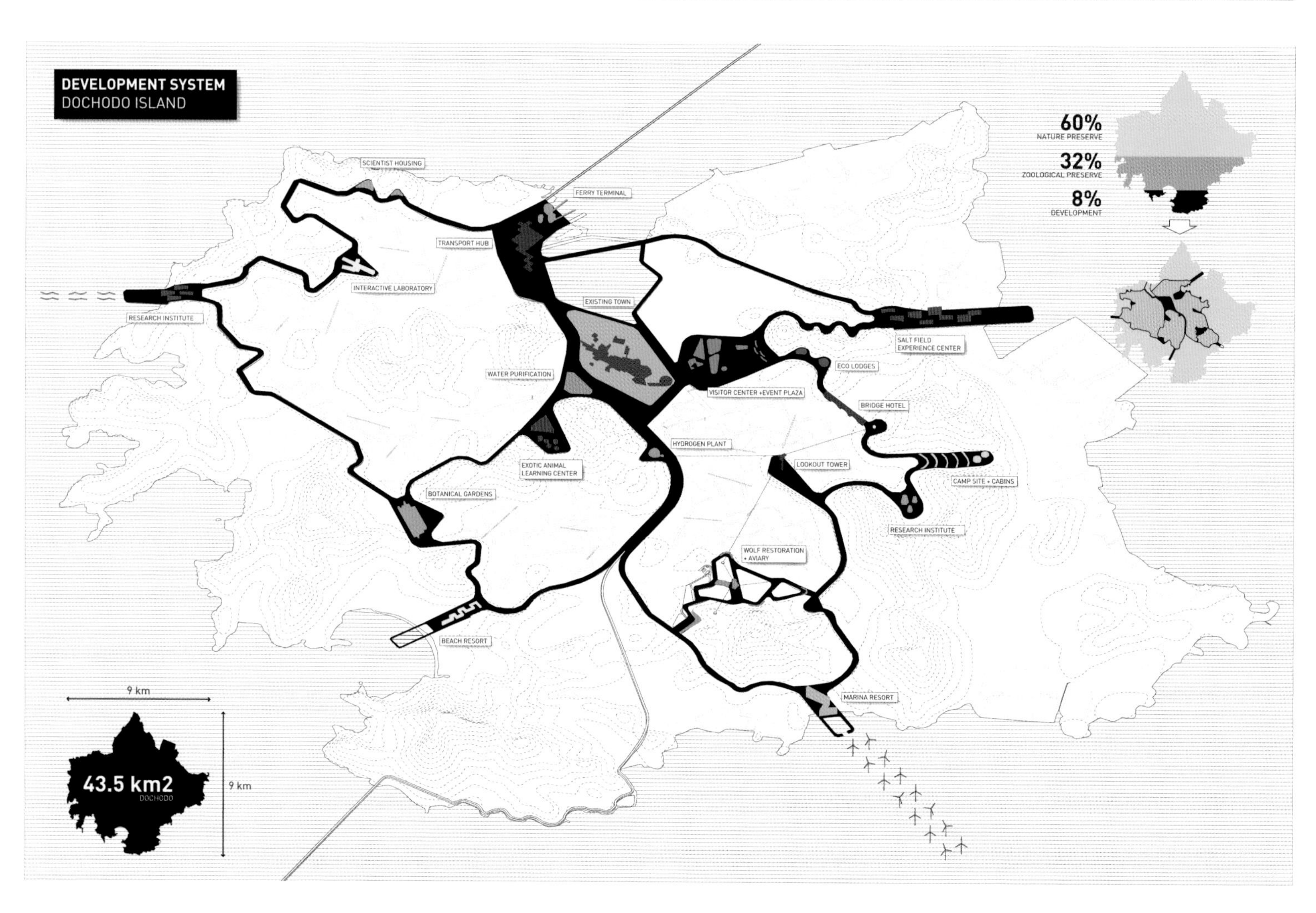
DEVELOPMENT SYSTEM
DOCHODO ISLAND
60%
NATURE PRESERVE
32%
ZOOLOGICAL PRESERVE
8%
DEVELOPMENT
SCIENTIST HOUSING
FERRY TERMINAL
TRANSPORT HUB
INTERACTIVE LABORATORY
RESEARCH INSTITUTE
EXISTING TOWN
SALT FIELD
EXPERIENCE CENTER
WATER PURIFICATION
ECO LODGES
VISITOR CENTER +EVENT PLAZA
BRIDGE HOTEL
HYDROGEN PLANT
EXOTIC ANIMAL
LEARNING CENTER
LOOKOUT TOWER
CAMP SITE + CABINS
BOTANICAL GARDENS
RESEARCH INSTITUTE
WOLF RESTORATION
+ AVIARY
BEACH RESORT
MARINA RESORT
9 km
9 km
43.5 km2
DOCHODO

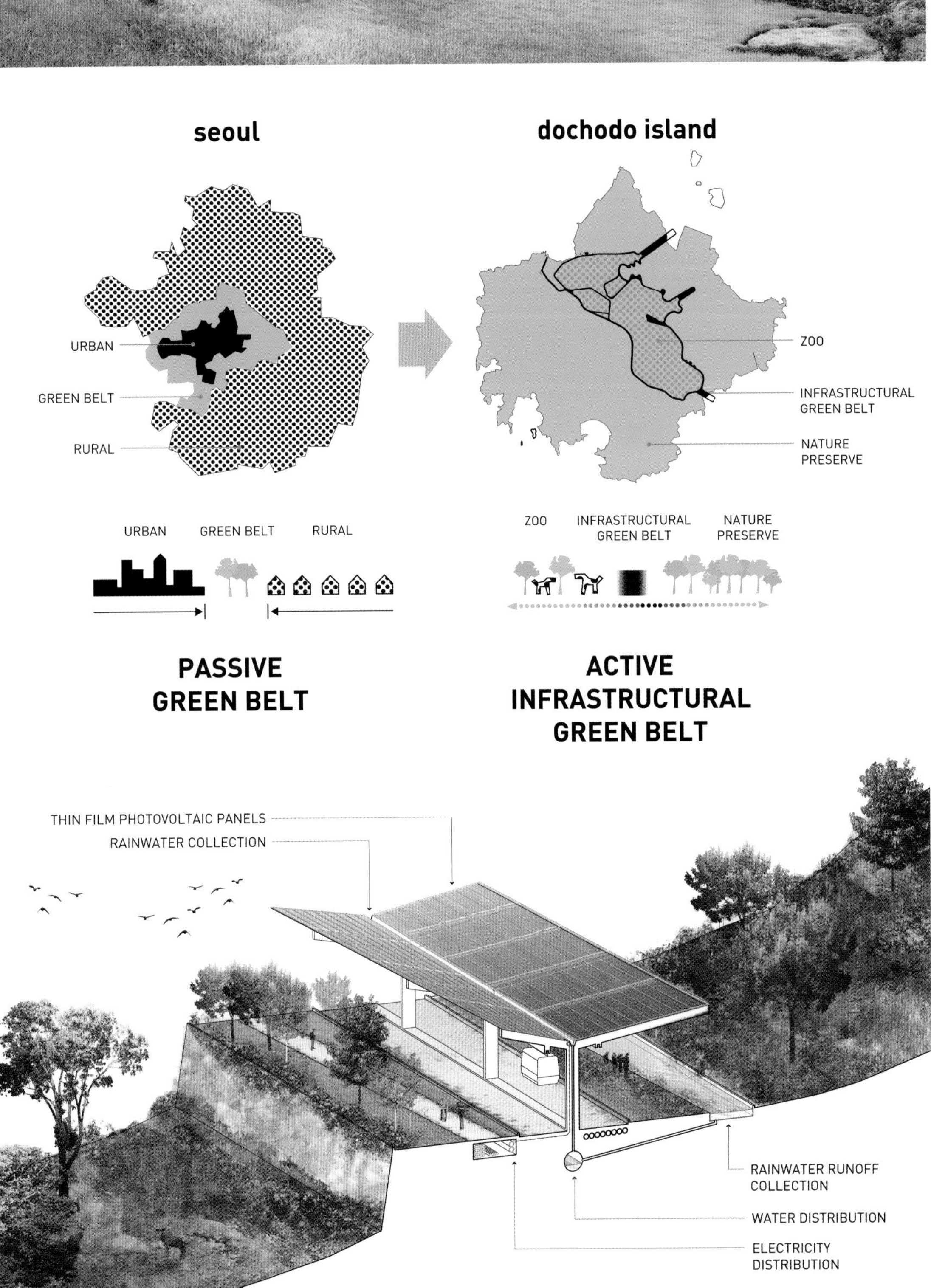
seoul
dochodo island
URBAN
GREEN BELT
RURAL
ZOO
INFRASTRUCTURAL GREEN BELT
NATURE PRESERVE
URBAN
GREEN BELT
RURAL
ZOO
INFRASTRUCTURAL GREEN BELT
NATURE PRESERVE
PASSIVE GREEN BELT
ACTIVE INFRASTRUCTURAL GREEN BELT
THIN FILM PHOTOVOLTAIC PANELS
RAINWATER COLLECTION
RAINWATER RUNOFF COLLECTION
WATER DISTRIBUTION
ELECTRICITY DISTRIBUTION

ACXT Architect

Add: Avda. Monasterio del Escorial, 4, Madrid, 28049, Spain
Tel: +34 914 441 150
Web: www.acxt.net

ACXT is a Spanish company with offices all around the world. ACXT is created by means of the expectations of a team that attempts to give an answer according to the current complex reality. This explains that its beginning is located in the fertile and varied work context of a multidisciplinary group. Opposite to the creativity conceived in terms of the traditional architecture office, ACXT bets on a creative context of teamwork of professionals with different education and viewpoints.

Javier Pérez Uribarri is a Partner Senior Architect of the firm. He has received several awards as the FAD 2004, COAA Award in 2008, ARQAno Award en 2009. In recent years he has been project architect of other new-landscape-rather-than-a-new-building: Bilbao Arena, IDOM Headquarters in Bilbao and Colegio Vizcaya swimming pool.

ADEPT

Add: Rådmandsgade 55, 2200 KBH N, Denmark
Tel: +45 5059 7069
Web: www.adeptarchitects.com

ADEPT is based in Copenhagen and performs architecture, planning and landscape design. The studio was founded in 2006 by Anders Lonka, Martin Laursen and Martin Krogh. The three founding partners front ADEPT's creative work and development. Sanne Lindhardt, Head of Office works in close cooperation with the three partners on strategic management, operations and development. ADEPT only takes part in deliberately selected projects. This makes it possible to achieve serious and ambitious collaborations and reach a high quality in every project in the studio's auspices. In recent years ADEPT has won several national and international architectural, urban and town planning competitions.

Affleck de la Riva Architects

Add: City Centre Building, 1450 City Councillors street, # 230 Montreal (QC) H3A 2E6, Canada
Tel: 514.861.0133; Fax: 514.861.5776
Email: studio@affleckdelariva.com

Founded in 1995 by Gavin Affleck and Richard de la Riva and based in Montreal, Canada, Affleck de la Riva Architects believe that quality environmental design is an agent of social change and a key element in fostering citizenship, social equity, and healthy lifestyles. The firm provide services for the design and construction of institutional, commercial and residential projects and has also developed specific expertise in urban design and the restoration of historic structures.

Through a wide range and scale of projects including research, competitions, and built work, Affleck de la Riva has been exploring the potential of history and landscape to generate contemporary architecture for more than 15 years. An interest in the craft-based traditions of noble materials has led to a number of building restoration commissions, including several important historic monuments. One cannot truly build contemporary architecture without having assimilated the lessons of the past.

The quality of Affleck de la Riva's work has been recognized by numerous international publications (France, England, United States, Spain, China, Romania, South Korea, Turkey, etc.) and invitations to lecture in Europe and across North America. The firm is the recipient of first prize awards in three open architectural competitions, a Governor General of Canada Award, two Awards of Excellence from the Order of Architects of Quebec, and an Award of Excellence from the Canadian Architect magazine.Gavin Affleck and Richard de la Riva are active members of Canada's architectural community. They have taught at schools of architecture across the country and contributed to numerous committees and organisations.

Alessandra Faticanti Roberto Ferlito and Partners

Add: c/Ramon Turro',11 3 , 08005 Barcelona, Spain
Tel: +34 932257674; Fax: +34 932257674
Web: www.nabitoarchitects.com

NABITO Born in Barcelona from the will and courage of the architects Alessandra Faticanti and Roberto Ferlito in 2007. Nabito won the important European award "Nouveaux albums des jeunes architectes Paris 2007", given by the ministry of culture. They won several competitions in Europe and have open new offices in Rome, Italy.

In 2009 NABITO won the Award "Cavalierato giovanile della provincia di Roma" for Art and Architecture and it is featured in the book "Annual of Best Creative Talents, Young Blood" award given by the Ministry of culture, Rome. In 2010 Nabito was selected on the TNT festival for the Young Talent award by the Ministry of Youth, Rome. Nabito's design strategy focuses on answering the questions of sustainability, architecture, urbanism and territorial strategies in its projects. It is an active studio in the research field. The objective of the design approach is to conceive a product that is culturally valid and complete at every level: from design at the urban and territorial scale, to restorations, installations, temporary architecture, various inhabitable typologies, parks and gardens, public buildings, and residential complexes of masterplans at various scales. They investigate the relation between social and intimate space, private and public systems with an inclusive behaviour.

Recently Nabito won the Total Housing Competition and showed its work at the Store Front Art and Architecture Gallery in New York. Currently Nabito is also involved in research: the interest is directed to the contemporary dynamics of sustainable transformation of the territory and to the large scale planning, in collaboration with the university Fundacio UPC Barcelona (with the project Maresme, Barcelona 2.0) and with the University of Trento on a research project about the development of the city between Trento and Bolzano (slow city). From 2010 the office has been included in the group of experts chosen by the region Catalunya (Generalitat), in order to redefine the new model of regional social services.

Alice Ruggeri Jardines y Paisaje

Add: Plaza Libertad 9, 08012 Barcelona, Spain; Via Conero 2y, 60129, Ancona, Italy
Tel: +34 652 330131; +39 071 33613
web: www.jardinesypaisaje.com

Alice Ruggeri Jardines y Paisaje, designs landscape, open spaces and gardens, searching for the maximum quality in the final results and all the phases of the process, from the relationship with client, the choose of materials, details accurate design and the collaborations with other professionals, looking for environmentally sustainable landscaping, protection of biodiversity, and the spread of ecological consciousness.

Alice Ruggeri Jardines y Paisaje founded in 2007 in Barcelona and Ancona as an independent Studio counts with a 10 years experience in contemporary landscape achieved from 5 years design project direction in Bet Figueras Studio, and other 5 years of direct experience on the field.

The Studio counts with a multidisciplinary team of consultants: architects, geobiologists, gardeners and ecology experts, to create a high quality design response for every project, space and client requirements. Alice Ruggeri Jardines y Paisaje develops projects at different scales from landscape to garden, from public territorial and urban scale to private open spaces and gardens.

ANNABAU Architecture and Landscape

Add:ANNABAU Choriner Strasse 55 10435 Berlin Germany
Tel: 030 33 021 585; Fax: 030 33 021 586
Web: www.annabau.com

ANNABAU Architecture and Landscape is a young interdisciplinary office for architecture and landscape architecture that plans projects with a high demand on design and spatial solution issues. High-quality execution, compliance with budget and schedule as well as flexibility are very important to the company.

In addition to architecture projects from the private and public sectors ANNABAU Architecture and Landscape designs gardens, parks, public squares and playgrounds. Extensive experience in energy planning and energy efficiency make sustainability an integral part of the projects.

Arquitetos Associados

Add: Rua Palmares, 17 . Santa Lúcia . 30360-480, Belo Horizonte . MG . Brasil
Tel: +55 31 3261 7446
Web: www.arquitetosassociados.arq.br

Arquitetosassociados is a collaborative studio dedicated to architecture and urban design based in Belo Horizonte, Brazil. Each project is treated as a unique and specific work, for what a particular organization of the group is set, allowing the emergence of various design groups inside the studio with eventual external collaborators. This dynamic modus operandi improves the answers to the specific demands of each project and blurs some authoral issues, while allowing a permanent change and reinvention of the group, followed by a continuous improvement of its conceptual basis.

The work of each of the five members of the studio's core takes Brazilian modern architecture as a departure point in different points of view, restating and rethinking some of its concepts to reach adequate and innovative answers to local problems in the realm of architecture and its relation to the city.

Developed in parallel to a docent practice, the work deals with a great range of scales and programmes, from individual houses to public buildings and urban design, always committed to rethink programmatic and construction issues beyond its ordinary sense. The permanent research on architecture is allowed by a regular participation in competitions, parallel to the reconsideration of the vernacular construction in some small scale typologies. A contemporary approach focused on the design of the main infrastructural elements recognizes the virtues of indeterminacy and seeks for an open design that could increase the life of buildings while allowing changes in use, transformation and growth. This also allows some radical approaches on real estate market considering flexibility, mutability and change.

ARS° ATELIER DE ARQUITECTURAS

Add: Calle Rayo 2619-1 Jardines del Bosque CP. 44520 Guadalajara, Mexico
Tel: +52 (33) 40407896
Web: www.atelierars.com

ARS° ATELIER DE ARQUITECTURAS is a young practice led by Alejandro Guerrero based in Guadalajara México. He has received several awards as the Gold Medal at the Fifth Biennial of Architecture in Jalisco in 2007, Jalisco Architecture Award in 2009 and second place in the Contest for the Mexican Pavillion at Expo Shanghai 2010. Their works should be understood as the implementation of an understanding of the architectural project in which the memory of forms, the history of architecture, the constructive facts of our buildings, the compromise with the profession and the city are the fundamental basis of their works. The self-complacent acrobatic novelty of grand part of the current architectural panorama, produced by the media overexposure of the profession, does not interest them.

Atelier Loidl Landscape Architects and Urban Planners

Add: Am Tempelhofer Berg 6, 10965 Berlin, Germany
Tel: 0049(0)30 300 244 50; Fax: 0049(0)30 300 244 528
Web: www.atelier-loidl.de

Atelier Loidl Landscape Architects and Urban Planners was founded by Prof. Hans Loidl in Berlin in 1984 and is lead by its new owners Leonard Grosch, Bernd Joosten and Lorenz Kehl since 2005. Based in Berlin and in North Rhine-Westphalia, Atelier Loidl Landscape Architects and Urban Planners engages around 20 employees. At present several projects around Germany are under construction. Atelier Loidl Landscape Architects and Urban Planners came to be known with the design and construction of the Lustgarten Berlin, Rheinpark Duisburg and Bridgepark Muengsten.

Bercy Chen Studio

Add: 1111 East 11th Street #200 Austin, TX 78702, Texas, USA
Tel: (512) 481-0092
Web: http://bcarc.com

Bercy Chen Studio LP is an architecture & urban planning firm with design/build capabilities based in Austin, Texas founded in 2001 by partners Thomas Bercy and Calvin Chen, both graduates of the University of Texas at Austin. The firm was recently profiled in Architectural Record's December 2006 "Design Vanguard" award issue, selected as one of top 10 emerging design firms in the world. In 2007 Bercy Chen Studio LP was part of the Young Americans exhibition at the Deutsche Architektur Museum in Frankfurt, Germany.

The firm's work has been published in over 20 countries including The New York Times and Business Week for design innovation in 2007. Thomas & Calvin have also been invited guest speakers at the National Building Museum in Washington D.C. Thomas is from Belgium and Calvin is from Taiwan,China by way of Australia; the partners' European and Asian backgrounds form a design philosophy of unique perspectives. The work is influenced by vernacular precedents from various cultures- whether Islamic, Indian, African or pre-columbian, while maintaining respect for the particular contemporary contextual conditions.Due to this unique approach, the work has received national and international attention. Bercy Chen Studio won the prestigious "Emerging Voices" prize from the Architectural League of New York in 2006. Every year the League selects 7 of the most innovative designers from Europe and North America for this award.

The firm has collaborated closely with both the private and the public sector. Current projects include master planning of an 3,237,485 m^2 sustainable development near Mulege in Baja California Sur, and the Nahua Museum Tower, a 45 story luxury residential tower on town lake next to the Mexican American Art Museum in Austin, Texas, and the Skybridge, a 120 unit, 140,000 sq. ft. town home project.

BIG

Add: Nørrebrogade 66d, 2nd floor, 2200 Copenhagen N, Denmark
Tel: +45 7221 7227; Fax: +45 3512 7227
Web: www.big.dk

BIG – Bjarke Ingels Group is a leading international partnership of architects, designers, builders and thinkers operating within the fields of architecture, urbanism, research and development. The office is currently involved in a large number of projects throughout Europe, North America and Asia. BIG's architecture emerges out of a careful analysis of how contemporary life constantly evolves and changes, not least due to the influence of multicultural exchange, global economic flows and communication technologies that together require new ways of architectural and urban organization. BIG is led by partners – Bjarke Ingels, Andreas Klok Pedersen, Finn Nørkjær, David Zahle, Jakob Lange, Thomas Christoffersen and Managing Partners, Sheela Maini Søgaard and Kai-Uwe Bergmann – with offices in Copenhagen and New York. In all our actions we try to move the focus from the little details to the BIG picture.

Bjørbekk & Lindheim AS

Add: Bjørbekk & Lindheim AS, Sagveien 23a, 0459 Oslo, Norway
Tel: + 22 04 04 60
Web: www.blark.no

Bjørbekk & Lindheim AS, Landscape Architects MNLA, was established in1986 and consists of 23 employees at the present. Bjørbekk & Lindheim is seeking a modern and relevant form of language grounded on a human scale. They try to listen to the "spirit" of the place and use local resources and opportunities to design new, holistic environments. Their focus is on beauty in everyday life, the creation of good meeting places and functional landscapes and outdoor areas that will age with dignity and mature gracefully.

Jostein Bjørbekk is one of the two owners and general manager of Bjørbekk & Lindheim A / S.He is appointed to the Council for Byarkitektur (City architecture) in Oslo for the period 2007 - 2011. In recent years he has been project manager responsible for landscape projects at the New Ahus – Akershus University Hospital in Lørenskog (Norway), terrain and landscaping projects at Fornebu, (Norway) and the development of a new urban district in Oslo, Tjuvholmen.

Tone Lindheim is one of the two owners and general manager of the firm, as well as professor II at the Institute for Landscape Planning, Ås – Norway. In the last 6 years she has been responsible for teaching the course "major landscape interventions". She has been project manager for the"Urban Ecology Pilestredet Park" where urban ecology and waste water treatment have been central elements in the project.

Bjørbekk & Lindheim AS's stuff has a broad range of experience within various fields of landscape architecture. Their experience also includes working in the public sector, on a community level as well as in private practices. This wide collection of backgrounds, together with their extensive experience in working on several different project types and volumes make them able to manage tasks of high complexity, volume and time span. They aim to create dynamic working teams consisting of architects, engineers, as well as, horticultural specialists, ecologists, lighting designers, artists etc when appropriate

Blackburne Jackson Design

Add: 37 Aerodrome Road, Maroochydore, Australasia
Tel: 07 5443 3200
Web: www.blackburnejacksondesign.com.au

BLACKBURNE JACKSON DESIGN is a sunshine coast based multi disciplinary firm specialising in architecture, landscape architecture, interior design and project management.

With over 75 years of experience in south east queensland they have delivered a broad scope of successful projects throughout queensland, victoria and China.

Their architects, interior designers and landscape architects take pride in provding innovative, sustainable and economical design solutions for a range of projects including residential, multi Residential, commercial and community use facilities.

buildingstudio

Add: P O B 684443, Austin, TX 78768, USA
Tel: 901 619 3086
Web: www.buildingstudio.net

buildingstudio was founded with two principles in mind: first, to blur the boundaries between architecture, art, craft and thinking. Rather than separate disciplines, buildingstudio treats each as essential to the larger realm of building. And coupled with this, buildingstudio s work explores built presence grounded in the experience of the real world, building as realized through a process of critical reflection. As such, their goal is to develop an ongoing ontological investigation where the meaning of presence is fundamental. Acknowledging this as primary, the skill gained through building fuels innovation and discovery to enliven the design process.

buildingstudio, established in 1999 by Coleman Coker, is a collaborative firm focusing on inventive and imaginative work. Regularly acknowledged for their design excellence, they've received numerous honors including P/A Design Awards, Emerging Voices from the Architectural League of New York, numerous Architectural Record, "Record House" awards and National AIA Honor awards. Much of their work attends to the needs of the underprivileged by developing socially responsible projects for non-profit organizations.

buildingstudio's work is frequently published and has been highlighted at the Wexner Center for the Visual Arts, MoMA, and the San Francisco Museum of Contemporary Art. Their work has also been shown at the Cooper-Hewitt National Design Museum and the National Building Museum in Washington, D.C.

Burgos-Garrido Arquitecto Asociados

Add: Lorenzo Solano Tendero, 928043 Madrid, Spain
Tel: 0034 917489327
Web: www.burgos-garrido.com

Architectural Office founded by Francisco Burgos and Ginés Garrido, both professor of the School of Architecture of Madrid (UPM). Some of their recent works, obteined as first prizes at several competitions, are the Integration or the river Tagus in the City of Toledo (Spain), the Official Residence of the Spanish Embassy in Canberra (Australia) and the Footbridge Lent-Tabor in Maribor (Slovenia).

Caballero+Colón de Carvajal

Add: Street Carretas No.19, No.3, 28012, Madrid, Spain
Tel: +34915314732
Web: www.caballerocolon.com

Caballero+Colón de Carvajal was founded in 2004 by the architects Paula Caballero and Diego Colón de Carvajal. Since then the office has made several works in the field of architecture, landscaping, design, and set design. Works such as "Housing for young people in Parla" (2nd prize), "Access to Santa Susana Monolith" (2nd Prize), "Reform of the headquarters for the Consultative Council of the Madrid´s Council" (1st prize), "House in Calle Atocha" or "Garden in a nursing home in Madrid" have been awarded and distributed in different specialized media. Currently the office combines his professional work with researching and teaching, collaborates with ALIA Architecture and environment and with the architect Rafael Moneo in the project for the high speed train station of Granada city, and is developing a major landscaping project in Madrid´s Council and a single-family home in Mallorca.

Casanova + Hernandez architects

Casanova+Hernandez Architecten Pannekoekstraat 104 3011 LL
Rotterdam The Netherlands
Tel: 00-31-(0)10 2409333, Fax: 00-31-(0)10 2409229
E-Mail: contact@casanova-hernandez.com
Web: www.casanova-hernandez.com

In 2001, Casanova + Hernandez architects was establish in Rotterdam in order to experiment and build the new urban habitat of the 21th century.

The office activities are focused on the three linked fields that make possible a sustainable urban development: landscape architecture, urban planning and architecture.This global understanding of the design is explored in every project from the large scale associated to the territory and the city till the smaller one related to the design of the architectural space and the technical details.

Some of the research topics related to landscape architecture, urbanism, housing and working functions are: urban regeneration, flexible urban planning, mix of functions, living and working, hybrid buildings, new ways of living and flexible buildings.Complementary to this research the office looks for contemporary solutions for public buildings like exhibition spaces, cultural, educational and sport facilities.These research topics are developed via activities as guest lecturers at the University, debates, lectures, exhibitions and publications and finally are tested in the projects via international competitions and realized buildings.

The starting point of each design process is an accurate analysis of the required program and the urban context that leads to a clear, flexible and strong concept.

A specific design process is developed for each project in order to reach the optimal relation between conceptual approach and realization.This process is enriched with the opinion of clients, urban planners, engineers and other advisers in order to integrate the social, economical and technical demands in the project and, at the same time, to provide at the end an innovative project with a high quality standard.

The materialization is based on coherence among concepts, materials and constructive techniques.To guarantee high quality in the materialization of the projects, all the phases of the design process are developed by the office, from the urban analysis till the technical details.

Concrete Architectural Associates

Add: Oudezijds Achterburgwal 78A 1012 DR Amsterdam, The Netherlands
Tel: +31 (0) 20 5200 200; Fax: + 31 (0) 20 5200 201
Web: www.concreteamsterdam.nl

Concrete consists of 3 companies: Concrete Architectural Associates, Concrete Reinforced and the scale model company Models+Monsters. Concrete's entire team consists of about 25 professional people. Visual marketeers and interior designers, product designers and architects work on the projects in multidisciplinary teams.

As a member of Concrete, founded in 1997, Concrete Architectural Associates is based in an old gym on Amsterdam's Rozengracht. Here, the designers work on the total concepts in brainstorm sessions. Concrete develops total concepts for businesses and institutions. The agency produces work which is commercially applied. This involves creating total identities for a company, a building or an area. the work extends from interior design to urban development integration and from the building to its accessories. Concrete, for example, also sets the perimeters for the graphic work and considers how the client can present itself in the market.

Denise Ampuero Carrascal

Add: Sor Mate 181 Miraflores, Lima , Peru
Tel: 994090671
Email: d_ampuero@hotmail.com

Denise graduated in 2006 from Universidad Peruana de Ciencias Aplicadas (UPC), part of Laureate Internacional Universities. In 2005 she took part in a landscaping and architectural workshop at the Oklahoma State University, EEUU. In 2007 and 2008 she has participated in two Arquitectum contests: "The Kube" and "Miraflores Lofts and Shops". In both contests she received honourable mentions. During her studies and after graduated she has worked in several projects related with restoration, housing, commercial buildings and interior design.

In 2010 cofounded the Pop Up architecture office and started to develop commercial and residential projects. They also have been recognized in local and international competitions. They received an honourable mention with the New Dance School for the Moulin Rouge in Paris and were one of the 5 projects selected to be executed in the Centro Abierto 2010 competition with the Green Invasion. A project designed by Denise Ampuero, Genaro Alva, Claudia Ampuero and Gloria Rojas.

Dirtworks

Add: 200 Park Avenue South, New York, New York 10003, USA
Tel: 212-529-2263; Fax: 212-505-0904
Web: www.dirtworks.us

Dirtworks, PC is an internationally recognized and award-winning landscape architecture firm. Its designs enhance the restorative quality of the natural environment. Established in 1995 by David Kamp, FASLA, LF, NA, the firm is committed to design excellence and sensitivity, personal commitment and collaboration. Dirtworks provides a full range of professional services with a staff of design-oriented and technically trained landscape architects.

Dirtworks' philosophy is based on the idea that interaction with the natural environment is essential to health and well being, and that providing a closer connection to nature enhances the built environment.

We believe that design bridges differences of culture and scale, enriching shared human experiences. Excellence in design heightens life's experiences, offering opportunities to connect to oneself and to the larger world. Design enhances the essential human quality of identity. With a specific expertise in healthcare and commitment to designing for individuals with special needs, these principles are applied to all projects, including educational, commercial, public and residential settings.

Each project, regardless of size, budget and program is approached as a unique design challenge whose solution is site-specific, sensitive to the individual user and responsive to the institution and the larger physical context. This approach, developed and refined through work and research in the healthcare arena, is one of the distinguishing characteristics of the firm. It has fostered successful long-term collaborative relationships with many of the country's leading healthcare and educational institutions, architects and planners, and cultivated an active and diverse practice that spans across the United States, Caribbean, Middle East and Europe.

Endo Shuhei Architect Institute

Add: 2-14-5, Tenma, Kita-ku, Osaka, Japan
Tel: +81-(0)6-6354-7456
Web: www.paramodern.com

ENDO Shuhei was born in Japan. In 1986, he obtained a master' s degree at Kyoto City University of Art. And then in the year of 1988, he established Shuhei Endo Architect Institute. He became professor at Salzbulg Summer Academy in 2004. From the year 2007 up to now, he holds the post of professor at Graduate School of Kobe University.

Form the establishing of the company Shuhei Endo Architect Institute, they obtain many awards and honourable reputation. In the last few years, they obtained ARCASIA Award Gold medal in 2007 and ARCHIP Architectural Award 2009.

estudioOCA

Add: 112 Tapia Drive, San Francisco, USA
Tel: +1 415 240 4896
Web: www.estudiooca.com

estudioOCA is an international studio founded by Ignacio Ortinez and Bryan Cantwell in 2007, formed from its origin to focus on urbanism and landscape issues on a global scale. The studio's primary offices are located in San Francisco, Barcelona and Bangkok, with network offices in Mexico City and Santiago de Chile.

estudioOCA's multidisciplinary background, composed of landscape architects, architects, urbanists, and landscape ecologists, allows for a greater understanding of the interface between building, infrastructure, and landscape. Landscape serves as common ground where designed natural systems, urbanised space, and structures intersect.

FORGAS ARQUITECTES S.L.P.

Add: Diputació 337, entl C08009 Barcelona, Spain
Tel: (+34) 93 232 56 31; Fax: (+34) 93 246 58 12
Web: www.forgasarquitectes.com

FORGAS ARQUITECTES S.L.P. is an architectural office initiated in the year 1989 by Joan Forgas and Dolors Ylla-Català, architects who are dedicated to the development of projects in the fields of architecture, urbanism, public space and design. The office is supported by a permanent internal group of professionals which is complemented by an important group of external collaborators, forming teams based on the nature of the projects to be developed.

FoRM Associates

Add: FoRM Associates 154 Narrow street London E14 8BP
Tel: 0044 (0) 207 5373 654
Web: www.formassociates.eu

FoRM Associates is a London based design practice that looks holistically at the 'liveability'of 21st century cities, creating places that are better to live in, work in and enjoy. They create new sustainable solutions and help cities reclaim much of their grey, abandoned and overlooked urban areas to make them 'green', both literally in an environmental sense; and metaphorically as places of new growth and positive change.

FoRM Associates was established by Peter Fink, Igor Marko and Rick Rowbotham to follow their shared concerns in urbanism, bringing together their experiences and skills in urban design, architecture and landscape architecture, to deliver an integrated interdisciplinary design consultancy for the 21st century cities.

FoRM Associates are urbanists in the widest sense, working collaboratively to fuse urban design and landscape architecture with ecology, environ mental design, master planning, architecture, branding, lighting, arts, media and engineering. By inviting people to join the process of design the practice develops new spaces that inject vitality into cities and embody the values of their inhabitants.

Francis Landscapes Sal. Offshore

Landscape Architects & Environmental Planning

Add: Sin El Fil, Fouad Chehab Avenue No.2151, Beirut, Lebanon
Tel: 961 1 50 20 70/1; Fax: 961 1 50 20 90
Web: www. francislandscapes.com

Based in Lebanon, Francis Landscapes Sal. Offshore is a professional firm comprised of fifteen landscape architects and planners. Founded in 1987 by Mrs. Irmtraut Schober Francis, the firm provides full planning, design and supervision services in landscape architecture, environmental planning & urban design. The company's national and international projects are spread out in the Middle East, Africa and Europe and are located in numerous countries including Lebanon, Egypt, Jordan, Syria, Saudi Arabia, U.A.E, Kuwait, Nigeria, Algeria, Morocco, Tajikstan, France, Belgium and England. They include a wide range of urban design, mountain and beach resorts, public parks, hotels, university campuses, sports clubs and office buildings as well as state-of-the-art residences, palaces and government buildings.

The firm has extensive experience in all facets of design, demonstrating competency regardless of the complexities of different climates, geographical locations, social situations and the variety of client expectations with the overriding goal being to provide excellence and timeless design.

From defining the program to forming the space and exploring potential materials, Francis Landscapes Sal. Offshore employs a variety of design tools, from hand-drawing and model-making to computer graphics while the decision-making process reflects a continual exchange with clients, architects and consultants.

Groundlab ltd.

Add: Regent Studios, Unit 51, 8 Andrews Road, London E8 4QN, UK
Tel: +44 (0)207 812 9875
Web: www.groundlab.org

Groundlab ltd. is an emerging international practice of Landscape Urbanism led by 5 partners-Eva Castro, Holger Kehne, Alfredo Ramirez, Eduardo Rico and Sarah Majid. The practice employs architects, urban designers, engineers and landscape architects, to bring together different expertise into close collaboration, and explores Landscape Urbanism as a new mode of practice as a response to the contemporary social, economical, and environmental conditions.

With an inherently multidisciplinary approach, the studio sees the cities and the landscapes in between as natural processes that constantly change and evolve, therefore requiring flexible and adaptable mechanisms and designs to emerge, to configure and to re-configure the existing and future urban environments.

Groundlab develop its work out of the close analysis of existing and potential conditions on site and utilise the temporal and dynamical forces that are currently shaping the cities: from the social and economical realm to the current environmental and infrastructural conditions. Groundlab practice a constant research and development innovative urban models and new techniques to provide a direct and immediate response to contemporary urban conditions.

The practice has recently won the first prize of an international competition to develop a New master plan for Longgang City, Shezhen, China and is currently leading the design for the International Horticultural Fair in Xi'an, China, a 370,000 m^2 landscape design with a wide range of buildings due to open in 2011.

Grupo de Diseño Urbano

Add:Fernando Montes de Oca # 4 Col. Condesa,
México city, México
Tel:+52 55 55531248
Web: www.gdu.com.mx

Grupo de Diseño Urbano is an interdisciplinary design association geared to produce integrated concepts of environmental design, connecting architecture, landscape architecture and urban design in spatial, aesthetic and social contexts.The director is Mario Schjetnan.

The design philosophy is based on the conviction that urban and rural environmental design must be transformed by means of creative process, in balance with nature and carefully looking to local culture, climate and surroundings; involving the participation of the client or user. Projects are set up in an interdisiplinary form and based, depending on its characteristics, with the advise of specialists in art, social sciences, economics, environment, finance, ecology, civil and systems engineering.

Their goal is to achive imaginative and contemporary solutions to old, new or everyday design problems. These solutions have to be feasible, efficent and aesthetic, with the conservation and the improvement of the environment.

HM White

Add: 107 Grand Street, 6th Flr, New York, New York 10013, USA
Tel: (212) 868-9411
Web: http://hmwhitesa.com

Since its inception in 1992, HM White Site Architects (HM White) is founded on the principle that the designed landscape is among the most powerful forms of cultural expression. The firm prides itself on creating high performance and multi-functioning landscapes that are rooted into the dynamic needs of the site and its users. The firm's projects range in scale, program and global location and encompass a variety of services that include environmental analysis, master planning and landscape design for public parks and civic spaces, educational and cultural campuses, mixed-use urban developments and districts, corporate facilities, as well as intimate garden spaces and residences.

Through their collaborations with clients, architects, ecologists and allied design professionals, they provide creative problem solving to reach synergistic designs that are responsive to the site's ecology, history, vernacular influences, project schedule and project economics. HM White's design approach is to build dynamic holistic systems that establish a web of healthy inter-relationships. Their work is unified by its clarity in fusing these forceful elements of nature with the social and political forces of our culture that ultimately promote robust social interaction. Each landscape design integrates the site's ecological structure with the needs of human settlements and establishes an authority of harmonious longevity and vitality.

HOSPER landscapearchitecture and urban design

Add: Kinderhuissingel 1d,2000 CE Haarlem, the Netherlands
Tel: +31 (0)23 5317060
Web: www.hosper.nl

They are a design-office for landscape architecture, urban planning, outdoor space and object. The assignments which they work on are varied but always require the ability to generate new and creative ideas. They make up a young and enthusiastic team, within which several design disciplines are represented: landscape architecture, urban planning and industrial design.

Society continuously imposes differing demands on its environment. Each new generation adds a new layer to the landscape. As designers, they attempt to translate the demands made by their times on the environment into a new layer. They retain respect for the layers which have gone before while creating new chances for the future. Their most important priority in doing this is to cherish the experience of space.

HOUTMAN+SANDER

Add: Eerste Reitse Dreef 74, 5233 JM, 's-Hertogenbosch, the Netherlands
Tel: 06-28807093
Web: www.houtmanensander.nl

HOUTMAN+SANDER is managed by Andre Houtman and Margriet Sander and was established in 2006 in Den Bosch The Netherlands. The office is rooted in the discipline of landscape architecture. Based on this discipline HOUTMAN+SANDER designs urban and open space. The office distinguishes itself by a large notion of buildability and a large sense for detail.

HOUTMAN+SANDER has a fast network of people and organisation in different professional capacities; by specialists within this network HOUTMAN+SANDER is capable of delivering custom demanded design solutions and the design capacity of the office can easily be extended.

Influx_Studio

Add: Influx_Studio 7 rue du Général Blaise 75011 PARIS
Tel: +33617759367; Fax: +33146555634
Web: www.influx-studio.com

Influx_Studio is a design practice based in Paris, founded by Mario Caceres, Chilean architect and urban planner, and Christian Canonico, Italian architect and engineer.

Since 2008 their work is focused on research and design in a wide range of fields: from architecture to landscape, from urbanism to industrial design. Inspired by the Latin term "influx" or "the process of flowing in". Influx_Studio's design research involves the creation of innovative and hybrids design strategies, developed from new complex cultural conditions and merging different scales of human environment. With a particular attention for sustainable matters, this young international practice operates as a network platform, being a cooperative and multi-disciplinary conception hub. Influx_Studio's work is addressed to a wider new transcultural society, and it is actually essentially based in international competitions, as a way to ensure the free influx of ideas, and allowing the surfacing of a new kind of designed reality

Janet Rosenberg + Associates

Add: 148 Kenwood Avenue, Toronto,ON M6C 2S3, Canada
Tel: 416 656-6665; Fax: 416 656-5756
Web: www.jrala.ca

When it comes to landscape design, Janet Rosenberg + Associates (JRA) are not afraid of a challenge. They are bold, innovative, and unpredictable. They invent dynamic landscapes that complement the unique qualities and uses of each site.

Since 1983, JRA has worked in close conjunction with clients, consultants, and the public to create award-winning and stimulating outdoor spaces for every budget. Their portfolio of work includes urban parks, master plans, university campuses, institutional or corporate facilities, streetscapes, condominiums, rooftop terraces, green roofs, residential estates, botanical gardens, and historical landscape restoration.

Janet Rosenberg, the company's distinguished founder, has been pushing the boundaries of landscape design for over 25 years, bringing the profession to the forefront of discussion. Janet has gained a reputation for being one of Canada's most renowned landscape architects. She has led her firm towards the completion of landmark projects such as HTO park at Toronto's waterfront and Devonian Gardens in Calgary. Among many distinctions, Janet has been awarded the Governor General of Canada Confederation Medal, been named a Fellow of the ASLA, and received the Pinnacle Award for Landscape Architectural Excellence from the OALA.

JRA has also been honoured with several awards for her work including from the Canadian Society of Landscape Architects, the Design Exchange, and the Ontario Association of Landscape Architects. They are currently working on a number of large-scale and small-scale projects across Canada such as Landmark Park in Markham, the Devonian Gardens in Calgary, the Richmond Adelaide Centre, and numerous condominiums around Toronto.

JRA worked on the concepts for the design of HTO with Claude Cormier + Associés, Leni Schwendinger of Light Projects, and HRA.

JDS Architects

Add: Vesterbrogade 69D, 1620 Copenhagen, Denmark
Tel: +45 3378 1010; Fax: +45 3378 1029
Web: www.jdsa.eu

JDS / Julien De Smedt Architects is a multidisciplinary office that focuses on architecture and design, from large scale planning to furniture. Rich with multiple expertises, the office is fuelled by talented designers and experienced architects that jointly develop projects from early sketches to on-site supervision. All of which, regardless of scale, outlines an approach that is affirmatively social in its outcome, enthusiastic in its ambition and professional in its process.

At the core of their architecture is the ability to take a fresh look at design issues through experienced eyes. Their approach aims at turning intense research and analysis of practical and theoretical matters into the driving forces of design. By continuously developing rigorous methods of analysis and execution, JDS is able to combine innovative thinking and efficient production.

Founded and directed by Julien De Smedt (co-founder of PLOT), JDS currently employs some 50 people with offices in Copenhagen, Brussels and Brazil. The firm work with corporate, government and private clients in numerous countries to realize major civic, hotel, residential, office, commercial, health care, educational, and waterfront developments. They carefully limit the commissions they take on to help ensure a high degree of professional attention and overall project quality. JDS envisions itself as a proactive partner for its client, rather than a consultant. The office has a wide portfolio of international work and the attitude of involving external consultants to improve the design intelligence of a given project team. The use of complementing teams ensures that a project will never suffer from being neither too conventional nor too naive.

Jeffrey Carbo Landscape Architects

Add: 207 Ansley Blvd, Suite B- 2nd Floor Alexandria, Louisiana 71303, USA
Tel: 3184426576
Web: www. jeffreycarbo.com

Jeffrey Carbo is a Landscape Architect with over twenty-six years of experience in professional practice. The range and scope of his concerns include environmental conservation, the historical and cultural context of local and regional projects, and attention to detail in the numerous gardens and places he has helped create. In his role as Principal, Jeff provides leadership in client relations, conceptual design, budget development, design criticism, project management, and construction observation. Jeff serves as multi-discipline team leader, with hands-on skills in quality assurance and details.

He is a 1985 graduate of Louisiana State University with a Bachelor of Landscape Architecture, and holds professional licensure as a Registered Landscape Architect in the State of Louisiana. He is also registered in Mississippi, Arkansas, Texas, Alabama, Tennessee, North and South Carolina. Since 1998 he has held professional certification by the Council of Landscape Architectural Registration Boards (CLARB), earned in part through meeting or exceeding professional experience requirements. Jeff is a member of the LSU College of Art and Design Dean's Circle and serves on the Robert Reich School of Landscape Architecture Alumni Advisory Council. In 2007, Jeff received the LSU College of Art and Design Distinguished Alumni Award and was a member of Forever LSU Campaign Cabinet. In 2011, Jeff was inducted in the LSU Hall of Distinction, the highest honor given to LSU graduates.

Jeff is a member of the American Society of Landscape Architects (ASLA), Landscape Architecture's professional society. Jeff has been an active member in the local chapter for a number of years. He served as President of the Louisiana Chapter of ASLA in 2000. In 2005, Jeff was elected to the Class of Fellows of the national organization. Jeff served on the ASLA National Education Programming Committee and has been a speaker at ASLA Annual Meetings in 2007, 2008 and 2009. Jeffrey Carbo Landscape Architects is a current USGBC Member.

Jeffrey Carbo Landscape Architects was recently honored as one of the top 100 fastest growing tiger businesses during the LSU 100 Awards ceremony in April 2011. Jeff has been a speaker at numerous state, regional and national conferences as well as garden clubs throughout the south regarding the firm's work and philosophy.

Keikan Sekkei Tokyo Co., Ltd.

Add: 6th Floor Machihara Bldg, 3-8-3 Nishi Gotanda, Shinagawa-ku, Tokyo, 141-0031 Japan
Tel: +81-3-5435-1170; Fax: +81-3-5435-0909
Web: www.k3.dion.ne.jp/~keikan-t/

Founded in 1986, Keikan Sekkei Tokyo Co., Ltd. (KS) employs a design philosophy seeking the creation of space which harmonizes the natural and built environments, providing for the fundamental human need to be connected to the surrounding world. Applying a process of Total Environmental Design Planning & Space Organization (TEDEPSO) they believe successful design celebrates relationships between people, nature, the project site, and the surrounding environment.

KS is dedicated to affecting positive change and humanizing the built environment. A pioneer in the behavioral multi-disciplinary approach to environmental planning and design, KS ensures that environmental qualities are enhanced within the framework of financial, technical, and community considerations. Special care is given to assuring that program elements and physical components of a project are mutually supportive, furthering established public policy and management goals, and ensuring the long term success of every project.

From the studio in Tokyo KS serves a variety of public and private sector clients, successfully realizing projects locally and internationally. Their work includes various scales and project types including ecological and regional systems, master planning, resort planning & design, campuses & corporate headquarters, urban planning & design, civic parks, plazas, and intimate gardens.

LDA Design

Add: 14-17 Wells Mews, London, UK
Tel: +44(0)20 7467 1470
Web: www.lda-design.co.uk

Founded in 1979, LDA Design is an independent design, environment and energy consultancy. By taking a holistic approach, it helps clients to regenerate communities, create special places, realise development and commercial goals, and manage resources.

LDA Design attracts people who are leaders in the planning, design, delivery and management of all types of change in the physical environment. Working on projects of all scales across the UK and internationally, LDA Design's talented and experienced team approaches each commission as a fresh, creative and practical challenge.

With experience on urban, rural and historic projects, its clients include developers, land-owners, regeneration agencies, government departments, local authorities, renewable energy firms and educational establishments.

Lorenzo Noè | Studio di Architettura

Add: via Aosta 2, 20155 Milano, Italy
Tel: +39-0-236582130
Fax: +39-0-236582134
Web: http://lorenzonoe.com

Lorenzo Noè opened his office in 1994 in Milan. During the last fifteen years, he designed buildings and public spaces for public administrations and private purchaser, and took part to national and international competitions, winning with the projects for the historical centre of Niguarda and of Villasanta near Milan, for the market square forum in Senigallia near Ancona, and for the new Malpensata's school complex in Costa Volpino near Bergamo. The project "Supersuoli-slot machine" has been exposed at the 7th International Architecture Biennale of Venice – Third Millenium, and published in Architecture Defining Digital edited by University of Taipei.Since 2006 he taught Composition at ISAD (Design and Architecture School in Milan).

LSG Landscape Architecture

Add:1919 Gallows Road, Suite 110, Vienna, VA 22182 USA; 1800 Camden Road, Suite 107-30, Charlotte, NC 28203 USA
Tel: 703.821.2045
Wed: www.lsginc.com

The acclaimed portfolio of LSG Landscape Architecture reflects a vibrant mix of settings that inspire and celebrate connections between people and the natural environment. This singular design philosophy has guided LSG's award-winning practice since its founding in 1985.

LSG has completed many distinctive projects in the Washington metropolitan area and throughout the Eastern Seaboard. The firm's talented professional team offers expertise in master planning, site design, environmental assessments, landscape architecture, and a host of interrelated consulting services that help create inviting places in which to live, work, and play.

As planners and landscape architects in an era of complex environmental challenge, they bring a profound commitment to conservation and sustainability to every facet of our work. Their sustainable strategies are carefully incorporated into their overall project approach from the earliest conceptual phases.

LSG's LEED expertise has been applied to many different types of projects, with their expert team of accredited professionals generating practical solutions that protect their natural resources and reflect the highest standards in sustainable design.

At LSG, their work comes to life all around them — in parks and gardens, in plazas and streetscapes, and on campuses and throughout communities. Whether they are seeking to help enliven, guide, heal, educate, or inspire, their planning and design concepts reflect a commitment to the natural environment as an essential element of our heritage and their future, and a vital part of their daily lives.

Luis De Garrido

Add: Blasco Ibanez, 114, PTA 7-9, 46022 Valencia, Spain
Tel: 0034 966 356 70 70
Web: www.luisdegarrido.com/

Luis de Garrido Talavera (born 13 November 1967) is a Spanish architect. Luis de Garrido works with sustainable architecture in Spain. During recent years he has only accepted projects where very strict ecological, health and environmental criteria are always respected.

Luis de Garrido studied architecture in the Polytechnic University of Valencia where he graduated with a doctorate. He also completed a masters degree in Urban Design at the (Polytechnic University of Catalonia). Later he moved to the United States where he studied computer science at Massachusetts Institute of Technology where he graduated with a doctorate. During this time he taught a large range of subjects at the information technology faculty at the Polytechnic University of Valencia (UPV), the information technology faculty at the Polytechnic University of Catalonia (UPC), in the school of telecommunications. Universitat Ramón Llull (URL). Barcelona, and as associate professor at the Architectural school at the Polytechnic University of Valencia (UPV) and at the Architectural school at the Polytechnic University of Catalonia (UPC). He has also worked as a visiting professor at the School of Architecture, Edinburgh, Scotland. UK, the Ecóle d´Architecture de Marseille, France, the Carnegie Mellon University, Pittsburgh, Pennsylvania, USA, the Université de Paris-Sud. France. Currently, Luis de Garrido directs an architectural firm en Valencia, Spain where is designs sustainable architecture. He also directs a masters course entitled "Intelligent Buildings and sustainable construction" (MEICS). More recently he also created projects in Colombia and Mexico, where he teaches at the University TEC de Monterrey, Mexico and at the University of Valle, Cali, Colombia.

Furthermore, Luis de Garrido has taught and informed continuously, giving conferences and seminars throughout the world about: Artificial intelligence, Creative design, Design for advertising, Sustainable architecture, Sustainable urban planning, Sustainable urban recycling, Architecture for happiness, Intelligent buildings, Multimedia architecture, Eating Habits, Longevity, Habitat Health and Sociology.

Mareines + Patalano Arquitetura

Add: Avenida Armando Lombardi 205, Sala 306, Barra da Tijuca, Rio de Janeiro CEP 22640-020, Brazil
Tel: 55.21.3153-2808
Web: www.mareines-patalano.com.br

Mareines+Patalano is an architecture and urbanism practice that searches for an organic new response to every design. Their designs are always approached as a new challenge, dodging pre established formulas and repetition of their own past solutions. They are in sync with our time's technologies and poetry. They believe in sustainability ideas, but not only when applied through technological devices of energy consumption reduction, but mainly by locating correctly and shaping architecture. They always try to work with varied themes in a constant search for new questions and answers. Each client is unique, as are unique the moment and the society in which they live. Nothing less true than equal answers to different questions.

Mario Cucinella Architects Srl

Add: via J. Barozzi, 3/abc 40126 Bologna, Italy
Tel: +39 051 631 3381; Fax: +39 051 631 3316
web: www.mcarchitects.it

MCA designs architecture that, through research, the use of innovative technologies, and professional skill, embodies an ideal of architectural quality integrating environmental sustainability, ethics and a positive social impact.

MCA, Mario Cucinella Architects, founded in 1992 in Paris and in Bologna in 1999, is a company with a solid experience at the forefront of contemporary design and research. Mario Cucinella lead an international team of architects, engineers and designers. MCA has an integrated approach to design work based on close collaboration with multi-disciplinary consultants to create an innovative and appropriate design response for every project and clients requirements. MCA develops projects at different scales, from building design to product design, from environmental and technological research to large-scale urban projects.

Sustainable building design and the rational use of energy is one of the central concerns in MCA's work and research. The environmental quality of designs is analysed and developed using specialized software and model testing in order to produce buildings of architectural quality with state of the art energy performance.

McGregor Coxall

Add: 21c Whistler St, Manly NSW 2095, North Sydney, Australia
Tel: (+61) (02) 9977 3853; Fax: (+61) (02) 9976 5501
Web: www.mcgregorcoxall.com

McGregor Coxall's multi- disciplinary services merge the traditional boundaries of urbanism, landscape architecture, and ecology to create integrated design and planning solutions that create value for their clients' projects.

Adrian McGregor established mcgregor+partners in 1998 in Sydney and was joined by fellow director Philip Coxall in 2000. The practice changed its name to McGregor Coxall in 2009 and has completed over 300 projects with the specific aim of pursuing design excellence founded on environmental, social and economic principles.

In early 2011 the Melbourne office was established and with the opening of the Shanghai office in late 2011 the firm consolidated its ability to service Asian projects and clients.

The McGregor Coxall team is made up of internationally experienced urban designers, landscape architects, architects and graphic designers who are assisted by a talented and committed support group working in a collaborative and ethical workplace. The firm has worked on projects located across Australia, Canada, China, Denmark, Germany, Greece, Korea, Philippines, and the United Kingdom.

Meyer + Silberberg

Add: 1443 Cornell Avenue, Berkeley, California 94702 USA
Tel: + 1 510 559 2973
Web: www.mslandarchitects.com

David Meyer and Ramsey Silberberg have taken great care to shape their practice into a uniquely responsive and personable enterprise. Coming from some of the most admired practices in the country, they bring over 40 years of knowledge and experience to every project. they have successfully collaborated with a range of clients, including non-profit institutions, private developers, academic campuses, business associations and government agencies.

Their projects encompass a range of scales, budgets and programs. What unites their work is the premise that there is always something inherent in a site and the surrounding culture that wants to be expressed. They express it with distinction and with simplicity. They craft landscapes that transcend and anchor themselves in the hearts and heads of the people who use them.

Meyer + Silberberg is recognized internationally for the increasingly rare ability to transform a great idea into an exceptional physical space. The firm do this through passionate engagement with their clients, tireless exploration and refinement of design, and a renowned reputation for construction and execution.

Michael van Gessel Landscapes

Add: Bloemgracht 40, 1015 TK Amsterdam, The Netherlands
Tel: +31 (0)653 811 888
Web: www.michaelvangessel.com

Educated as a landscape architect at the University of Wageningen (1978), Michael van Gessel is active in the broader field of landscape architecture and urbanism. Since 1997 he has worked as an independent advisor. Prior to this he was employed for eighteen years at Bureau B+B (urbanism and landscape architecture), the last seven as its director. He devotes half his time to the supervision of large scale projects such as: the development of the Belvédère in Maastricht; the development of the former harbour area in Amsterdam, IJ-oevers; the renovation of the Vondel Park in Amsterdam; and the renovation and expansion of Artis, the Amsterdam Zoo.

Landscape architectural projects take up the rest of his time. These projects include working on new parks, the renovation of old city parks and estates, designing gardens for building, and envisioning schemes for large areas.

Norihiko Dan and Associates

Add: 1f Komiya Bldg. 1-11-19 Mita, Minato-ku, Tokyo, Japan
Tel: 81-3-5440-1590; fax: 81-3-5440-1594
Web: www.dan-n.co.jp

Norihiko Dan and Associates was founded by Norihiko Dan in 22 December 1986 in Japan. Norihiko Dan was born in Kanagawa Prefecture, Japan in 1956. He got B.A. and M.A. from Tokyo University respectively in 1979 and 1982. And he also established ARCH STUDIO in 1982.

Norihiko Dan and Associates received a lot of awards. The Landscape and Design prize 2002, JSCE, First Prize for "NEW TAIWAN by design" International Competition for Sun Moon Lake in 2003, ARCASIA AWARDS 2007-2008, Gold Medal and so on.

OFF Architecture

Add: 168 Rue Saint Denis, 75002 Paris, France
Tel : +33 9 81 98 21 47; Fax : +33 9 81 38 40 70
Web: www.offarchitecture.com

OFF Architecture is an architecture firm founded in Paris, France in 2004 by Manal Rachdi and Tanguy Vermet.

The study of an architectural project is the studied synthesis of a given project's various constraints throughout the conceptual and design phases continuing on to its formalisation. This path is constituted by either the application of referential similar studies, or the creation of new and unique solutions to the project's constraints The question of the articulation of an architectural project is directly related to the ingestion of the large amounts of information relevant to a given situation. To know where to find this information then becomes a question of intuition. The ability to assimilate all the relevant factors relating to a project, at varying degrees of proximity, is the challenge.

Since its creation, OFF has entered various international design competitions with successful results. Awards and prizes received include the Special prize for Minimaousse in 2004, 3rd place for the Giant's Causeway welcome center with J. Carre in 2005, an honourable mention for the TGI of Paris in 2006 with Landfabrik and the first price for high school in Revin with Duncan Lewis, currently under constrcution. OFF recently won the 1st price of the competition for a rehabilitation of a viaduct in Calabria, Parcosolar and just signed the contract for a research buliding of the the Parisian University Jussieu in collaboration with BIG.

OKRA landscape architects

Add:OKRA landscape architects bv Oudegracht 23 3511 AB Utrecht The Netherlands
Tel: +31 (0)30 2734249, Fax: +31 (0)30 2735128
Web: www.okra.nl

OKRA landscape architects is specialized in the development of the urban landscape, both in planning and design. OKRA landscape architects' assignments primarily centre on urban and urban-related projects, which mostly comprise landscape architecture and urban and regional planning. OKRA landscape architects work in projects on both national and international scales and often in highly complex projects with a multitude of participants.

OKRA landscape architects couples vision with strategy. They work from the vision and concept stage all the way to design and detail. They promote the notion that a truly consistent design is one in which the underlying concept must be clear in all aspects of the project, both as a whole as in its finer details. The combination of conceptual planning and perfect implementation is central to OKRA landscape architects core policy.

ONG&ONG Pte Ltd

Add: 510 Thomson Road, SLF Building #11-00, Singapore 298135
Tel: +65 6258 8666; Fax: +65 6259 8648
Web: www.ong-ong.com

Founding partners, the late Mr. Ong Teng Cheong and Mrs. Ong Siew May, established Ong & Ong Architects in 1972. Since its humble beginnings, the firm's staff strength has grown to almost 500 over the past four decades. Going from strength to strength under robust and exceptional leadership, the organisation was incorporated in 1992.

With a track record of almost 40 years in the industry, ONG&ONG has earned an unparalleled reputation for integrating skilled architecture, clever interior design, creative environmental branding and sensitive landscape design. Paramount to our success is our insistence on servicing our clients with creativity, excellence and commitment. We continually strive to uphold our mission to be the designer of our age - a premier design practice both locally and in the region.

ONG&ONG offers clients a 360º Solution for all their building needs. The 360º Solution is essentially a three-pronged, inter-disciplinary approach that covers the various aspects of construction. 360º Design + 360º Engineering + 360º Management are the three areas that make up ONG&ONG's 360º Solution.

360º Design encompasses urban planning, architecture, landscape, interiors and environmental branding or graphics. 360º Engineering offers civil, structural, electrical, mechanical and plumbing services. 360ºManagement provides development, construction and place management.

As an ISO14001-certified practice, we consistently strive to exceed our clients' expectations. In addition to projects in Singapore, ONG&ONG also handles large-scale developments regionally, with the help of our China, Vietnam, India and Malaysia offices. Our overseas offices are knowledgeable of local contexts, cultures and regulations, which allows us to understand our clients' needs better. To further our international reach, ONG&ONG has also set up an office in New York, USA.

Oppenheim Architecture+Design Europe

Add: Oppenheim Architecture+Design Europe Beat Huesler Kirchplatz 18 CH-4132 Muttenz, Basel, Switzerland
Tel + 41 61 3783 04; Fax:+416137803 34
Web: www.oppenoffice.com

Oppenheim Architecture + Design (OAD) is a full service architecture, interior design and planning firm with offices in Miami, New York, Los Angeles and Basel. Founded by Chad Oppenheim, OAD specializes in creating powerful and pragmatic solutions and has world-wide experience in hospitality, office, high-rise and single family residential, retail and mixed-use design as well as the complete masterplanning and design of new cities.

The OAD design strategy is to extract the essence from each context and relative program-- creating an experience that is dramatic and powerful, yet simultaneously sensual and comfortable. The firm's approach begins by a deep understanding and analysis of a client's vision in relation to the projects typology, context, zoning parameters, and financial realities.

Pepe Gascón Arquitectura

Add: Pius XI, 2. 1º-2ª, 08222 Terrassa, Barcelona, Spain
Tel: +34 937 850 623
Web: www.pepegascon.com

Pepe Gascón Arquitectura is a multidisciplinary architectural consultancy located in the city of Terrassa (Barcelona) with a young, creative and innovative team.

The firm develop architectural, urbanistic and interior design projects in both the public and private spheres with their own work methodology and orientation, combining a love for architecture with technical effectiveness and constructive pragmatism.Their work has been covered at home and abroad by numerous publications and specialised web pages.

Porras & La Casta Arquitectos

Add: Calle Máiquez 20, 28009 Madrid
Tel: +34 915 04 07 66
Web: www.porraslacasta.tumblr.com

Architectural Office founded by Fernando de Porras-Isla and Arantxa La Casta. Their recent works are the Recovery of the Historic Quarter of Isla (Spain), awarded with the prize Eden of the European Union, and the Sports Center of San Felices de Buelna (Spain), awarded with the biannual prize of Architecture given by the Architects Association of Cantabria. They have directed the magazines Arquitectura COAM (1991-1993) and BAU (1994 -2003).

Rios Clementi Hale Studios

Add: 639 N Larchmont Blvd, Los Angeles, CA 90004 USA
Tel: 323.785.1800; Fax: 323.785.1801
Web: www.rchstudios.com

Rios Clementi Hale Studios has earned an international reputation for its collaborative and multi-disciplinary approach, establishing an award-winning tradition across an unprecedented range of design disciplines. The firm's four principals – Mark Rios, FAIA, FASLA, Julie Smith-Clementi, IDSA, Frank Clementi, AIA, AIGA, and Bob Hale, FAIA – comprise a team involved in every aspect of design, from practice to education. Acknowledging the firm's diverse body of work, the American Institute of Architects California Council gave Rios Clementi Hale Studios its 2007 Firm Award, the organization's highest honor.

For its varied landscape work – from civic parks to private gardens – the firm was named a finalist in the 2009 Cooper-Hewitt National Design Awards. Since 1985, the architects, landscape architects, planners, and urban, interior, exhibit, graphic, and product designers at Rios Clementi Hale Studios have been creating buildings, places, and products that are thoughtful, effective, and beautiful.

Rubio & Álvarez-Sala Arquitectos

Add: Calle Lagasca 21, 1º derecha. 28001 Madrid
Tel: 0034 914350373
Web: www.rubioalvarezsala.com

Rubio y Álvarez-Sala Architectural Office founded by Carlos Rubio y Enrique Álvarez-Sala. They have been associated professors of the School of Architecture of Madrid (UPM). Their recent works are the mixed use tower SyV, built in the new economic centre of the city of Madrid (Spain), the new Cebada Market in Madrid (Spain), obteined as first prize of an international competition, and the University Tower in Riad (Saudi Arabia).

RushWright Associates

Add: Level 4, 105 Queen Street, Melbourne, Australia
Tel: +61.3.9600.4255
Web: www.rushwright.com

rush\wright associates is an award winning design practice based in Melbourne, Australia, offering consultancy services in landscape architecture, urban design and constructed ecology. Bringing together the extensive experience and design expertise of its two Directors and three Principals, Catherine Rush, Michael Wright, Skye Haldane, Mark Gillingham and Jessica Livingstone, the company has built its reputation on commitment to client service and innovative design outcomes.

As a design practice, they offer a unique combination of services, focused on marrying client expectations with the best possible design solution and environmental principles. They have a demonstrated track-record in designing landscapes and urban design proposals that go beyond superficial formal gestures to embrace sustainability, community values and the new environmental agenda.

Sasaki

Add: 64 Pleasant Street Watertown, MA 02472, USA
Tel: 617 926 3300; Fax: 617 924 2748
Web: www.sasaki.com

Sasaki is an international design firm that is actively engaged in virtually every aspect of the built environment – Planning and Urban Design, Landscape Architecture, Architecture,

Interior Design, Civil Engineering, Graphic Design and Strategic Planning. Their interdisciplinary structure adds client value by purposeful cross-pollination of skills among the range of professionals. The result is a synthesis of economic reality, environmental sustainability, cultural awareness and keen aesthetic judgment.

Sasaki is organized around Studios. Each Studio is comprised of an interdisciplinary design group focused on a broad range of project types within the Studio area of expertise: Campus, Urban, Sports, and International. Simultaneously providing organization and flexibility, project management is firmly based in one studio, but often the creative team is comprised of members of multiple studios to insure the success of complex projects. Their San Francisco office operates as a Studio and draws on the resources of the whole organization.

Firm principals, charged with direct client contact and accountability, orchestrate and inspire the team while tapping into the vast knowledge base within the firm. For example, their Landscape Architecture, Planning and Urban Design informs our Architecture, and vice versa; an Interior Design solution in one project might hold the key to sustainability in another; current work they are doing in China might inspire a creative approach to a project in Cleveland.

Shlomo Aronson Architects

Add: Mevo Hashaar 4, Ein Kerem, Jerusalem, P.O.Box 3685 Jerusalem 91036, Israel
Tel: +972+2-6419143; Fax: +972+2-6436825
Web: www.s-aronson.co.il

The firm of Shlomo Aronson Architects was founded four decades ago. Throughout these years the firm designed and developed hundreds of projects, mainly in Israel but also abroad. Over the years the multi-disciplinary office has acquired a varied and rich expertise in different fields of architecture and landscape architecture, from national, regional and local master plans to the detailed design of landscape architectural projects, architecture and project supervision.

The office believes in practicing architecture and landscape architecture jointly and on the widest platform possible: it is much more productive to design a landscape or a building complex as part of a comprehensive design philosophy that you help to formulate at the scale of policy making. To this day the specialty of the office is not to specialize on a particular aspect of the profession but to plan projects from their conception, from the master plan phase, to their construction.

The projects are designed and executed in the office by an experienced and skilled team of architects and landscape architects, headed jointly by Landscape Architect Barbara Aronson and Architect Ittai Aronson, advised by Landscape Architect and office founder Shlomo Aronson.

Steven Holl Architects

Add: 450 West 31st Street, 11th floor, New York, NY 10001, USA
Tel: +1 212 629 7262; Fax: +1 212 629 7312
Web: www.stevenholl.com

Steven Holl Architects (SHA) is a 40-person innovative architecture and urban design office working globally as one office from two locations; New York City and Beijing. Steven Holl leads the office with Chris McVoy, who joined the office in 1993 and was named partner in 2000. Steven Holl Architects is internationally-honored with architecture's most prestigious awards, publications and exhibitions for excellence in design. Steven Holl Architects has realized architectural works nationally and overseas, with extensive experience in the arts (including museum, gallery, and exhibition design), campus and educational facilities, and residential work. Other projects include retail design, office design, public utilities, and master planning.

Steven Holl Architects specializes in seamlessly integrating new projects into contexts with particular cultural and historic importance. Several of the projects involve renovation and expansion of historically important structures. Steven Holl Architects emphasizes sustainable building and site development as fundamental to innovative and imaginative design. Parallel to designing dense, sustainable urban architecture, Steven Holl Architects supports the preservation and restoration of landscape and wilderness as Lifetime Member of Sierra Club, Active Member of Scenic Hudson, Member of Natural Resources Defense Council (NRDC), and "Advocates for Wilderness"-Member of the Wilderness Society. In 1970 Steven Holl was one of three founding members of Environmental Works at the University of Washington.

Steven Holl Architects has been recognized with architecture's most prestigious awards and prizes. Most recently, Steven Holl Architects' Cite de l'Ocean et du Surf received a 2011 Emirates Glass LEAF Award, and the Horizontal Skyscraper won a 2011 AIA National Honor Award. The Knut Hamsun Center received a 2010 AIA NY Honor Award, and the Herning Museum of Contemporary Art received a 2010 RIBA International award. Linked Hybrid was named Best Tall Building Overall 2009 by the CTBUH, and received the AIA NY 2008 Honor Award. Steven Holl Architects was also awarded the AIA 2008 Institute Honor Award and a Leaf New Built Award 2007 for The Nelson-Atkins Museum of Art (Kansas City).

Stijlgroep landscape and urban design

Add: Piekstraat 33, 3071 EL Rotterdam, The Netherlands
Tel: +31 (0) 10 413 80 20; Fax: +31 (0) 10 213 37 38
Web: www.stijlgroep.com; www.landscapeisleading.com

Stijlgroep landscape and urban design is a multidisciplinary design firm. Every day, they work on the design and development of our living space. Their approach is broad; the best of landscape architecture, urban design and architecture are mixed together to create the best solution. Their approach clearly reflects our Rotterdam roots: Dare and do! They work with passion and creativity on achievable plans at every level: from master plan to detailed designed. This not only enables us to respond to the design questions of the Dutch market, but also to use their local expertise in the foreign projects.

The common factor in all the assignments is the approach. From a landscape architectural point of view, they search for the singularity of the assignment, the specific character of the location and the role people play in the whole; as users and as clients. They recognize the interests of all of the stakeholders, treat them with care and are always aware of all of the environmental factors. People and landscape are the sources of inspiration: they stimulate us, and enable them to create designs with a high level of enthusiasm. They are also not afraid of leaving the beaten track when an assignment so requires. A clear vision on their profession enables them to bring out the best in every assignment.

Stoss Landscape Urbanism

Add: 423 W Broadway, #304, Boston , USA
Tel: 617-464-1140; Fax: 617-464-1142
Web: www.stoss.net

Stoss is a Boston-based, collaborative design and planning studio that operates at the juncture of landscape architecture, urban design, and planning—in an emerging field known as landscape urbanism.

This field addresses sites in relation to the broader ecological, environmental, infrastructural, and socialcultural processes and systems that constitute them; it understands sites as caught up in the landscape process and civic life. As a professional practice, Stoss is unique in the ways it looks to bring these issues to bear in the design of new open spaces and in the framing of civic, institutional, and landscape strategies.

Founded in 2000, Stoss traces its roots to 1995 with the design and exhibition of a number of landscape urbanism projects, early studies in strategic framework planning, brownfields recovery, and stormwater harvesting. Since then, the studio has won national and international recognition for landscape projects rooted in infrastructure, functionality, and ecology. Projects have been published in a monograph titled StossLU by C3 of Korea; the Landscape Urbanism Reader; Living Systems; 306090-09; Architecture; Landscape Architecture; Topos; PRAXIS 4; and numerous other periodicals from North America, Asia, and Europe. Stoss is an intentionally small studio; we bring a high level of energy and commitment to each project.

Surfacedesign Inc.

Add: 12 Decatur Street, San Francisco, CA 94103, USA
Tel: 415.621.5522; Fax: 415.621.5515
Web: www.sdisf.com

Surfacedesign, Inc. was established in 2001 to provide clients with a broad range of professional design services, including landscape architecture and urban design and master planning. The award-winning practice is engaged in projects of a variety of different scales, both locally and internationally: estate design, park design, hospitality, corporate campuses, municipal streetscapes, and large-scale land use planning and urban design projects. They create projects that have a strong relationship to people and the natural environment, the team are passionate about craftsmanship and sustainability.

Under the leadership of James A. Lord, Roderick Wyllie and Geoff di Girolamo, Surfacedesign Inc. is an innovative and multidisciplinary design practice, employing the talents of landscape designers, planners and architectural designers. The artistry and durability of our work is the result of strong conceptual design, facility in working with materials and planting, and proven experience in project management and construction supervision.

The firms' work methodology emphasizes understanding and accommodating the specific needs of each client and the unique programmatic and contextual requirements of each project. Their clients include corporations, real estate developers, architects, planners, public agencies, and homeowners.

Tecon Architects

Add: Carol I Bud, Bucharest 12, Romania
Tel: 40 31 405 2733; Fax: 40 21 312 2093
Web: www.tecon.ro

Tecon Architects is a young dynamic team of architects under 40 based in Bucharest, willing to make a change in urban and architectural design. The team is multi-award winning and it's composed of 12 architects with innovative and interdisciplinary set of skills.

The office believes that architectural quality and the care for the environment go hand in hand. They cover all the area of functions from industrial, residential, commercial, sports, cultural, urbanism, enjoy using unusual and innovative materials that can surprise trying to create noticeable projects with a valuable commitment to detail.

Ten Eyck Landscape Architects, Inc.

Add: 808 East Osborn Road, # 100, Phoenix, Arizona 85014, USA
Tel: 602. 468. 0505; Fax: 602. 468. 5775
Web: www.teneyckla.com

Ten Eyck Landscape Architects Inc. was founded by Christine E. Ten Eyck in 1997 to collaborate with clients and other design disciplines to create exterior environments that connect the urban dweller with nature. The firm is located in Phoenix, Arizona and Austin, Texas.

Their strengths are in creating great outdoor places – whether they are residential, public or hospitality environments. The team takes inspiration from their clients, their collaborators and their sites' region, history, and future. They work to sculpt and blend architecture into creative hardscapes and multi-sensory gardens that have purpose along with beauty: air and water purification, climate mitigation, places for social interaction and human healing. Each client's desires and unique site characteristics are woven together to create a memorable, restorative place for outdoor living.

Ten Eyck is recognized as a leader in the field of sustainable design and has been responsible for the site design of numerous LEED certified projects, including Arizona's first LEED Platinum certified project - The Biodesign Institute at Arizona State University, as well as the LEED Gold certified Lance Armstrong Foundation Headquarters in Austin, Texas.

Their work has been featured frequently in publications such as Vogue, Landscape Architecture, Dwell, Austin Home, Architectural Record, Sunset, Garden Design, Desert Living, Architecture, GA Houses, and Phoenix Home & Garden and Western Interiors.

Thomas Balsley Associates

Add: 31 w 27th, New York, New York 10001, USA
Tel: 212.684.9230; Fax: 212.684.9232
Web: www.tbany.com

Thomas Balsley Associates is a New York City-based, award-winning design firm that specializes in urban landscape architecture in the public realm. In New York City and throughout the United States, the firm's diverse portfolio includes successful parks, plazas and waterfronts that teem with public life and are a source of civic pride.

Thomas Balsley Associates' broad and balanced portfolio is respected by both the public and private sectors for its design sensitivity and responsiveness to the realities of the public review process, multiple client interests, budgets, schedules, and the challenges of sustained success. Since 1980, the team at Thomas Dalsley Associates has worked with virtually every public agency in New York City and many throughout New York State. The firm has built a reputation for creating unique civic spaces that enrich the lives of the communities and individuals who inhabit them. Extensive experience with the intricacies of the design review process ensures that concepts and master plans become completed landscapes.

Thomas Balsley Associates has been at the forefront of the search for innovative design responses to the real and complex issues raised by public projects. At the core of the firm's accomplishments is Thomas Balsley's 35 years of service as an advocate for open space. His patient, constructive work with public agencies, community and civic groups, and his deeply held belief that the public review process elevates rather than inhibits the quality of design are the foundations on which the firm's designs are built. The firm's design approach thrives on this dialogue, seeking innovative design solutions and design integrity while simultaneously engaging stakeholder concerns.

TOPOTEK 1

Add: Sophienstraße 18, 10178 Berlin, Germany
Tel: +49.30.246258-0; Fax: +49.30.246258-99
Web: www.topotek1.de

TOPOTEK 1 is a landscape architecture studio that specializes in the design and construction of unique urban open spaces. Founded by Martin Rein-Cano in 1996, the studio's roster of German and international projects has ranged in scale from the master plan to the private garden. Each project strives to respond to site conditions and programmatic necessities with a compelling concept, high quality of design and efficient implementation.

The task central to their office is the design of urban open spaces. Based on a critical understanding of immanent realities, the search for conceptual approaches leads them to decide statements concerning the urban context. Throughout design, planning, and construction they offer solutions for independent new parks, squares, sports-grounds, court-yards and gardens, whose designs answer to contemporary requirements for variability, communication and sensuality. The manifold experiences through a broad spectrum of German and international projects meanwhile capacitate an efficient realization, finely tuned to respective necessities.

TOPOTEK 1 often collaborates with other creative consultants such as artists, lighting designers, and video programmers, and to enrich the experiential potential of a project. In parallel, they work closely with technical consultants such as civil and traffic engineers early in the design process to integrate site solutions with design innovation consistently throughout the project.

All construction drawings are done in-house to the highest professional and environmental standards. As a project is transferred from the design team to the construction team, the project leader for design continues oversight of drawings, specifications and design revisions. This link ensures that the original conceptual intent stays intact throughout implementation.

Tract Consultants Pty Ltd.

Add: Level 8, 80 Mount Street, North Sydney , Australia
Tel: 61 2 9954 3733
Web: www.tract.net.au

The emergence of Tract Consultants in 1972 as Australia's first national planning, urban design and landscape design practice coincided with an unprecedented period of development in Australia.

Tract, by virtue of the breadth of its integrated planning and landscape design skills, and also its national presence in Australia's largest three cities, participated in this building boom to the extent that most Australians now come into contact with Tract's work on a daily basis.

Tract's story is of a leading contemporary planning and design practice built on uniting related professional disciplines that developed in isolation from one another: planning, urban design and landscape architecture.

Turenscape

Add: Room 401 Innovation Center, Peking University Science Park, 127-1, Zhongguancun North Street, Haidian District, Beijing, China
Tel: (86-10) 6296-7408; Fax: (86-10) 6296-7408
Web: www.turenscape.com

Turenscape was founded by Doctor and professor Kongjian Yu (Doctor of Design,GSD,Harvard University). It was officially recognized and certificated as a first-level design institute by the Chinese government. Having over 600 professionals, Turenscape is an integrated team that provides quality and holistic services in: Architecture, Landscape architecture, Urban planning and design, Environmental design.

Turenscape's projects have earned it a great international reputation for innovative and environmentally sound designs. Their project has been internationally and nationally recognized, including: 2010 World's Best Landscape of the year, World Architecture Festival Awards, Architecture Review, 2010 ASLA Award of Excellence, General Design,The Houtan Park of 2010 Shanghai Expo, 2010 Excellence on the Waterfront Award,The Red Ribbon, Tanghe River Park just to list a few.

UNA2 architetti associati

Add: Vico delle Mele 6/3 16123 Genova, Italy
Tel: 00390102543210
Web: www.una2.net

UNA2 associated architects was formed in 2006 by Paola Arboc, Pierluigi Felt, Mauritius Vallino.

Over the years the firm has designed and provided services for offices, facilities and health services, public spaces, museums, archaeological sites and monuments, sports facilities, school and university buildings, hotels and residences.

Urbanarbolismo

Add: Plz. Gabriel Miró nº 18 3ºB Alicante 03001, Spain
Tel: +34 966 28 26 40
Web: www.urbanarbolismo.es

Urbanarbolismo is a young company founded in 2008 that works in the integration between architecture and nature. They apply their expertise in designing products and services related to energy conservation, water management, reduction of the footprint and symbiosis between ecosystems and buildings.

The company is a highly espezialiced in the integration of vegetation and architecture. Their field of action covers all scales, from designing solutions for greenroofs and vertical gardens to developing urban projects that integrate the existing ecosystems.

The company develops research projects and prototypes that have won awards nationally and internationally as is the case of the skyscraper I-124 cooled by vegetation, part of the Urbanarbolismo project, an innovative initiative for urban development that reforest the territory.

Urbanarbolismo is positioned in the field of sustainable architecture as a pioneer in implementing this kind of products in Spain: vertical gardens, greenroofs, sustainable houses, treehouses, wetland systems, sustainable urban planning ...

Valentien + Valentien Landscape Architects and Urban Planners SRL

Add: Hauptstrasse 42, D-82234 Weßling, Germany
Tel: +49 – 8153 – 95 20 10; Fax: +49 – 8153 – 95 20 14
Web: www.valentien.de

Christoph and Donata Valentien founded the office Valentien+Valentien Landscape Architects in Stuttgart in 1971. Due to the appointment of Christoph Valentien as professor at the University Munich to the chair of Landscape Architecture and Design in 1980, the office has been moved to Weßling/Bavaria two years after. Since then, key activities have been consulting and planning for landscape architecture and urban development in Germany and other countries, ecological and urban surveys, as well as design and construction planning.

VLUG & Partners

Add: Pedro de Medinalaan 128, 1086 XR Amsterdam ,the Netherlands
Tel: +31 (0)20 69 23 007
Web: www.vlugp.nl

VLUG & Partners is an office for landscape architecture and urban design. Their projects cover a wide range of scales: from extensive landscape visions and structural urban plans down to detailed designs for public and private spaces.
The firm create well-proportioned spaces with a distinct character and high amenity value. Their fascination lies in creating beautiful and perfectly functioning designs even with standard ingredients. Accuracy and inventiveness distinguish their work. And the whole process of design, from concept to detail, receives their full attention.

VHP s+a+l

Add: George Hintzenweg 85, 3068 AX Rotterdam, The Netherlands
Tel: 010 2899 710
Web: www.vhp.nl

VHP is a practice for urban design, architecture and landscape architecture. They apply these disciplines to a very wide range of projects, at every scale and across all scales.

Their staff of over 50 professional specialists operates from the same design studio with the same common objective: to deliver a fitting answer to the requirements of the client and the imperatives of the location, the context and the future. In doing so, they seek to strike a balance between the innovative and the well-established, between thoroughness and excitement. A specific project team is assembled for each task.

Respect for one another's design vision and an openness to new ideas are central principles of this team. They do not pursue a stylistic uniformity, but try to respond to the given circumstances and requirements. Where they do stay true to style is in their approach: searching, involved, innovative and meticulous.

West 8. Urban design & Landscape Architecture

Add: Schiehaven 13M, 3024 EC Rotterdam, The Netherlands
Tel: +31 (0) 10 485 5801
Web: www.west8.nl

West 8 Urban Design and Landscape Architectural Office, founded by Adriaan Geuze. Their recent works, obtained as first prizes in architectural and landscape competitions, aret he Ordination of the Governors Island in New York (United States), the Linear Park of La Sagrera in Barcelona (Spain), the Urban Plan of Palma de Mallorca (Spain) and the Plan Frehihan Noth Urban in Münich (Germany). They have concluded recently the Urbanization of the Malecón in Puerto Vallarta (México).

图书在版编目（CIP）数据

全球景观规划设计集成 ：全 2 册 / 北京大国匠造文化有限公司编 . -- 北京 ：中国林业出版社，2020.1

ISBN 978-7-5038-9764-1

Ⅰ . ①全… Ⅱ . ①北… Ⅲ . ①景观规划－景观设计Ⅳ . ① TU986.2

中国版本图书馆 CIP 数据核字 (2018) 第 224379 号

中国林业出版社・建筑分社

责任编辑：纪　亮　樊　菲　王思源

出 版：中国林业出版社（100009 北京西城区德内大街刘海胡同 7 号）
印 刷：北京利丰雅高长城印刷有限公司
发 行：中国林业出版社
电 话：010-8314 3573
版 次：2020 年 8 月 第 1 版
印 次：2020 年 8 月 第 1 次
开 本：635mm × 965mm，1/16
印 张：40
字 数：400 千字
定 价：680.00 元（上、下册）